无菌医疗器械质量控制与评价

张　镭　陈国东　郭　彬◎主　编

東北林業大學出版社
Northeast Forestry University Press
·哈尔滨·

图书在版编目（CIP）数据

无菌医疗器械质量控制与评价 / 张镭，陈国东，郭彬主编. — 哈尔滨:东北林业大学出版社，2023.3
ISBN 978-7-5674-3094-5

Ⅰ. ①无… Ⅱ. ①张… ②陈… ③郭… Ⅲ. ①医疗器械—无菌技术—质量控制②医疗器械—无菌技术—质量评价 Ⅳ. ①TH77

中国国家版本馆CIP数据核字(2023)第051039号

责任编辑：刘剑秋
封面设计：文　亮
出版发行：东北林业大学出版社
（哈尔滨市香坊区哈平六道街 6 号　邮编：150040）
印　　装：河北创联印刷有限公司
开　　本：787 mm×1092 mm　1/16
印　　张：17.5
字　　数：310 千字
版　　次：2023 年 3 月第 1 版
印　　次：2023 年 3 月第 1 次印刷
书　　号：ISBN 978-7-5674-3094-5
定　　价：72.00元

编委会

主　编

张　镭　甘肃省医疗器械检验检测所

陈国东　甘肃省药品监督管理局审核查验中心

郭　彬　甘肃省医疗器械检验检测所

副主编

樊丽洁　火箭军特色医学中心感染控制科

姜美玲　北部战区总医院和平院区

李鹏飞　宁夏回族自治区药品检验研究院

王　鹏　青海省妇女儿童医院

俞孟杰　浙江萧山医院

张　博　北京市房山区良乡医院

张　雪　山东省枣庄市立医院

张晓琴　西部战区总医院第二派驻门诊部

前　言

无菌医疗器械是用于临床医疗的特殊商品，它在救死扶伤、防病治病、保障人类健康的过程中起着十分重要的作用。鉴于医疗器械与人类生命安全和身体健康密切相关，各国政府高度关注其安全性和有效性，主动承担起医疗器械的监管责任，并纷纷成立了相应的监管机构，制定相应的法规和医疗器械市场准入制度。这是医疗器械上市前控制和降低风险最基本的举措。

我国政府历来重视医疗器械的监管工作，特别是改革开放以后，不断建立并完善医疗器械的相关法规，逐步形成了比较完整的医疗器械法规体系。医疗器械监管工作正逐步走上规范化、法制化、科学化的轨道。

由于无菌医疗器械是直接进入人体或接触人体的产品，因此，必须保证产品的物理性能、化学性能和生物性能符合要求，以确保临床使用的安全性和有效性。目前，我国许多无菌医疗器械生产企业基础薄弱，缺乏无菌医疗器械生产方面的管理经验和专业知识，特别是一些中小企业和新成立的企业。而无菌医疗器械产品有其特殊性，在产品生产制造过程中必须采用相应的控制措施，最大限度地避免微生物和微粒的污染，以降低临床使用风险。如何生产和提供满足医疗器械相关法规要求的产品，这在很大程度上取决于生产人员的法律法规意识和质量意识，以及具体操作人员的专业水平和操作技能。为了贯彻实施国家和行业发布的一系列无菌医疗器械法律法规和产品标准要求，生产企业应对管理人员、生产人员和检验人员进行卫生学、微生物学、洁净技术、消毒灭菌等基本知识培训，特别是对无菌医疗器械检（化）验人员培训尤为重要。

作者在撰写本书的过程中，得到有关行政管理部门的大力支持，在此表示衷心的感谢。由于时间匆促，本书可能会有很多不足之处，希望医疗器械管理的同行和专家给予指正。

张　镭　陈国东　郭　彬

2022.12

目 录

第一章 概 述

第一节 医疗器械管理的发展历史与监督管理体系及体制

医疗器械管理是指在医疗环境下，根据一定的程序、原则、方法，对医疗器械在整个生命周期中加以计划、指导、协调、控制和监督，有效地利用人力、财力、物力和信息等，促进医疗质量的提高，保障安全、有效地为广大患者服务，从而达到良好的社会效益与经济效益。目前，医疗器械管理的理论与方法都在不断地发展和完善。

一、国内外医疗器械管理的发展历史

早在20世纪70年代初，英国的丹尼斯·派克斯（Dennis Parkes）就提出了设备综合管理学（Terotechnology）的概念：把设备看作一个完整的体系来进行管理，研究设备整个生命周期的全面管理工作；主张把相关的技术、经济和管理等因素综合起来，建立一种横向的管理体系。这种理论在医疗器械管理中得到广泛的认可。

之后，世界上一些发达国家，如美国、法国、瑞典和荷兰等，相继建立起医学技术评估制度和相应的机构，从安全性、有效性、经济性（成本－效益/效果分析）和社会适应性（社会、伦理、道德、法律）四个方面对医学技术进行评估，对其开发、应用、推广与淘汰实行政策干预。医学技术评估的范围包括医疗保健药物、医疗器械、临床诊疗程序及相关的组织管理系统和后勤支持系统。医疗器

械按其物理特性，属于医学技术的一个类别。

目前，许多国家都要求医疗机构建立医疗器械管理部门，并制定相应的管理标准，对使用的医疗器械加强管理。20 世纪 70 年代中期，欧美生物医学工程技术发展迅猛，医院不同程度地开展了医疗器械临床使用中的质量控制工作，积累了大量的成功经验，建立了完善的法规制度和质量控制体系。美国卫生管理机构积极推动在大型医疗中心和具有超过 300 张床位的医院成立临床工程部门，临床工程师作为社会认可的一种正式职业进入医院，主要从事医疗器械的资产管理、质量控制、临床培训和基础医疗器械的维修保障等工作，并承担医疗器械不良事件的分析和报告，对高风险医疗器械的关键指标进行定期监测。行业学会相继推出了一系列与医疗器械相关的质量控制指南，如《临床工程质量保证和风险管理程序设计指南》《医疗器械检查维护规范》，为医院质量管理和医疗器械应用质量控制提供了大量的方法和依据，促进了美国医院临床工程水平的全面提升。

美国国际联合委员会（Joint Commission International，JCI）是美国医疗卫生机构认证联合委员会（Joint Commission on Accreditation of Healthcare Organizations，JCAHO）的附属机构。该委员会于 1998 年成立，是目前世界上唯一的在医疗服务领域建立国际统一的考核标准，并依据该标准对世界各地医疗机构进行评审的机构；专门对美国本土以外的其他医疗机构进行评估认证，是全球评估医院质量的权威机构。JCI 标准是全世界公认的医疗质量和医疗服务标准，代表了医疗服务和医院管理的最高水平。JCI 认证的目的在于鼓励医院的领导层、管理层及专业技术人员通力合作，不断提高医院的医疗质量和服务水平。

世界卫生组织（World Health Organization，WHO）执委会于 2003 年第 113 届会议通过的 113/37 文件，对医疗器械使用管理提出了医疗技术管理（Healthcare Technology Management，HTM）理念，明确医疗器械使用过程管理属于医疗技术管理。其中，第十一条提出"敦促会员国在医疗器材和设备方面确保患者、卫生工作者和社区安全，应在以下领域大力开展活动：政策和计划、质量与安全、规范与标准、技术管理及能力建设"，强调以医疗质量与风险为核心、以患者安全为目的的理念。

我国在医疗器械管理范畴内的医学技术评估方面的研究始于 1988 年上海医科大学开展的"中国医疗仪器设备发展的政策研究"课题，这是国内对医学技术评估和政策研究进行的初步尝试。他们提出了如下观点：第一，在购置或引进医疗器械时应根据成本 – 效益原则进行充分论证；第二，在国内建立医疗器械资料信息库，以提供可靠的信息，指导基层医疗机构合理购置；第三，配备医疗器械应根据区域卫生规划中卫生方面的需求，合理分配器械的种类和数量，逐步建立和完善器械标准；第四，医疗服务价格的制定应建立在设备利用的成本核算基础上，服务价格应基本符合服务成本；第五，我国应积极开展医学技术评估工作，以促进卫生保健事业向着“低成本、适宜技术、高效益”的符合我国实际情况的方向发展。

2010 年，卫生部发布了《医疗器械临床使用安全管理规范（试行）》，规定二级以上医院应当设立由院领导负责的医疗器械临床使用安全管理委员会，委员会由医疗行政管理、临床医学及护理、医院感染管理、医疗器械保障管理等相关人员组成，以指导医疗器械临床安全管理和监测工作。

浙江省医疗器械管理在全国处于先进行列。1985 年，浙江医院，浙江省医科大学附属第二医院、附属儿童医院等相继成立了医疗器械科。1989 年，浙江省卫生厅在卫生部与世界银行区域卫生发展项目（卫川项目）的子项目实施中成立了浙江省医疗设备管理质控中心，挂靠浙江医院。在省卫生厅的领导下，该中心承担一定的行政管理职能及保障医疗安全质量、落实国家医疗器械质量管理相关法律法规的任务。该中心在医疗器械管理与质量控制方面做了大量工作。

如根据卫生部 43 号令《大型医用设备配置与应用管理办法》及浙江省卫生厅《关于开展大型医用设备质量控制工作的通知》，2010 年，与中国医院协会、浙江省医学会医学工程学会合作，分别在杭州、无锡举办 7 期临床工程师系列高级培训班，累计参加人数 1 000 多人。培训涉及血液透析、X 射线机、CR/DR/DSA 放射影像设备、呼吸机、麻醉机、监护仪、除颤仪、超声检验等各种医疗器械，旨在使广大医院的医学工程技术人员掌握这些设备的基本工作原理、系统结构、维护保养、安全性能检测、质量控制等技术；在浙江省卫生厅的统一安排下，开展浙江省医疗器械质控检查等工作。这为浙江省各级医院培训了大量医疗器械管理人才，推动了医疗器械质量控制工作的常态化和规范化，并进一步促进了医院医疗质量的提高。目前，医疗器械管理与质量控制工作已经引起了广泛的关注。浙江省还成立了医疗质量控制与评价办公室，对各个质控中心进行统筹管理、统一指挥，在协调配合下开展工作，把医疗器械质量控制的工作内容纳入医疗质量控制的范畴。

国家卫生计生委医院管理研究所于 2014 年 8 月 29 日在杭州组织召开了医疗器械使用管理与质量控制研究工作会议，讨论筹备全国医疗器械使用管理与质量控制研究协作组相关事项，期望通过创建质控协作网络平台更好地规范和开展医疗器械使用管理与质量控制工作。医院在开展医疗器械使用管理与质量控制工作方面已经形成广泛共识。

在理论研究方面，2000年，浙江省卫生厅组织开展“以质量保证为核心的医疗设备管理信息系统的研究”课题，探讨医院医疗器械质量保证的规范与流程，以国家及有关政府机关的法律法规为依据，通过广泛调研各级各类医院及卫生行政管理部门对医疗器械管理，尤其是对质量管理的需求和现有医院医疗器械管理的方法、流程，借鉴国内外相关的先进理论、研究成果和成功经验，采用信息管理系统需求分析的手段，研究制定医疗器械质量管理的方法和规范，提出医疗器械信息化管理的方案，建立一种以质量保证为核心的医疗器械管理新模式。2004年，浙江省卫生厅组织编写了《医疗设备管理与技术规范》，作为“浙江省医疗机构管理与诊疗技术规范丛书”之一，从理论上为医疗器械管理规范化提供了科学依据。

2009年3月，国家卫生计生委医院管理研究所在全国六个省市成立第一批临床医学工程技术研究基地，包括北京、上海、浙江、湖北、内蒙古等地，开始组织“在用医疗设备应用质量检测和风险评估”课题研究，选择医院在用的应用面广、数量大、临床风险高、与患者生命安全关系密切的六类生命支持和急救用医疗器械开展调研，包括呼吸机、除颤器、监护仪、输注泵、婴儿培养箱和高频电刀等。2011年11月，六省市“生命支持与急救用医疗设备临床使用状况”调查分析报告完成。

2013年12月，由国家卫生计生委医院管理研究所委托中华医学会医学工程学分会承担，全国临床医学工程技术研究基地、部分国内外医疗器械企业参与的《中国临床工程发展研究报告（白皮书）》项目启动；该白皮书内容涵盖中国临床工程发展的现状、存在的问题、建议及趋势预测。希望能通过研究制定一份中国临床工程发展的报告，整体把握关于我国医疗器械管理部门的学科——临床工程学的发展，以指引今后的发展方向。该白皮书于2015年正式发布。

2020年我国形成现代医院管理制度，基本形成维护公益性、调动积极性、保障可持续的公立医院运行新机制和决策、执行、监督相互协调、相互制衡、相互促进的治理机制，促进社会办医健康发展，推动各级各类医院管理规范化、精细化、科学化，基本建立权责清晰、管理科学、治理完善、运行高效、监督有力的现代医院管理制度。

二、医疗器械监督管理体系

世界各国，尤其是发达国家，对医疗器械均采取法制化监督管理，一方面监督产品，另一方面监督生产制造企业。监督产品旨在验证产品的安全性和有效性，大体上反映在以下多个环节：植入或插入使用的治疗性、生物材料性医疗器械样品，需履行临床试用许可；产品首次进入市场时的批准；已准许上市产品的定期再评价、不良事件报告等；产品结构、使用方法及适应证变更前的审查标准。监督生产制造企业旨在保证产品的稳定安全和有效期，具体体现在审核并定期复查生产制造企业的质量管理体系。各国复查医疗器械生产制造企业的质量管理体系标准，基本上等同于采用 ISO 的相关标准 ISO 9000 和 ISO 13485。

（一）美国的医疗器械管理体系

美国于 1938 年开始，将医疗器械纳入美国食品药品管理局（Food and drug Administration，FDA）的管理范围，1968 年发布《旨在保健和安全的辐射性控制法》案（*Radiation Control for Health and Safety Act*）。严格地说，对医疗器械的系统管理，应从 1976 年发布《医疗器械修正案》（*The Medical device Amendments*，MDA）算起，美国国会授权 FDA 进行相关管理。由于管理运行历史较长，管理体系又比较健全，其在国际上有一定权威性和标杆作用。

按相关管理法规，法定概念范围内的医疗器械产品在美国市场销售时，都应获得 FDA 的认可或批准；同时，美国海关有责任对进入美国市场的医疗器械商品进行检查，如有无 FDA 认可的文件等。但美国出口的医疗器械产品既不受 FDA 认可或批准的制约，也不受美国海关的检查制约；由于无认可或批准进入市场的标志，一些美国境内企业生产的出口医疗器械产品并不能保证及时接受监督。此外，从美国进口的医疗器械产品未必已通过 FDA 的认可。

FDA 对于使用管理则强调应用质量的反馈，实行医疗器械不良事件报告制度。如合格、上市的医疗器械在使用中出现对患者和使用人员造成伤害的事故，应按有关规定进行上报；FDA 对不良事件进行调查、分析、评价，责令生产企业改进或停止生产、销售，必要时召回已上市产品，并不定期地通报不良事件情况，公布再评价结果。

美国针对医疗器械安全与质量的标准很多，大多由非官方机构制定。比较有代表性的有美国医疗器械发展协会（Association for the Advancement of Medical Instrumentation，AAMI）制定的标准，主要应用 ISO13489 和 ISO13488 指南，内容包括从生产到使用的各种标准。要求建立医疗器械质量管理体系，规定目标规范要求，如 2013–3 EQ 56：Guidance for the use of medical equipment maintenance strategies and procedures《医疗器械维护策略和程序使用指南》，该指南明确了方案的结构、文件要求、人员配备，以及分配给那些负责医疗器械维护的人员所需的资源。2015–2 EQ 89：Guidance for the use of medical equipment maintenance strategies and procedures《医疗器械维护策略和程序使用指南》，目的是通过确定和描述各种维护策略和方法，为医疗技术管理人员提供一些基本信息，对医疗器械的维护提出详细的要求。

在医疗机构层面，美国 JCI 对医疗器械的应用管理有一整套标准体系，其核心是医疗机构应基于风险分析制订医疗器械管理计划并实施，主要包括制定医疗器械技术服务的策略和方法，制定突发事件和与医疗器械相关的应急方案，上报、收集、监测并应用与医疗器械相关的不良事件及召回信息，收集医疗器械管理程序的监测数据并将其应用于新设备的引进或更新，强调医疗器械管理的持续质量改进，并且要求相关从业人员应具有相应资质。

（二）欧盟的医疗器械管理体系

欧盟（EU）各国的医疗器械监督管理，基本上已采用欧盟各国协调一致的标准，改国家认证为欧盟认证（CE 认证）。目前，相关安全与质量标准主要来源于国际电工委员会（IEC）和 ISO，前面带有 EN 字母的标准，如 EN–IEC 60601–1。IEC标准中的IEC 60601为医疗器械标准，IEC 61010为实验室设备标准。

目前，欧盟发布的医疗器械指令已陆续转化为欧盟成员方的政府法规。另外，在医疗器械领域内，除已准许临床试用的、自制的医疗器械外，所有医疗器械都需有 CE 认证标志才能在欧盟市场流通并实行分类管理。不同类别的医疗器械获取 CE 标志的条件不同：I 类产品的制造商应按规定履行质量保证声明程序，才能使用 CE 标志；Ⅱ a 类产品的制造商应按相应规定履行质量保证声明程序和相关的质量认证程序，才能取得 CE 标志；Ⅱ b 类产品的制造商应按相应规定履行质量保证声明程序和相关的样品审查程序及相关的质量认证程序，才能取得 CE 标志；Ⅲ类医疗器械一般是植入人体、用于支持与维护生命的产品，其制造商应按更为严格的规定履行质量保证声明程序和相关的样品审查程序及相关的质量认证程序，才能取得 CE 标志。Ⅱ a 类、Ⅱ b 类和Ⅲ类医疗器械的 CE 标志，由政府管理部门认可的第三方机构认证后获取，标志下方的编号为认证机构的代号。

欧盟成员方生产的医疗器械产品、境外生产而在欧盟成员方内流通的医疗器械产品以及欧盟成员方生产的出口到其他国家的医疗器械产品，都一律要求标有CE标志。

欧盟各成员方政府主管部门需认定第三方机构来承担产品检测、产品认证、质量体系认证和CE标志的发放。认定的第三方机构需在各成员方通告。

（三）日本的医疗器械管理体系

日本对医疗器械的管理采用国家集中管理方式，负责医疗器械管理的机构是厚生劳动省。

在医疗器械的使用管理方面，相关标准有：NF S 99–171–2006，医疗器械维护——医疗器械安全、质量和维护体系的建立和管理模式及定义（Maintenance of medical devices—Model and definition for establishment and management of the medical device security，quality and maintenance register，RSQM）；NF S 99–170–2013，医疗器械维护——医疗器械的维护及与使用相关的风险管理的质量管理体系（Maintenance of medical devices—Quality management system for the maintenance of medical devices and the management of risks associated with their use）。

日本对医疗器械管理的基本法规是《药事法》。《药事法》的有关条文对医疗器械管理做了相关规定，如：对生产和经营企业的管理，见《药事法》第12、13条；产品的审查制度，见《药事法》第14条；对经营企业的流通管理，见《药事法》第39条；产品说明和广告规则，见《药事法》第63、66条；对伪劣或未经许可的医疗器械的监督，见《药事法》第75条；对医疗器械上市后的安全性、有效性的再评价，见《药事法》第14条。

日本有自己的工业标准体系，即日本工业标准（Japanese industrial standard，JIS）。在日本，医疗器械产品标准的制定归口通商产业省工业技术院。通商产业省工业技术院委托民间组织（如日本标准化协会、医疗器械行业协会）起草，初稿由厚生劳动省和通商产业省送日本工业标准调查会组织审议，最后由通商产业省发布公告公示。

日本于2008年发布关于《为确立高质量医疗保障制度医疗法修正法案》的部分实施细则，在医疗安全相关事项中，将院内感染预防管理、药品安全管理和医疗器械保养点检（维护和PM计划）、安全使用作为重点管理内容。

（四）我国的医疗器械管理体系

我国对医疗器械的管理主要由国家药品监督管理局直接负责。其他相关行政管理部门的法规也涉及医疗器械管理的内容，与医疗器械使用管理相关的法律法规主要有如下几个。

1.《医疗器械监督管理条例》

为加强对医疗器械的监督管理，保证医疗器械的安全、有效，保障人体健康和生命安全，我国于2000年1月4日公布了《医疗器械监督管理条例》，其后经过了多次修订；在中华人民共和国境内从事医疗器械的研制、生产、经营、使用、监督管理的单位或个人，应当遵守本条例。对上市的医疗器械实行注册证管理制度，包括进口医疗器械的市场准入。

2021年2月9日，国务院总理签署第739号国务院令，公布修订后的《医疗器械监督管理条例》（以下简称《条例》）。《条例》自2021年6月1日起施行。《条例》落实医疗器械注册人、备案人制度，强化企业主体责任，规定注册人、备案人应当建立并有效运行质量管理体系，加强产品上市后管理，建立并执行产品追溯和召回制度，对医疗器械研制、生产、经营、使用全过程中的安全性、有效性依法承担责任。《条例》落实"放管服"改革举措，鼓励行业创新发展，将医疗器械创新纳入发展重点，优化审批、备案程序，对临床试验实行默示许可，缩短审查期限，实行告知性备案。《条例》完善监管制度，提高监管效能，加强监管队伍建设，建立职业化专业化检查员制度，丰富监管手段，进一步明确部门职责分工，加强对医疗器械使用行为的监督检查。《条例》加大惩处力度，提高违法成本，落实"处罚到人"要求，加大对违法单位的行业和市场禁入处罚力度，大幅提高罚款幅度。

2.《中华人民共和国计量法》

1985年9月6日通过的《中华人民共和国计量法》（以下简称《计量法》），对列入《中华人民共和国强制检定的工作计量器具明细目录》的医疗器械实行计量监督和计量认证。

3.《中华人民共和国进出口商品检验法》

《中华人民共和国进出口商品检验法》对列入强制性《检验检疫机构商品目录》的进口医疗器械产品实行商检。

4. 卫生行政部门的有关行业管理法规

1995年，卫生部发布《大型医用设备配置与应用管理暂行办法》（43号部长令），对全国大型医用设备的配置、应用和上岗人员实行三证管理。

1996年，卫生部发布《医疗卫生机构仪器设备管理办法》（卫计发[1996]）

第 180 号）。

2004 年 12 月，卫生部、国家发展和改革委员会、财政部发布新的《大型医用设备配置与使用管理办法》（卫规财发〔2004〕第 474 号）；同时，1995 年卫生部 43 号部长令发布的《大型医用设备配置与应用管理暂行办法》废止。

2010 年 1 月 18 日，卫生部医管司颁布《医疗器械临床使用安全管理办法》（卫医管发〔2010〕第 4 号）。其对医疗器械的临床使用安全问题进行了系统、全面的规范，这将进一步保证医疗器械发挥应有的作用，充分保证患者的用械安全。该管理办法要求在医疗机构建立医疗器械安全管理体系和涵盖医疗器械采购、验收、评价、检测、考核、维护等使用全过程的一系列管理制度，以实现对医疗器械使用风险的全程控制。

2011 年，卫生部发布《医疗卫生机构医学装备管理办法》（卫规财发〔2011〕第 24 号）；同时，1996 年卫生部发布的《医疗卫生机构仪器设备管理办法》废止。

在 2020 年发布的两批分类界定结果中，总计 225 个医疗器械被直接除名，不作为医疗器械管理。需要说明的是，这些产品被移除医疗器械管理范围并不代表其质量有问题，而是因为其预期目的、功能及用途等均不符合《医疗器械监督管理条例》中有关医疗器械的定义，为规范管理而进行了相关处理。

《医疗器械临床使用管理办法》已经于 2020 年 12 月 4 日第 2 次委务会议审议通过，自 2021 年 3 月 1 日起施行。

三、医院医疗器械使用的管理体制

由于医院医疗器械管理涉及医疗卫生机构的各个业务部门，所以医疗器械管理必须具有完备的管理体制，尤其是在技术管理上，欧美各国早在 20 世纪 70 年代初就陆续建立了比较合理的管理体制。医院临床工程部的主要任务是确保临床上使用的医疗器械具有很高的安全性和可靠性，具体设备管理业务包括购前的评估和考察，购后的检查、验收，日常医疗器械的质量控制管理，保养、维修、操作培训等，并负责仪器报废的论证与审定工作；另外，还要做与工程学有关的临床研究开发和教育培训等工作。由于美国的国土面积较大，医疗器械制造公司的售后服务网不可能覆盖全国的每一个角落，设备发生故障后的维修不能都保证及时，而且让厂商维修所要支付的维修费又奇高。所以，美国医院临床工程师的主要任务包括排除医疗器械的故障以及在院长的领导下，把好在用医疗器械的质量控制关（安全性和可靠性）。

美国很多医院都成立了医院安全质量委员会和临床工程部。医院安全质量委员会的职责之一就是负责全院医疗器械的安全性和可靠性计划的审定、实行与监督工作。该委员会的成员由医院管理部、护理部、医疗部、供应部、营养部和临床工程部的代表组成，它是医院有关安全问题的最高权力部门。FDA 于 1984 年开始建立医疗器械不良事件报告制度，规定各医疗机构必须及时报告与医疗器械有关的全部医疗事故。有关医疗器械的很多具体安全问题，由临床工程部负责管理。

《加拿大临床工程专业行为准则》（*Clinical Engineering Standards of Practice for Canada*，CESOP）2013 年第三版规定了临床工程管理的要求应包括管理层职责、服务的实现和管理状态分析与改进；服务范围应包括技术评估研究、场地和设施规划、设备计划采购和试运行、用户培训和教育、设备维护、风险管理、临床数据和系统的管理及处理和调配。

日本医院的医疗器械管理体制与欧美有很大不同，设立独立临床工程部或医学工程部（Medical Engineering department）的医院不是很多。这与日本的国情有关。日本国土面积较小，并且各医疗器械公司的售后服务较好，所以，对在用医疗器械的质量控制工作和日常维修工作都依靠生产厂家来做。日本医院临床工程师的主要任务是做医疗器械的使用操作、功能开发研究，以及少量的维修、保养工作。

一些欧美国家和日本都先后建立了临床工程师资格认证制度。在美国是由一些非官方的、非营利性的学术组织对临床工程技术人员进行上岗资格考核认证的，如美国临床工程师学会（ACCE）和美国医疗器械促进协会（AAMI）负责对各医疗机构的临床工程师和生物医学工程师进行上岗资格认证。在从业人员资格认证方面，美国目前仍基本采用自愿性资格认证，在医院临床工程方面主要有临床工程师认证和医疗器械技术员认证等。美国现有临床工程师约 3000 人，已获得资格认证的约有 500 人；有医疗器械技术员数万人，其中约有 3000 人获得资格认证。

日本政府于 1987 年颁布、1988 年实施了《临床工学技士法》，并建立了临床工学技士国家考试制度。《临床工学技士法》严格规定了临床工学技士的岗位职责、业务范围和内容，并实行职业准入制度。该法规同时强调，只有通过临床工学技士国家考试，取得临床工学技士准许证者，才能在医院担任临床工学技士（临床工程师），否则就是违法。1988 年，日本举行了首次临床工学技士国家考试，随后每年举行一次。截至 2013 年，日本通过临床工学技士国家考试的人员有

30 000多名（80%以上通过率），他们取得了临床工学技术资格证书，主要对生命支持设备进行维护和操作。对医疗机构与医疗器械相关的临床工程技术人员的资格认证，日本是世界上较少的以法规形式要求的国家。

在我国，自20世纪70年代中期，卫生行政部门开始重视医疗器械的管理工作，由各医疗卫生机构根据工作需要自发相继成立具有管理职能的医学工程部门，但该部门的名称各医院很不一致，如医学工程科（部）、医疗器械科、器材科、设备处（科）、后勤保障部、维修科（组）等。其工作任务在不同医院也有所不同，一般主要任务是购置医疗设备和耗材，负责日常在用仪器的故障维修和保养。大多数医学工程部门还负责全院医疗器械的质量控制管理，提高设备利用率，以及计量管理和报废处理等业务；还有部分医院的医学工程部门与医生合作开展临床应用研究和教学工作。目前，各级医院医学工程部门的技术力量和发挥的作用差别很大，所处地位也有所不同；我国医院的医学工程技术人员整体业务水平偏低，知识更新不快，不能适应新技术发展的需要。从数量上来说，医学工程技术人员也偏少，不能与医院医疗器械应用的飞速发展相适应。

目前，我国医院医疗器械的管理体制正在逐步完善，行政主管部门也高度重视，并开始要求管理人员进行上岗和考核认证等。2011年，卫生部发布的《医疗卫生机构医学装备管理办法》第六条规定：医疗卫生机构应当加强医学工程学科建设，注重医学装备管理人才培养，建设专业化、职业化人才队伍，提高医学装备管理能力和应用技术水平。为适应现代临床医学技术发展的需要，培养与国际接轨的临床工程师，自2005年以来，中华医学会医学工程学分会牵头，已举办了多届国际临床工程师技术资质培训与技术水平考试；截至2016年，已有273位业内人士通过了CE认证水平考试。2011年，卫生部发布的《医药卫生中长期人才发展规划（2011—2020年）》中提出统筹推进其他各类医药卫生人才队伍建设，大力推进口腔医学、临床医学工程和医学康复等各类临床人才培养，提升专业技术水平。2014年9月26日，中国医师协会临床工程师专业委员会成立大会在无锡召开，客观上确立了临床工程师在医院的地位，并开始启动临床医学工程注册工程师认证考试制度。

新冠肺炎疫情发生以来，我国医药卫生体系经受住了考验，为打赢新冠肺炎疫情防控阻击战发挥了重要作用。2020年下半年深化医药卫生体制改革，统筹推进深化医改与新冠肺炎疫情防治相关工作，把“预防为主”摆在更加突出位置，补短板、堵漏洞、强弱项，继续着力推动把以治病为中心转变为以人民健康为中心，深化医疗、医保、医药联动改革，继续着力解决看病难、看病贵问题，为打赢疫情防控的人民战争、总体战、阻击战，保障人民生命安全和身体健康提供有力支撑。

第二节 医疗器械管理的内容

医疗器械的管理是一项系统工程，在管理实施过程中，实际上存在两种运动状态。一是价值运动状态，包括设备购置的资金筹集、预算与计划的论证、招标采购、运行和维护成本、资产管理、成本效益分析和效果评价，管理内容一般为经济管理，也包括目前比较流行的医疗物流管理；目的是合理组织人力、物力、财力，充分利用有限的资源为卫生事业服务。二是物质运动状态，包括验收、安装、调试、使用、预防性维护、检测、校准、维修直至报废的整个生命周期，管理内容一般为技术管理；目的是保证使用的安全性和质量控制的有效性，促进医疗技术水平的提高。所以，医疗器械管理应该是两种状态的全面动态管理过程，应采用经济与技术相结合的管理方式；在管理过程中，两者又是一个统一体。

在管理理念上，医疗器械管理已经从早期仅仅以资产管理为主发展到提出以“质量保证为核心”的管理模式，开展医疗器械使用质量控制与安全风险管理；从局限于医疗器械本身发展到“人因工程”理论的应用，包括使用人员、使用环境的全方位管理。此外，相关学者提出医疗器械管理应该属于“针对服务于临床过程的医疗器械使用和质量评价技术系列”的医疗技术管理理念。国家相关法律法规的逐步完善，对医疗器械管理提出了新的课题和更高的要求。

目前，从管理的内容上，医疗器械管理具体可分为以下几个方面。

1. 制度管理

医疗器械管理制度包括管理机构、职能职责、人员，以及各项规章制度和操作规程的规范化，以做到有章可循。这是实施医疗器械规范化管理的制度保证，目的是要做到机构落实、职责明确、分级管理、责任到人、管理与服务相结合。同时，管理制度应该在实践中体现持续改进、定期修订。

2. 资产与物流管理

资产与物流管理包括设备计划、采购、合同签订、验收出入库、资产管理、物流管理等各个流程的程序化，要严格执行国家相关法律法规，如《中华人民共和国政府采购法》《中华人民共和国招标投标法》《中华人民共和国合同法》等，以及医用设备（尤其是大型医用设备）的招标采购管理、医用耗材（尤其是高价值、植入性耗材，体外诊断试剂）的采购与物流管理的特殊要求。

3. 临床使用质量安全管理

临床使用质量安全管理是指设备从采购到货物安装、调试、验收，使用的操作培训，安全性能检测、计量、校准、预防性维护、维修，安全（不良）事件监测和报告到报废处置等整个生命周期管理，在整个使用生命周期中确保医疗器械质量安全是技术管理的重要内容。同时，临床使用质量安全，不仅涉及设备本身，还涉及设备的临床使用人员、使用环境等因素。医疗器械管理是人、机、环境组合的，体现在医疗器械服务于临床每一个环节的使用安全和质量评价管理，是与医疗机构医疗质量安全密切相关的一个管理体系。

4. 信息化管理

信息化管理是医疗器械规范化管理的一种重要手段。为了达到信息资源的共享与合理利用，实现信息化（计算机化）管理以提高管理水平是必由之路。信息化管理具体包括设备名称的统一、代码的规范化、信息采集的完整性、操作流程的标准化、物流信息化管理和医疗器械安全与质量控制信息化管理等。另外，在多种医疗器械集成组合及数字化网络环境使用的条件下，信息的可靠性、安全性也是管理的重要内容。在目前的“互联网 +”时代，有的医院已经开始通过互联网和云服务平台，实现物流和医疗器械使用质量管理的网络化环境。

5. 考核、评价与持续改进

考核与评价是检查管理规范化程度的一种必要手段，包括管理体系和制度、质量保证体系、经济成本效益的考核与评估等。医院等级评审是考核与评估的重要方法，国家卫生健康委发布了《三级综合医院评审标准实施细则（2020 年版）》。医院通过等级评审工作达到考核管理的成效，发现问题、提出控制方案，尤其是通过 PDCA 方法，进一步优化管理体系并实现持续改进。

第三节　医疗器械管理相关法律法规

医疗器械管理应该是贯穿于医疗器械整个生命周期的全过程管理，包括计划论证、采购、安装验收、临床使用、维护维修、应用质量管理、报废等各个阶段。

下面就其与医疗器械管理各阶段重点相关部分展开论述。

1. 计划论证和采购阶段

作为医疗器械管理者，在计划论证阶段，必须熟知《大型医用设备配置与使用管理办法》，明确大型医用设备含义（大型医用设备是指列入卫生行政部门管理品目的医疗器械，以及虽尚未列入管理品目，但在省级区域内首次配置且整套单价在500万元人民币以上的医疗器械）；应明确甲、乙类大型医用设备品目、配置审批程序；应充分了解《医疗器械临床使用安全管理办法》《医院管理评价指南》和其他相关法律法规，以科学、合理、经济为原则，协助临床部门和领导做好医疗器械引进的计划论证关。

在采购阶段，我们要意识到医疗器械采购过程中隐藏着许多风险因素，把好采购关是确保进入医院使用的医疗器械质量的重要工作，意义深远。采购人员除了要有丰富的产品、商务操作经验和技术底蕴外，还要熟知与医疗器械采购过程相关的各类法律法规。

（1）《中华人民共和国政府采购法》

2003年起实行的《中华人民共和国政府采购法》是国家用来规范各级国家机关、事业单位和团体组织使用财政性资金，采购依法制定的集中采购目录以内的或者采购限额标准以上的货物、工程和服务的法律。医疗机构依据《中华人民共和国政府采购法》的规定，参照财政部门制定的政府集中采购目录，进行货物、工程和服务的政府采购。首先要明确政府采购的含义，即各级国家机关、事业单位和团体组织使用财政性资金，采购依法制定的集中采购目录以内的或者采购限额标准以上的货物、工程和服务的行为。政府采购实行集中采购和分散采购相结合的方式，属于中央预算的政府采购项目，其集中采购目录由确定并公布；属于地方预算的政府采购项目，其集中采购目录由省、自治区、直辖市人民政府或其授权的机构确定并公布。纳入集中采购目录的政府采购项目，应当实行集中采购。政府采购采用公开招标、邀请招标、竞争性谈判、单一来源采购、询价以及政府采购监督管理部门认定的其他采购方式；其中，公开招标是政府采购的主要方式。采购人不得将应当以公开招标方式采购的货物或服务化整为零，或者以其他任何方式规避公开招标采购。

（2）《中华人民共和国招标投标法》

2000年起实行的《中华人民共和国招标投标法》是国家用来规范招标投标活动、调整在招标投标过程中产生的各种关系的法律规范。按照法律效力的不同，招标投标法的法律规范分为三个层次：第一层次是由全国人大及其常委会颁布的招标投标法；第二层次是由颁发的招标投标行政法规以及有立法权的地方人大颁发的地方性招标投标法；第三层次是由有关部门颁发的招标投标的部门规章，以及有立法权的地方人民政府颁发的地方性招标投标规章。《中华人民共和国招标投标法》是属于第一层次上的，即由全国人民代表大会常务委员会制定和颁布的法律。《中华人民共和国招标投标法》是社会主义市场经济法律体系中非常重要的一部法律，是整个招标投标领域的基本法，一切有关招标投标的法规、规章和规范性文件都必须与《中华人民共和国招标投标法》一致。

需特别注意的是，《中华人民共和国招标投标法》第十八条：招标人可以根据招标项目本身的要求，在招标公告或者投标邀请书中，要求潜在投标人提供有关资质证明文件和业绩情况，并对潜在投标人进行资格审查；国家对投标人的资格条件有规定的，依照其规定。招标人不得以不合理的条件限制或者排斥潜在投标人，不得对潜在投标人实行歧视待遇。《中华人民共和国招标投标法》第十九条：招标人应当根据招标项目的特点和需要编制招标文件。招标文件应当包括招标项目的技术要求、对投标人资格审查的标准、投标报价要求和评标标准等所有实质性要求和条件以及拟签订合同的主要条款。《中华人民共和国招标投标法》第二十条：招标文件不得要求或标明特定的生产供应者，以及含有倾向或者排斥潜在投标人的其他内容。

此外，在中华人民共和国境内，凡列入商务部机电产品国际招标范围的部分医疗器械，必须进行国际招标，严格执行《机电产品国际招标投标实施办法》。

（3）《医疗器械监督管理条例》

《医疗器械监督管理条例》于2000年1月4日以中华人民共和国令第276号公布。2014年2月12日，国务院第39次常务会议通过修订，2014年3月7日中华人民共和国令第650号公布。2020年12月21日，国务院第119次常务会议修订通过《医疗器械监督管理条例》，本条例自2021年6月1日起施行。修订后的《医疗器械监督管理条例》分总则、医疗器械产品注册与备案、医疗器械生产、医疗器械经营与使用、不良事件的处理与医疗器械的召回、监督检查、法律责任、附则，共8章107条，自2021年6月1日起施行。

《医疗器械监督管理条例》适用于在中华人民共和国境内从事医疗器械的研制、生产、经营、使用、监督管理的单位或者个人的内容主要包括医疗器械的管理、医疗器械生产经营及使用的管理、医疗器械的监督、罚则等；这些内容涉及医院医疗器械管理的每个环节，包括采购、验收、使用及不良事件报告与召回等。

《浙江省医疗机构药品和医疗器械使用监督管理办法》于2007年12月1日起施行，第24~33条专门讨论医疗器械的使用管理，主要内容有：医疗机构应当按照使用说明书的要求使用医疗器械；医疗机构应当建立医疗器械，设备安全使用管理制度，制定相应的操作规程，并督促使用的技术人员严格按照操作规程操作；医疗机构应当建立医疗器械、设备维护和安全检测制度，维护情况和安全检测结果应当形成记录，并存档备查；列入国家强制计量范围的医疗器械应按照《计量法》有关管理规定执行；医疗机构应当按照国家药品不良反应和医疗器械不良事件报告制度的规定，指定专门人员负责监测和报告工作。

（4）《中华人民共和国海关进出口货物减免税管理办法》

首先要了解《国内投资项目不予免税的进口商品目录》，可享受减免税优惠政策的单位，采购医疗器械要了解减免税审批手续，了解到货使用后减免税设备的管理和处置规定。

（5）《中华人民共和国合同法》

商务购销合同是医院利益的重要保障，在与医疗器械供应商签订购销合同时，应对购销合同进行仔细的研究，对其中不恰当的商务条款进行修改，注意避免某些供应厂商的合同陷阱，以保证医院的利益不受损失。医院可根据具体情况使用标准形式商务购销合同，这样不仅规范了医院的医疗器械采购工作，同时，也使医院的利益得到了更好的保证。需要强调的几点：一是要在签订商务购销合同时注意供应厂商的交货日期，尽量要求其在医院规定的期限内到货；如果未能在购销合同规定期限内到货，医院应及时按照双方协定的索赔条款索赔。二是要注意付款方式及付款日期；一般情况下，国内贸易的商务购销合同应以到货验收合格后付款为宜。这种付款方式能使医院的采购风险有效降低，既保证了医院的利益，又可节省医院的流动资金，甚至可以避免一些诸如供货方携款潜逃等特殊事件的发生。三是要重视索赔条款。在签订商务合同时，索赔条款常常被院方忽视；如果没有合理的索赔条款，那么在供应商违反商务购销合同条款的情况下，医院的切身利益就可能受到损害。索赔条款的签订一般是由医院设备采购部门与供应厂商协商完成，采购人员应在签订索赔条款时为院方争取尽可能大的权益。

（6）《中华人民共和国反商业贿赂法》

商业贿赂的界定：商业贿赂是指经营者为争取交易机会，给予交易对方有关人员和能够影响交易的其他相关人员以财物或其他好处的行为。其行为要点是：

主体是经营者和受经营者指使的人（包括其职工），目的是争取市场交易机会，有私下给予他人财物和其他好处的行为，且达到一定数额；该行为由行贿与受贿两方面构成。在商业贿赂面前，医院医疗器械管理的相关工作人员和医务人员要时刻提高警惕，洁身自好，警钟长鸣。

2. 安装验收阶段

在安装验收阶段，应由医疗器械管理部门、使用科室、厂家三方共同对医疗器械的数量和质量进行验收。大型医用设备还需省医疗设备管理质量控制中心或相应管理部门认可的检测机构进行检测并出具报告。列入《强制检验进出口商品目录》的医疗器械，必须依照《中华人民共和国进出口商品检验法》进行强制检验。凡列入《检验检疫机构商品目录》的进口医疗器械必须经检验检疫；未经检验检疫的，不得投入使用。2005 年 8 月 10 日，国务院第 101 次常务会议通过《中华人民共和国进出口商品检验法实施条例》，该条例自 2005 年 12 月 1 日起施行。

安装后由商检机构实施检验并出具证明；对于未列入法定检验目录的进口医疗器械，发现质量不合格或者残损短缺且需要由商检机构出证索赔的，也应当向商检机构申请检验出证。另外，根据《中华人民共和国环境保护法》和《放射防护器材与含放射性产品卫生管理办法》，放射类设备、放射机房必须经环境保护行政主管部门环评验收合格后，方可投入使用。此外，医院使用的压力容器设备，如供应室灭菌设备、高压氧设备等，根据《特种设备安全监察条例》规定，必须向当地锅炉压力容器安全监察机构登记并取得使用证。可见，医疗器械验收涉及方方面面，要严谨审慎。如果说采购环节的制度依法、流程规范，是在医疗器械入院前的第一道关卡，那么依法验收、严格验收就是设备投入使用后减小风险的第二道屏障。

3. 使用阶段

医疗器械投入使用后，为保障使用安全、有效，减小使用风险，应用质量管理非常重要。从依法管理角度来讲，计量管理是重要的组成部分。《计量法》适用于在中华人民共和国境内对计量基准器具，计量标准器具进行制造，修理、销售和使用的单位或个人，主要包括计量基准器具和计量标准器具及计量检定、计量器具管理、计量监督、法律责任等内容。《计量法》涉及医用计量器具管理的每个环节，包括采购、验收、检定、使用、报废等。经批准，1987 年 1 月 19 日国家计量局发布了《中华人民共和国计量法实施细则》，该细则于 1987 年 2 月 1 日起施行。

医院在认真贯彻执行《中华人民共和国强制检定的工作器具检定管理办法》的同时，应建立健全的计量管理组织，在医院成立计量管理小组，设专职计量员，同时选拔使用器具的科室工作人员作为兼职计量员，组织建立计算机网络、计量台账，积极协助计量检测部门做好相关医疗器械的计量检定工作，杜绝计量检定不合格产品的临床应用，以客观、准确的计量数据服务于医疗、教学、科研活动，维护医疗器械的合法性。计量管理的内容有：为计量器具建账建卡；依法定期送检计量器具；定期自检；仪器维修后自检或送检；建立完整的计量技术档案。计量检定不合格的设备应严禁使用，陈旧老化、超过使用年限、经计量检定不合格的设备应进行报废处理；超过使用年限但计量技术指标仍然合格的设备，应缩短计量检定周期，以确保使用设备的良好运行。

在医疗器械使用过程中，必须重视安全（不良）事件监测和报告。根据《医疗器械不良事件监测和再评价管理办法》，首先要明确不良事件的含义，应建立相应的工作制度。发现或知悉应报告的医疗器械不良事件后，应当填写《可疑医疗器械不良事件报告表》，向所在地省 / 自治区 / 直辖市医疗器械不良事件监测技术机构报告；在向所在地省 / 自治区 / 直辖市医疗器械不良事件监测技术机构报告的同时，应当告知相关医疗器械生产企业。

应根据《医疗器械监督管理条例》《医院管理评价指南》《医疗器械临床使用安全管理办法》《医疗器械使用质量监督管理办法》等，建立在用医疗器械质量控制制度，主动进行技术干预，以确保医疗器械的正常运转。

医疗器械在医院临床诊疗中的作用越来越突出。卫生部医管司于 2010 年 1 月 18 日颁布的《医疗器械临床使用安全管理办法》对医疗器械的临床使用进行了系统、全面的规范，以进一步保证医疗器械发挥其应有的作用，充分保证患者的用械安全。《医疗器械临床使用安全管理办法》要求在医疗机构建立医疗器械安全管理体系和涵盖医疗器械采购、验收、评价、检测、考核、维护、使用全过程的一系列管理制度，以实现对医疗器械使用风险的全程控制。

医疗器械使用的全过程监管要点：医疗机构应建立医疗器械验收制度，验收合格后方可应用于临床；医疗机构应对在用设备类医疗器械的预防性维护、检测与校准、临床应用效果等信息进行分析与风险评估，以保证医疗器械处于完好与待用状态；医疗机构应按照国家分类编码的要求，对医疗器械进行唯一标识，并妥善保存高风险医疗器械购入时的包装标识、标签、说明书、合格证等原始资料，以确保这些信息具有可追溯性；医疗机构应当定期对本机构医疗器械使用安全情况进行考核和评估，形成记录并存档。

此外，目前我国大多数医院是差额拨款的事业单位。根据《中华人民共和国审计法》，审计部门有权对医院进行审计，如审计医院预算执行情况，审计医院资产账务相符情况。医疗器械管理部门要配合财务部门做好年度预算并严格按预算执行，同时做好设备资产在用和报废管理。

医疗器械管理的各个环节都是有法可依、有章可循的。任何一个环节的违规都可能为日后埋下隐患，给患者和医院的利益带来损失；许多看似偶然的与医疗器械相关的医患纠纷或合同纠纷，背后都存在着某个环节管理缺位或违规操作所导致的必然性。作为医疗器械管理部门，在坚持依法管理和规范管理的同时，有可能存在着程序和效率无法兼顾的困惑。但无论如何，我们必须清醒地认识到，管理是运行在法制化轨道上的，效率必须建立在符合规范的基础上。

第四节　医疗器械管理的规范化

一、名称规范说明

长期以来，用于临床的医疗器械的名称有很多，如医疗器械、医疗仪器、医用设备、医学装备、医疗装备等。国外对此也没有公认、统一的名称，如美国管理法规中称之为“medical device”（医疗设备），英国管理法规中称之为“health equipment”（卫生设备）等。我国 2014 年颁布的《医疗器械监督管理条例》（国务院令第 650 号）中称之为“医疗器械”。所称的医疗器械是指直接或间接用于人体的仪器、设备、器具、体外诊断试剂及校准物、材料以及其他类似或相关的物品，包括所需要的计算机软件；其效用主要是通过物理等方式获得，不是通过药理学、免疫学或代谢的方式获得，或者虽然有这些方式参与，但是它们只起辅助作用。医疗器械的使用旨在达到如下预期目的：

① 疾病的诊断、预防、监护、治疗或缓解；

② 损伤的诊断、监护、治疗、缓解或功能补偿；

③ 生理结构或生理过程的检验、替代、调节或支持；

④ 生命的支持或维持；

⑤ 妊娠控制；

⑥ 通过对来自人体的样本进行检查，为医疗或诊断提供信息。

卫生部 2010 年发布的《医疗器械临床使用安全管理办法》中使用“医疗器械”的名称，从内涵上综合分析，现有各种名称的含义基本一致，即指用于医学领域中的有显著专业技术特征的物资与器械的总称，包括器械、设备、软件、器具、材料和其他物品。卫生部 2011 年发布的《医疗卫生机构医学装备管理办法》中，医疗装备定义是：医疗卫生机构中用于医疗、教学、科研、预防、保健等工作，具有卫生专业技术特征的仪器设备、器械、耗材和医学信息系统等的总称。《医疗器械通用名称命名规则》于 2015 年 12 月 8 日国家药品监督管理局局务会议审议通过，2015 年 12 月 21 日国家药品监督管理局令第 19 号公布，自 2016 年 4 月 1 日起施行。考虑到 2021 年修订后施行的《医疗器械监督管理条例》是目前我国唯一的医疗器械管理法规，本书应该与目前国家的《医疗器械监督管理条例》中的名称保持一致。

二、归口管理要求

在医疗器械管理部门的归口问题上，早期的医院管理将医疗器械管理归口于后勤保障系统。如郭子恒主编的《医院管理学》，将医院医疗器械管理划分为对医疗器械和医院后勤设备（水、电、热、冷设施及运输通信等）两部分的管理；彭俊茅主编的《实用医院管理学》，将对医疗器械和后勤设备两部分的管理统一归入医院后勤保障管理。但是随着医学科学的发展，新技术的应用大大促进了医学技术的发展，医学与工程的结合越来越密切，医疗器械对整个医学技术的支持越来越大，甚至成为医学技术发展的推动力与重要支柱，医学工程作为一门新学科已经得到认可。2003 年出版的《医院管理学》（曹荣桂主编）已将“医疗器械管理”单独列出，从管理理论、管理技术与管理方法上对其做了新的论述，提出医疗器械管理部门应列入医院管理的职能部门。实际上，医疗器械管理理念已从“后勤支持”转变成“技术支持”。2011 年，卫生部发布的《医疗卫生机构医学装备管理办法》规定：“二级及以上医疗机构和县级及以上其他卫生机构应当设置专门的医学装备管理部门，由主管领导直接负责。”在《三级综合医院评审标准（2011 年版）》（卫医管发〔2011〕033 号）中，也将医疗器械管理与后勤保障管理单列，分别为医院管理的不同职能部门。

三、分类与代码规范

医疗器械管理规范化的重要前提之一，是统一的设备分类与代码。原卫生部于 1999 年颁布并实施了《全国卫生行业医疗器械、仪器设备（商品、物资）分类代码（WS/T 1181999）》。它是依据国家标准局统一的分类与代码扩展而来的，并经过国家标准局认可；按物品的基本属性和使用方法分类，适当兼顾部门管理的需要，并满足相应管理水平和生产流通领域的实际需求。

2000 年发布的《医疗器械监督管理条例》规定，国家对医疗器械实行分类管理，即：第一类，是指通过常规管理足以保证其安全性、有效性的医疗器械；第二类，是指对其安全性、有效性应当加以控制的医疗器械；第三类，是指用于支持维持生命，对人体具有潜在危险，对其安全性、有效性必须严格加以控制的医疗器械。

2014 年修订的《医疗器械监督管理条例》重新定义了分类管理："第一类是风险程度低、实行常规管理可以保证其安全、有效的医疗器械。第二类是具有中度风险，需要严格控制管理以保证其安全、有效的医疗器械。第三类是具有较高风险，需要采取特别措施严格控制管理以保证其安全、有效的医疗器械。"评价医疗器械风险程度，应当考虑医疗器械的预期目的，结构特征、使用方法等因素。

2020 年 12 月 21 日，国务院第 119 次常务会议修订通过《医疗器械监督管理条例》，本条例自 2021 年 6 月 1 日起施行。

对于医疗器械的分类规则和分类目录，2020 年修订的《医疗器械监督管理条例》规定：由食品药品监督管理部门负责制定医疗器械的分类规则和分类目录，并根据医疗器械的生产、经营，使用情况，及时对医疗器械的风险变化进行分析、评价，对分类目录进行调整。制定、调整分类目录，应当充分听取医疗器械生产经营企业以及使用单位、行业组织的意见，并参考国际医疗器械分类实践。医疗器械分类目录应当向社会公布。由于医疗器械分类目录是动态的、不断更新的，所以，食品药品监督管理部门公布的医疗器械产品注册分类目录与原卫生部标准 WS/T 118—1999 规定的代码有较大差异。其原因是：医学技术飞速发展，出现了很多新技术、新设备，而原卫生部的分类代码中没有包括这些新的项目，所以在编写本书时，我们综合考虑各种因素后，进行了适当的处理。

第五节　无菌医疗器械与植入性医疗器械概述

一、无菌医疗器械与植入性医疗器械产业发展和监管

（一）无菌医疗器械与植入性医疗器械产业的发展

1. 我国无菌医疗器械与植入性医疗器械产业的发展的特点

一是产品类型和品种规格不断增加和完善，初步形成能提供和国际上通行的无菌医疗器械和植入性医疗器械的产品类型和品种规格相当的产品系列。经过多年的发展，我国无菌医疗器械与植入性医疗器械的生产能力快速提升，新产品不断涌现，品种规格已从几十个发展到数百个，逐步建立了满足我国医疗卫生事业发展需要的无菌医疗器械与植入性医疗器械产业。例如，从一次性使用输液器、输血器、注射器，一次性使用输注泵，一次性使用塑料袋等输注器具，到一次性使用的医用脱脂棉、医用脱脂纱布等各种卫生敷料；从一次性使用的防护服、防护口罩到各种造影导管、球囊扩张导管、体外循环管路穿刺导管、插管、引流管等各种医用导管。在植入性医疗器械方面，从骨接合植入物、骨与关节替代物等骨科植入物到心脏瓣膜假体、血管支架等心血管植入物；从食道支架、胆道支架、气管支架等非血管支架，神经外科植入物、宫内节育器、人工晶体等植入物，到植入式心脏起搏器、人工耳蜗等有源植入性医疗器械。目前，我国已经形成了比较完整的系列化无菌医疗器械与植入性医疗器械的产业群体，不但逐步满足我国医疗卫生事业发展的需求，而且还出口国外。

二是产业集群化程度不断提升，在产业链上下游有较强的自主集成和配套能力。如一次性输注器具的生产从原材料、零部件到装配、加工、成品等各个过程都有生产能力，此外卫生敷料等各种类型的无菌医疗器械与植入性医疗器械也都有这个特点，较少地受制于国外控制，具有相当强的自主权。我国在分工和专业化的基础上，不断提升标准化生产方式的水平，发挥了规模经济效益的作用，从而在经济全球化、竞争日益激烈的环境下能够占据比较有利的地位。不但产业集群化优势在提升，而且产业区域化的特点也很明显。如江苏省仅无菌医疗器械与植入性医疗器械生产企业就达 500 多家，这样庞大的无菌医疗器械与植入性医疗

器械企业群集中在一个地区，既相互交流又相互促进，既相互协作又相互竞争。产业集群、企业聚集有利于发挥聚集、辐射功能作用，带动产业链的相关医疗器械的融合发展，有利于发挥产业和区域协作及产业结构和产业升级，促进产业和区域经济快速发展。

三是开始从劳动密集型低成本加工模式向资金密集、技术密集、管理规范的规模化生产模式转变。有些企业投入了大量资金，购买土地、扩建厂房、添置设备、建立自动化生产线，大大提高了生产能力；有些企业努力招聘、引进、培养人才，加强团队建设，注重产品开发和生产工艺改进，积极开展技术创新和采用新技术；有些企业重视质量管理体系建设，应用当代先进管理理念和方法，努力提高企业管理水平，都取得了显著的进步。

2. 我国无菌医疗器械与植入性医疗器械生产企业分类

我国现有无菌医疗器械与植入性医疗器械生产企业 1 700 多家，构成了无菌医疗器械与植入性医疗器械产业的主体，但这些企业的质量管理水平差异较大，根据认证审核实践可分为以下四类。

第一类企业质量管理水平较低，虽然高层领导有一定的质量意识，也开始重视顾客和市场，但还未构建规范的质量管理体系，仅凭经验管理，资源配置不到位，过程和产品质量难以控制。这类企业虽然数量不多，但必须抓紧改变现状，否则可能被市场淘汰。

第二类企业质量管理开始规范，已按照 YY/T 0287/ISO 13485 标准建立了质量管理体系，但高层领导对质量管理体系重视不够，存在着企业文件要求和实际运行“两张皮”的倾向，资源管理包括人力资源、基础设施、工作环境等与优秀企业相比还存在一定的差距，产品质量有时不够稳定，质量管理体系的有效性有待提高。

第三类企业质量管理水平相对较高，基础管理比较扎实，高层领导比较重视管理，YY/T 0287/ISO 13485 标准质量管理体系显现了有效性，能够实现确定的目标，但过程控制、PDCA 运行模式、风险管理等方面相对薄弱。

第四类企业质量管理水平比较成熟，很多企业通过 YY/T0287/ISO13485 认证时间较长，质量管理体系运行规范并能结合本企业的实际不断改进，高层领导能力、战略规划能力、过程管理能力较强。这类企业有两种情况：有些企业的资源管理和产业链、价值链管理较差，还有着很大的提升空间；还有些企业创新能力强，资源管理有突破，努力建设团队，逐步形成企业文化，能积极利用国内外两种资源、两个市场不断取得良好的绩效，发展较快，有的已成为行业中的佼佼者和领跑者。

总之，在产业发展的浪涛中，越来越多的企业学习当代先进管理理念和方法，积极贯彻医疗器械法规，努力按照 YY/T 0287/ISO13485 标准建立，保持和改进质量管理体系，保证和持续改进产品实物质量，实施管理创新，不断提高管理水平。不少企业取得可喜的成果，创建了知名品牌。尽管这种转变时间不长，但已看到其发展的生命力，科学监管和市场的推动必将加快这种转变，促进我国无菌医疗器械与植入性医疗器械产业健康快速发展。

虽然无菌医疗器械与植入性医疗器械产业在发展方面具有以上特点，但产业本身目前存在的问题以及企业质量管理的不平衡性必须引起高度重视。无菌医疗器械与植入性医疗器械的质量安全还面临严峻挑战，和整体医疗器械形势一样仍处在风险高发期和矛盾凸显期。主要表现为小企业多，资金分散，科研创新和应用能力不强，市场竞争不够规范，有些产品整体水平不高，产品实物质量和可靠性还有差距，产品服务维护工作不够规范，部分企业的质量意识、责任意识、诚信意识不强，企业质量管理体系的符合性、有效性很不平衡。上述的第二类企业和第三类企业占绝大部分，有些企业的风险居高不下。因此无菌医疗器械与植入性医疗器械产业的发展任重道远，只有坚持不懈地改革创新才能走向成功的彼岸。

（二）我国医疗器械监管的法制化、规范化和科学化

医疗器械与人类生命安全、身体健康密切相关，因此各国政府通常承担着对医疗器械监管的责任。随着医疗器械产业的发展，医疗器械新产品的不断涌现，新科学技术在医疗器械领域广泛应用以及医疗器械需求的迅速增长，有关医疗器械质量安全的新矛盾层出不穷。而且医疗器械风险必然成为社会和公众关注的焦点和热点，因此医疗器械监管不断面临新的严峻挑战和更高的要求。

我国政府历来重视医疗器械的监管工作，特别是在改革开放以后，不断建立并完善医疗器械各类法规，逐步形成了比较完整的医疗器械法规体系，医疗器械监管进入规范化、法制化、科学化的轨道。

2000 年我国颁布实施《医疗器械监督管理条例》，标志着我国医疗器械监督管理进入依法行政、依法监管的新阶段。医疗器械监管部门在医疗器械产业发展的实践中，积极应对各种挑战，不断规范、完善医疗器械法规，建立了比较完整的医疗器械法规体系，依法实施医疗器械监管，取得了巨大成就。由于无菌医疗

器械与植入性医疗器械是高风险的医疗器械产品，质量安全问题相当突出，因而监管部门特别重视对无菌医疗器械与植入性医疗器械的监管工作。多年来，我国不断出台相关法律法规，采取了一系列监管措施，努力保障安全有效的无菌医疗器械与植入性医疗器械进入市场。

2000 年 4 月，国家药品监督管理局发布实施《医疗器械生产企业监督管理办法》和《医疗器械生产企业质量体系考核办法》，提出了医疗器械生产企业的开办条件和要求，在医疗器械生产企业监督管理中引入了质量管理体系概念。这对规范医疗器械生产、提高生产企业质量意识和保障产品质量等方面都起到了很大推动作用。

2001 年 6 月，国家药品监督管理局发布了《一次性使用无菌医疗器械产品（注、输器具）生产实施细则》，提出了一次性使用无菌医疗器械生产质量管理要求。该细则的发布与实施扭转了一次性使用无菌医疗器械生产低水平重复、假冒伪劣产品不断出现的状况，淘汰了一些不具备生产条件的小作坊式企业，促进了一次性使用无菌医疗器械生产企业逐步规范生产、提高产品质量。

2002 年，国家药品监督管理局发布《外科植入物生产实施细则》，规定了植入物产品的质量管理要求和追溯性要求；同年，还发布了《一次性使用麻醉穿刺包生产实施细则》，对产品的生产过程提出要求，进一步规范麻醉穿刺包的生产。

2009 年 12 月，国家药品监督管理局发布了《医疗器械生产质量管理规范》《无菌医疗器械实施细则》《植入性医疗器械实施细则》《无菌医疗器械检查评定标准》《植入性医疗器械检查评定标准》和《医疗器械生产质量管理规范检查管理办法》等配套文件。《医疗器械生产质量管理规范》于 2011 年正式实施。《医疗器械生产质量管理规范》的发布与实施对于进一步规范医疗器械生产企业的质量管理体系、配置资源、控制生产过程、保障医疗器械的安全性，加强医疗器械监管有着重大意义。需要指出的是，国家药品监督管理局特别重视无菌医疗器械和植入性医疗器械的监管，第一批就发布《无菌医疗器械实施细则》和《植入性医疗器械实施细则》，明确要求无菌医疗器械与植入性医疗器械的生产企业从 2011 年 7 月 1 日起全面实施《医疗器械生产质量管理规范》及其相关的实施细则，不能通过《医疗器械生产质量管理规范》检查的企业，其产品将不能进入市场，从而有力地进一步规范无菌医疗器械与植入性医疗器械生产企业。

为贯彻落实《关于改革药品医疗器械审评审批制度的意见》以及有关行政审

批制度改革精神，进一步加强医疗器械注册管理，切实提高审评审批效率，经国家药品监督管理局局务会议研究决定，将下列由国家药品监督管理局做出的医疗器械行政审批决定，调整为由国家药品监督管理局医疗器械技术审评中心以国家药品监督管理局名义做出：第一，第三类高风险医疗器械临床试验审批决定；第二，国产第三类医疗器械和进口医疗器械许可事项变更审批决定；第三，国产第三类医疗器械和进口医疗器械延续注册审批决定。其他医疗器械注册申请的审批决定，按现程序，由国家药品监督管理局做出。调整后的审批决定由国家药品监督管理局医疗器械技术审评中心负责人签发。申请人对审批结论不服的，可以向国家药品监督管理局提起行政复议或者依法提起行政诉讼。医疗器械监管相关规章中审批程序与本决定不一致的，按照本决定执行。本决定自 2017 年 7 月 1 日起施行。

国家药品监督管理局还修订了一大批无菌医疗器械与植入性医疗器械产品标准，这些标准既和国际接轨，又结合我国国情，进一步明确产品安全性要求，为保障产品的安全有效提供了技术支持。

国家药品监督管理局持续加大对医疗器械的监管力度，采取产品质量监督抽验、日常监督管理、医疗器械专项检查、质量管理体系检查等一系列监管措施，取得显著成效。特别是几次全国性的针对无菌医疗器械与植入性医疗器械的重大专项整治活动，通过检查生产企业质量管理体系运行情况，查处了违法、违规的生产行为，撤销了一批生产企业，从医疗器械源头上实施监管，起到了良好的警示作用，有力地促进企业提升法规意识、质量意识，规范了企业的生产行为，促进企业质量管理体系的有效性，提升企业管理水平，推动无菌医疗器械与植入性医疗器械产业健康发展，在医疗器械监管的实践中提高了监管部门的医疗器械规范监管、科学监管、有效监管的能力和水平。

二、无菌医疗器械与植入性医疗器械的特殊性、分类和应用特点

（一）无菌医疗器械与植入性医疗器械的特殊性

大部分无菌医疗器械与植入性医疗器械是通过和人体接触实现其治疗和预防疾病、保护生命安全和身体健康目标的，因此无菌医疗器械与植入性医疗器械必须和人体组成一个系统，在该系统中两者相互影响、相互作用，这是无菌医疗器械与植入性医疗器械的特殊性，也是它们和其他医疗器械的主要区别。其特殊性主要表现在以下两个方面。

1. 人体对无菌医疗器械与植入性医疗器械的影响和作用

人体是极其复杂的生命体，和人体接触的无菌医疗器械与植入性医疗器械必然会受到人体的影响和作用。人体对无菌医疗器械与植入性医疗器械的作用既包括摩擦、冲击、曲挠的物理作用，也包括溶出、吸附、浸透、分解、修饰的物理化学作用。这些作用既可以使无菌医疗器械与植入性医疗器械发生物理性能的变化，如形状、强度（弹性、疲劳、断裂）、蠕变、磨耗、硬度、熔点、软化点、热传导等，也会使无菌医疗器械与植入性医疗器械发生化学性能变化，如酸碱性、吸附性、溶出性、亲水疏水性等。这是因为人体的组织细胞、血液、组织液可能会引起构成无菌医疗器械与植入性医疗器械的生物医学材料的降解、交联或相变，人体的氧化反应以及人体内酶的催化作用等导致无菌医疗器械与植入性医疗器械性能变化和老化，如尼龙材料在人体内埋入 3 年后强度会减少 81%，安装在人体内的接骨板、接骨钉时常会断裂等说明了人体对医疗器械的影响和作用。

2. 无菌医疗器械与植入性医疗器械对人体的影响和作用

在人体对无菌医疗器械与植入性医疗器械有上述影响和作用的同时，无菌医疗器械与植入性医疗器械对人体也有一定的反作用。首先，医疗器械对人体的机械力学作用会对人体产生影响。其次，构成无菌医疗器械与植入性医疗器械的各种生物医学材料可能存在残留单体，以及在生产过程中添加的稳定剂、增塑剂、交联剂、催化剂、润滑剂、着色剂、填料等，都会对人体产生一定的影响。这些材料对人体影响和作用主要是发生组织反应、血液反应、免疫反应、全身反应等生物学反应。例如，急性全身反应（如急性毒性反应、变态反应、发热、循环阻碍）、慢性全身反应（如慢性毒性反应、致畸、脏器功能阻碍）、急性局部反应（如血栓形成、急性炎症、排异反应）、慢性局部反应（如致癌、钙化、慢性炎症、溃疡）等。再次，植入性医疗器械与血液接触可能会形成血栓或感染。人们讨论较多的有关聚氯乙烯（PVC）作为输注器具材料的安全性问题，主要是指 PVC 材料中的增塑剂醇溶出物邻苯二甲酸二（2–乙基己）酯（DEHP）的影响。在动物实验中，已证实 DEHP 有毒性作用和致癌作用，其对人体的毒性作用正在研究中，因此，为降低风险，在医疗器械产品生产中对其释出 DEHP 提出限量是有必要的，美国食品药物管理局（FDA）发布了（PVC 医疗器械释放 DEHP 的安全性评价报告）并提出各种医疗过程中成人和婴儿允许接受 DEHP 剂量限额。

因此，我们要不断认识无菌医疗器械与植入性医疗器械和人体的相互影响及相互作用，认清这两类医疗器械的特殊性，从而在医疗器械和人体组成的系统上识别医疗器械的风险，控制风险。这对于确保老产品及其改进和新产品开发的安全性都是具有十分重要的意义。

（二）无菌医疗器械与植入性医疗器械的分类

根据 GB/T 16886/ISO 10993 标准，按照医疗器械生物学评价基本原则，就医疗器械和人体接触的性质与接触的时间，对医疗器械可进行如下的分类。

1. 按人体接触性质分类

（1）非接触器械

非接触器械是指不直接或间接接触病人身体的医疗器械。

（2）表面接触器械

表面接触器械包括与以下部位接触的器械。

① 皮肤：仅接触未受损皮肤表面的器械，如各种类型的电极、体外假体、固定带、压迫绷带和监测器等。

② 黏膜：与黏膜接触的器械，如接触镜、导尿管、阴道内或消化道器械（乙状结肠镜、结肠镜、胃镜）、气管内管、支气管镜、义齿、畸齿矫正器、宫内避孕器等。

③ 损伤表面：与伤口或其他损伤体表接触的器械，如溃疡、烧伤、肉芽组织敷料或愈合器械，创可贴等。

（3）外部介入器械

外部介入器械包括接至下列部位的器械。

① 血路、间接：与血路上某一点接触，作为管路向血管系统输入的器械，如输液器、延长器、转移器、输血器等。

② 组织、骨、牙本质：与组织、骨和牙髓 / 牙本质系统接触的器械和材料，如腹腔镜、关节内窥镜、引流系统、牙科水门汀、牙科充填材料和皮肤钩等。

③ 循环血液：接触循环血液的器械，如血管内导管、临时性起搏器电极、氧合器、体外膜肺氧合器管路及附件、透析器、透析管路及附件、血液吸附剂和免疫吸附剂等。

（4）植入器械

植入器械包括与以下部位接触的器械。

① 组织、骨：主要与骨接触的器械，如矫形钉、矫形板、人工关节、骨假体、骨水泥和骨内器械；主要与组织和组织液接触的器械，如起搏器、药物给入器械、神经肌肉传感器和刺激器、人工肌腱、乳房植入物、人工喉、骨膜下植入物和结

扎夹等。

② 血液：主要与血液接触的器械，如起搏器电极、人工动静脉瘘管、心脏瓣膜、血管移植物、体内药物释放导管和心室辅助装置等。

2. 按接触时间分类

医疗器械应按以下接触时间进行分类。

① 短期接触（A）：一次或多次使用接触时间在 24 h 以内的器械。

② 长期接触（B）：一次、多次或长期使用接触在 24 h 以上 30 d 以内的器械。

③ 持久接触（C）：一次、多次或长期使用接触超过 30 d 的器械。

如果一种材料或器械兼属两种以上时间分类，建议执行较严的试验要求。对于多次使用的器械，建议考虑潜在的累积作用，按这些接触的总时间对器械进行归类。

（三）无菌医疗器械与植入性医疗器械的应用特点

无菌医疗器械与植入性医疗器械在防病、治病和保护人类生命安全的实践以及生命科学研究中得到广泛的应用，主要有如下应用特点。

1. 应用时和人体相接触

大部分无菌医疗器械与植入性医疗器械在应用中要和人体的组织、骨、血液、体液等相接触，尽管接触的性质不相同，接触的时间有差距，但这种接触将会引发对人类生命健康和安全的风险，这是无菌医疗器械与植入性医疗器械的主要应用特点。

2. 应用量大、面广

无菌医疗器械与植入性医疗器械是量大、面广的产品。“量大”是指使用数量多，如医用卫生敷料。另外，一次性使用无菌输注器具每年应用高达数十亿支，其用量之大是其他医疗器械所不能比拟的。“面广”是指从刚出生的婴儿到老年人，从医疗卫生机构到每个家庭，都要应用无菌医疗器械。应用量大、面广是无菌医疗器械与植入性医疗器械的显著应用特点。

3. 一次性使用

在无菌医疗器械与植入性医疗器械产品中，很大部分是一次性使用医疗器械，也就是指仅供一次性使用，使用后必须处理或销毁，不得重复使用。因此使用者在使用一次性使用医疗器械后应采取各种有效措施，严格控制病菌、病毒和有害物的传播和污染，确保使用过的一次性使用无菌医疗器械不危害其他公众、社会、环境，不得引发其他次生损害，这也是无菌医疗器械与植入性医疗器械区别于其他医疗器械的应用特点。

4. 包装要求的特殊性

包装是无菌医疗器械与植入性医疗器械产品的组成部分，特别是和无菌医疗器械与植入性医疗器械产品直接接触的初包装对于无菌医疗器械与植入性医疗器械的安全性是至关重要的。产品的初包装一方面应符合无菌要求，另一方面要和被包装的无菌医疗器械与植入性医疗器械产品以及灭菌过程相容。在使用前，要确保无菌医疗器械与植入性医疗器械产品包装的完好性，特别是初包装的完好性，因为这是无菌医疗器械与植入性医疗器械的最后屏障，以防止无菌医疗器械产品在包装出厂、运输、存储和使用前被污染、变性或损坏。初包装已损坏的无菌医疗器械产品严禁使用，这也是无菌医疗器械与植入性医疗器械的重要应用特点。

5. 和药物、血液结合应用

无菌医疗器械与植入性医疗器械本身不仅有固体、液体和气体等各种形态，而且有些产品要和药物、血液等结合使用，如输液输血器具、血袋，体外循环管路、血液净化装置、载药血管支架、带药敷料等。因此在应用以上医疗器械时，不仅要关注产品的要求，还要关注对药物、血液的要求及其和医疗器械的相互作用和相互影响。这也是无菌医疗器械与植入性医疗器械的一个应用特点。

6. 有效期要求

无菌医疗器械都应规定有效期，这是因为这些医疗器械超过规定的使用有效期后产品性能可能会发生变化而失效，无菌特性也不能保障，不但不能实现医疗器械预期使用目的，而且会对人类的生命健康造成损害。因此在应用无菌医疗器械与植入性医疗器械产品时要特别关注其生产日期和使用的有效期，超过有效期的产品坚决不能使用，以免造成严重的质量事故和不必要的损伤。

第二章　使用质量安全管理

第一节　使用质量安全管理的基本要求

医疗器械使用质量与安全问题直接关系疾病诊断和治疗的安全性、有效性，关系病人的生命安全与健康，也关系医院的医疗质量、服务信誉和经济效益。所以，必须认识到医疗器械的使用质量安全管理是医疗质量管理体系的重要一环。

医疗器械使用质量安全管理，其目的是使在用医疗器械符合规定的标准和技术要求，处于安全、准确和有效的工作状态，满足临床、教学和科研工作的需要。

医疗器械又有其特殊性，其使用质量安全既涉及设备自身的质量，也与其管理、使用、维护、保养、维修有关，体现在医疗器械使用的整个生命周期中，因此，需要临床医生、技术人员、工程人员的共同配合以及相应的规范与制度保证。

医疗器械使用质量安全管理应包含安全和质量两个方面，两者是密不可分的，离开安全就谈不上质量，质量又是安全的必要保障。

20 世纪 90 年代，欧美国家在医疗器械使用管理中引入了安全风险管理的概念。当时，人们将风险定义为“在规定的使用条件下，对医疗技术用于解决特定医疗问题及对相关人员造成伤害的可能性”，并将风险归纳为 4 种类型：物理风险，如电击、机械损伤以及易燃易爆物失控造成的损伤等；临床风险，如使用操作错误或不合理操作、技术上应用不当造成的损伤等；技术风险，如设备检测误差或性能指标的下降造成的不良后果等；环境风险，如环境因素对器械应用的影响，包括水、电、气及电磁干扰，在网络环境下可能产生的使用安全风险问题等，同时也包括医疗器械本身对环境和人员的安全隐患，如电磁辐射、电离辐射、生物污染等。这些风险的表现形式反映在使用环节产生安全风险的信息。对风险进行分析、评估、量化就抓住了医疗器械使用管理工作中安全风险的主要矛盾。安全风险管理包括风险分析、风险评价、风险控制三个基本过程，建立一套应对风险的策略，包括对风险进行分析、评估和控制的操作程序，给医院医疗器械使用安全管理工作提供了理论依据和作业指导。

美国JCI对医疗器械的应用管理有一整套标准。对于医疗器械使用管理，其核心是医疗机构应基于风险分析建立并实施医疗器械风险管理计划，主要包括建立医疗器械技术服务的策略和方法，制定突发事件和医疗器械相关应急方案，收集、监测、应用医疗器械相关事件，召回信息、进行不良事件报告和监测，收集医疗器械管理程序的监测数据并将其应用于新设备的更新引进。同时，相关从业人员应具有相应资质，并加强医疗器械管理质量的持续改进。

世界卫生组织（WHO）执委会于2003年第113届会议通过了113/37号文件，其中第十一条指出“敦促会员国为在医疗器械使用方面确保患者、卫生工作者和社区安全，应在政策和计划、质量与安全、规范与标准、技术管理及能力建设领域大力开展活动”。从中提出新的理念，强调医疗器械使用管理属于医疗技术管理，这是以医疗质量与风险为核心、以患者安全为目的的理念。目前，美国大多数医院都采用了这套基于风险评估的医疗器械使用管理办法。

2010年卫生部发布的《医疗器械临床使用安全管理办法》，旨在加强医疗器械临床使用安全管理工作，降低医疗器械临床使用风险，提高医疗质量，保障医患双方合法权益。医疗器械临床使用安全管理，是指医疗机构对医疗服务所涉及的医疗器械产品安全、人员、制度、技术规范、设施、环境等因素的安全管理。规定医疗机构应当依据本规范制定医疗器械临床使用安全管理制度，建立健全本机构医疗器械临床使用安全管理体系。二级以上医院应当设立由院领导负责的医疗器械临床使用安全管理委员会，委员会由医疗行政管理、临床医学及护理、医院感染管理、医疗器械保障管理等相关人员组成，指导医疗器械临床安全管理和监测工作。国家卫生健康委《三级医院评审标准（2020年版）》明确要求，应开展医疗器械临床使用安全控制与风险管理工作，建立医疗器械临床使用安全事件监测与报告制度，定期对医疗器械使用安全情况进行考核和评估。所以，安全风险管理是医疗器械安全质量管理的基本要求。

2021年6月1日施行的《医疗器械监督管理条例》规定：“医疗器械使用单位对需要定期检查、检验、校准、保养、维护的医疗器械，应当按照产品说明书的要求进行检查、检验、校准、保养、维护并予以记录，及时进行分析、评估，确保医疗器械处于良好状态，保障其使用质量。”同时，为加强使用环节医疗器械质量的监督管理，保证医疗器械的安全、有效，国家食品药品监管总局 2015 年发布了《医疗器械使用质量监督管理办法》《国家药品监督管理局令第 18 号》。医疗器械使用质量控制与安全风险管理工作已经成为医院必须执行的法制化管理的要求。

医疗器械质量管理应包括制定管理规范，建立健全的管理体系和规章制度，制定正确的操作规程，定期进行性能检测、校准和及时的预防性维护、保养、维修及必要的使用人员技术培训等。医疗器械使用质量与安全管理贯穿于医疗器械使用的整个生命周期，同时是医院医疗质量管理体系的一部分，涉及医疗行政管理、临床医学及护理、后勤等各个部门，应该纳入医院质量管理体系中，属于医疗技术管理。

医疗器械应用质量安全管理应建立统一的规范。国家卫生健康委《三级医院评审标准(2020 年版)》要求“成立科室医疗器械使用质量与安全管理的团队”,“有明确的质量与安全指标，科室能开展定期评价活动，解读评价结果，有持续改进效果的记录”。建议医疗器械质量安全管理能够实现信息化，以便质量安全信息的统计、分析、评价，达到资源共享及持续改进的效果。

第二节　使用安全风险管理

一、医疗器械临床使用安全风险管理的基本知识和理论

1. 医疗器械使用风险管理的基本思想

医疗器械使用风险是普遍客观存在的。医疗器械在故障状态下使用有风险，在正常运行状态下使用也存在风险，即风险不可避免。所谓风险是指损害发生概率与损害严重程度的结合，我们认识风险要把这两个要素结合起来，认识风险是为了控制与管理风险，采取措施将医疗器械风险控制在可接受水平。

医疗器械临床使用安全风险管理的基本思想是：风险预防在先；保证安全风险管理的完整性；强调医疗器械随机失效的风险管理；保证医疗器械安全风险管

理的动态性与可持续改进；医疗器械使用安全风险管理要落实责任人。

2. 医疗器械临床使用安全风险管理

医疗器械使用安全风险管理是对医疗器械临床使用环节可能发生的安全风险进行分析、评价、控制和监测工作的管理方针、程序及其实践的系统运用。

（1）风险管理的基本过程

风险管理的基本过程是风险分析、风险评价、风险控制，再结合标准中提出的综合剩余风险评价过程、生产和使用信息过程，共同构成了医疗器械风险管理的完整过程。每一个步骤还包括一系列的风险管理活动。

（2）安全风险管理的要求

① 确定风险的宗旨和方向，规定适当的风险可接受准则。

② 强调风险管理的监测工作，对风险管理的过程和活动实施评审和检查，确保风险管理的符合性，并不断改进风险管理工作。

（3）医疗器械使用安全风险管理的“三全”要求

① 对医疗器械进行全面的安全风险评估和分析，并分级进行风险管理。

② 医疗器械使用生命周期全过程都要实施安全风险管理。

③ 医院全体人员参与医疗器械使用安全风险管理。

二、使用安全风险管理过程

（一）医疗器械临床使用安全风险因素的分析

风险分析是指“系统运用可获得资料。判定危害并估计风险”，风险分析是风险管理的基础。医疗器械临床使用人员与医学工程技术人员在医疗器械临床使用前，应深入了解、详细分析医疗器械使用环节可能出现的各种安全风险因素，并参照医疗器械制造商提供的使用说明中有关安全、风险章节的各种安全警示内容，分析不同医疗器械的不同使用条件，以及可预见的医疗器械临床使用中的安全风险因素。在具体制定使用操作规程时，应充分考虑这些安全风险因素。

医疗器械临床使用安全风险管理是人、机、环境相结合的综合风险管理，要分析的安全风险因素具体包括以下几点。

1. 设计因素（医疗器械使用中的自然故障和固有因素）

① 在医疗器械生产厂家原设计中往往存在一些考虑不周到的地方，这也是风险因素的隐患所在。在医疗器械使用前很难发现这些缺陷，因此是医疗器械不良事件发生的主要原因。

② 使用中突发的故障。任何医疗器械都有可能在使用中出现突发性的损坏事件，可能给病人带来伤害。

③ 医疗器械使用年限与寿命。很多医疗器械使用年份过长，尽管还能工作，但是存在的风险隐患很多。例如，电气安全性能指标下降、机械磨损、安全保护失控等。

④ 一些医疗器械的固有特性，如放射线、电离辐射、磁场、激光、高温等，是不可避免的潜在风险因素。

2. 人为因素

① 使用错误。使用操作人员如果不熟悉医疗器械的操作，可能给病人造成严重的伤害。尤其是一些生命保障系统、急救设备，如呼吸机、监护仪、人工心肺机、除颤起搏器、麻醉机等。

② 缺少日常维护、定期性能功能检查。尤其是医疗器械电气绝缘性下降、保护接地措施问题，以及报警系统失灵等引起的电气安全性问题。

③ 使用者忽视使用说明书中提示的安全风险因素，如医疗器械使用操作手册或外壳处都有标明危险、警告、注意的提示，但是使用人员往往没有注意或不了解其含义。

④ 病人和无关人员的无知或无意。有些医院由于护理人员短缺，一些医疗器械在使用时由家属看护，由此带来各种使用风险，如病人或家属出于好奇，任意改变原有的设置状态与参数。

⑤ 医疗器械在使用时，病人对危险状况无法做出正确反应，尤其是在儿童、老人、残疾病人使用时。

⑥病人不遵照医嘱或者医护人员没有说明。如植入性器材（骨科内固定材料）断裂，很常见的原因是病人无视医嘱，提前下地走动。

⑦ 失效的或一次性用品的重复使用等。

3. 环境因素

① 医疗器械用电、水、气都有特殊的标准，不符合标准的供电、水、气设备质量都可能造成医疗器械使用安全风险。

② 停电、停水、停气造成的风险，尤其是在医疗器械正在使用时，对病人造成直接伤害的风险更大。

③ 环境温度、湿度引起的使用安全风险。

④ 放射线和其他电离辐射、电磁辐射及有害物质与污染造成的对病人和使

用人员的伤害。

⑤ 外部其他设备或不同医疗器械之间产生的相互干扰（电磁兼容性）。

（二）医疗器械临床使用安全风险评估

风险评估指的是将估计的风险和给定的风险准则进行比较，以决定风险可接受性的过程。医疗器械临床使用安全风险评估是对医疗器械使用风险分析所能预测到的每个危害的风险因素对临床诊断、治疗的安全、有效性的影响程度的评估，对可能发生的危害情况的识别和量化。同时，风险评估是一个个性化过程，同类型的医疗器械，不同医疗机构的风险评估结果可能是不一样的。所以，医疗器械临床使用安全风险评估是医院管理者和医学工程人员的一个新课题。

风险评估的方法通常有如下几种。

1. 风险矩阵方法

医疗器械生产企业风险评价方法，即应用风险可接受准则的方法，通常使用半定量风险矩阵方法。

半定量风险矩阵的评价结果是：风险可接受；风险不可接受，需采取风险控制措施。

2. 风险值综合评分方法

医疗器械临床使用的风险评估，国际上比较流行的是量化风险值的综合服务评估评分系统。

（三）医疗器械临床使用安全风险控制

1. 临床使用环节的风险控制

（1）使用前的培训

院内培训制度的推行是控制设备使用安全风险的有效手段。《医疗器械监督管理条例》规定："医疗器械使用单位应当加强对工作人员的技术培训，按照产品说明书、技术操作规范等要求使用医疗器械。"对医疗器械使用人员实行继续教育培训和操作上岗证制度。医院要将医疗器械使用纳入医疗质量管理，并将医疗器械使用培训纳入医疗、护理操作的常规工作。

（2）使用前的检查

医疗器械用前检查制度，即由使用人员依据操作说明书、通用程序或技术规范来检查，并开机进行功能验证或完成自检，以证实该设备处于良好的待用状态。生命支持、高风险医疗器械，如呼吸机、麻醉机，要严格遵循用前试机检查制度，最好在用前进行性能检测；生化类分析仪器每天用前要进行质控标定，并记录、统计和分析质控的结果，这种用前检查可以防止或降低使用风险。

根据国际文献的医疗器械使用安全风险分析，统计表明：属于设计、生产方面存在的风险约占 10%，临床使用操作错误和应用环境因素所引起的风险占 40%~50%，设备性能老化和故障损坏方面的风险占 20%~30%。从中可以看出，规范使用人员的操作在安全风险控制方面能够起到十分关键的作用。

（3）应急措施

预先制定医疗器械使用应急预案，应急预案内容如下。

① 医疗器械出现故障时对病人采取的安全保护措施，如紧急安全开关、急救设备、药品等。

② 采取的应急保障模式，即医疗器械出现故障时启动或调用备用设备。对于急救与生命支持器械，应保证有应急备用或可以临时调用的同类或同种设备。

③ 针对使用环境引起的设备不能正常工作的应急措施，例如，配置一定功率的不间断电源或手工替代医疗器械的应用。

④ 落实应急预案的执行程序和责任人。

医疗器械在使用过程中出现突发故障又不能现场修，会对病人安全造成危害，甚至威胁病人生命。同时，医疗器械在使用过程中，可能导致病人出现意外状况或病情突然变化，尤其是一些生命支持与治疗设备，如呼吸机、人工心肺机、麻醉机、DSA 等，在这种情况下，应启动应急预案以保障病人和设备安全。

2. 临床医学工程部门进行风险控制的工作内容

（1）预防性维护

预防性维护（Preventive Maintenance，PM）是医疗器械使用质量安全管理工作中的一项重要内容，是风险控制的重要手段，它可以提前发现医疗器械使用中潜在的故障隐患，预防和减少故障的发生，使设备经常处于良好的运行状态，避免和减少使用过程中的安全风险，从而保障病人安全，提高医疗质量。

（2）安全性能检测和校准

安全性能检测和校准也是风险控制的重要手段。它的特点是能帮助人们评估医疗器械在使用中的安全性能状况，及时发现、了解和掌握在用医疗器械技术指标偏离程度并及时进行校准，以确保医疗器材的使用质量和安全，达到最佳诊疗效果。这项工作也是《医疗器械监督管理条例》规定的法制化管理内容。

（3）医疗器械故障维修

医疗器械故障维修是指医疗器械在使用中出现突发故障、在预防性维护检测时发现故障隐患、在计量检定时发现不合格项，通过临床医学工程技术人员的故障诊断、修复，恢复正常工作状态，重新安全、有效地投入临床医疗使用，从而有效地控制医疗器械在临床使用中的安全风险。

（4）医学计量管理

医学计量管理是根据《计量法》的规定，对医疗器械中的计量器具实施的管理。该项工作可以确保医疗器械计量器具量值的准确性，并对计量不合格的医疗器械采取停用、限用等措施。相关医疗器械只有通过维修、校准后重新计量合格，才能投入临床使用。所以，医学计量管理也是进行风险控制的重要手段。

（5）安全（不良）事件监测

医疗器械安全（不良）事件监测与报告制度通过“缺陷共享”发现医疗器械在使用中各个环节出现的不良因素，并采取有效措施防止不良后果扩大，从而有效地控制安全风险。这项工作也是《医疗器械监督管理条例》规定的法制化管理内容。

3. 使用环境风险控制

医疗器械安全风险控制与使用环境相关的因素有很多。在实际风险控制中，主要例子如下。

（1）警告标志提示

某些医疗器械由于本身的特性，在使用中可能对病人、使用人员和无关人员造成伤害。相关工作场所必须有明确的警告标志与提示，以保障病人、使用人员和无关人员的安全。

① 危险警告标志：电离辐射、高磁场等区域，如 CT、MRI 机房，应在有危险的通道与入口处设置明显的警示标志，警告哪类人员不能靠近或禁止入内，提醒进入操作区的注意事项，以及可能造成的危害。

② 工作状态警告：某些医疗器械在工作状态下会给人体带来伤害，如 X 射线机、CT 等，因此在其处于工作状态时，应在明显的地方设置红灯警告。

（2）供电环境保障

我国根据国际电工委员会（IEC）的标准《医用电气设备 第一部分：安全通用要求》（第 1 版）及其第 1 号修订标准，制定了医用电气设备安全的国家标准《医用电气设备 第一部分：安全通用要求》。该标准是医疗器械在整个使用生命周期中必须达到的基本安全要求。此外，国家标准中已有十几个针对不同医疗器械的电气安全专用标准。另外，应考虑供电电压不稳、突然停电等风险因素，配置必要的稳压电源和 UPS 系统。

（3）放射防护措施

放射性环境防护属于电离辐射防护。医疗机构常涉及与放射防护有关的医疗器械，包括普通 X 射线机、DSA、CT，核医学中 SPECT、PET、γ 刀、放射免疫用 γ 计数仪、放疗用直线加速器、X 射线模拟定位机和后装机及钴 60 治疗机等。对于这些放射诊断、治疗设备，国家已有成熟的防护标准和安全规范，在其使用前需要进行环境检测评价，还应按要求履行相应的批准程序，参照标准为 GBZ 121—2020《放射治疗放射防护要求》。

放射设备在机房设计、安装时必须遵照上述规范，机房设备需经过专业机构检测合格后方可使用，必须保证周围环境的安全，操作使用人员的安全及病人的安全。

（4）电磁兼容性环境要求

由于医疗机构大量使用的是有源医疗器械，它们成为干扰源与受干扰源，会相互产生电磁干扰，影响设备的正常工作，甚至给患者带来安全隐患，即电磁兼容性（Electromagnetic Compatibility，EMC）问题，如高频电刀对手术监护的干扰，理疗设备（中频、高频、微波）对心电、脑电等设备工作状态的干扰。要求采取措施保障医疗器械在电磁环境中正常运行，并不对环境中的其他设备产生超过限度的电磁骚扰，如 MRI 设备的电磁屏蔽等。

国家制定 EMC 标准，基本上参照 IEC/CISPR 国际标准，医疗机构在医疗器械安全管理中参照 EMC 时应注意以下几个方面。

① 在采购医疗器械过程中，应选择通过 EMC 测试的医疗器械产品。

② 在医疗器械安装场地布局中，应考虑医疗器械之间的相互干扰与影响，采取必要的防护措施。

③ 医疗器械安装前，应分析每种医疗器械的电磁兼容性问题。在制定设备操作规程时，规定电磁辐射的防护措施、使用方法，包括病人和操作人员的安全防护用具与相关使用方法。

第三节 使用环境管理

医院医疗器械使用环境是影响医疗器械使用安全质量的三大因素之一。使用环境管理应从不同角度考虑：一方面，大多数医疗器械对使用环境有特定的要求，包括各种医疗器械的供水、供电、供气、温度、湿度及机房布局等，这些因素管理不当不仅会影响医疗器械使用安全和质量，也可能造成人员伤害；另一方面，由于医疗器械的固有特征，如放射诊断、治疗设备会产生电离辐射，在设备使用时可能给病人、使用人员和周围环境造成安全风险。

医疗器械品种繁多，环境因素影响涉及的领域广泛，可将与医疗器械使用环境相关的管理分为两大类，即通用医疗器械使用环境管理和特殊医疗器械使用环境管理。

一、通用医疗器械使用环境管理

（一）医疗器械供电电源要求

1. 供电通用要求

根据国家标准 GB 9706.1—2007/IEC 60601-1：19880《医用电气设备第一部分：安全通用要求》，医疗器械使用的电源环境应符合通用要求，有特殊要求的应符合专用标准规定或制造商使用说明规定。医疗器械供电通用要求具体如下。

（1）供电额定电压

手持式设备，供电额定电压不得超过 250 V；额定视在输入功率至 4 kW 的设备，单相交流不得超过 250 V 或直流、三相交流不得超过 500 V；所有其他设备，不得超过 500 V。

（2）电压波动范围

电压波动不超过额定电压的 ±10%，超过 ±10% 而时间短于 1 s 的瞬间波动除外，例如，X 射线发生器或类似设备的工作所引起的电压不规则波动；系统的任何导线之间或任何导线与地之间，没有超出名义值 +10% 的电压。

（3）电压波形范围

电压波形应是正弦波且构成实质上是对称电源系统的多相电源：名义值小于或等于 100 Hz 的频率误差不超过 1 Hz，名义值在 100 Hz~1 kHz 时的频率误差不大于名义值的 1%。

（4）电源内阻

供电电源内阻，尤其在大功率设备使用时（如 X 射线设备），大电流会产生线路压降，影响医疗器械正常工作，所以，应该有足够低的内阻抗。内阻抗要求应符合专用标准规定或制造商使用说明规定。

（5）电源保护措施

电源保护应符合 GB 16895.21—2011/IEC 60364–4–41：2005.IDT《低压电气装置第 4–41 部分：安全防护 电击防护》的规定。

2. 配电方式与安全接地要求

医疗机构供电系统面向大量使用的医疗器械，接地的质量直接影响医疗器械的正常使用与病人的安全。根据国家标准 GB 9706.1—2020《医用电气设备 第 1 部分：基本安全和基本性能的通用要求》，GB 14050—2008《系统接地的形式及安全技术要求》，医疗器械的接地应符合通用要求。同时，接地标准应按制造商规定的要求。

保护接地母线的接地电阻应小于 4 Ω。对于专用医疗器械，如放射科的 DSA、CT 等，应按设备要求有专用接地保护，按照医疗器械制造商提出的要求，将系统装置或设备的一点或多点接地。接地电阻应达到设备安装说明中要求的指标。

对有特殊要求（如开展心脏手术的手术室）的供电系统，应采用 1∶1 隔离变压器与专用接地线。隔离变压器的二次回路不接地。

医疗器械的接地形式分为 TN 系统、TT 系统、IT 系统三类，其中 TN 系统又分为 TN-S 系统、TNC 系统、TN-C-S 系统三种，故医疗器械的接地形式共有五种。选择接地形式应首先按照医疗器械制造商提出的要求，亦可按 GB 14050—2008《系统接地的形式及安全技术要求》标准执行。同时，应考虑三相电的配电负载平衡，保证零线（N）与地线（PE）间电压不能超过医疗器械使用要求。在病区，设备带和设备吊塔上的电源插座的制式必须符合国家标准，单相电源插座按“左零右火”方式接线。在新病房、设备工作间使用前，应使用电气安全分析仪检测电源电压、零线（N）与地线间电压，以及每一个插座“左零右火”是否正确，接地线是否完好。三相用电插座的相序必须符合标准。

（二）环境温度、湿度要求

医疗器械在医院很多个领域中使用，如果医疗环境没有考虑医疗器械的温湿度使用条件，可能会影响医疗器械安全使用。例如，湿度在医疗器械能承受的范围以上，会引起表面凝露或者辅助材料潮湿，从而损坏设备，微生物也会在这种环境中滋生。过高的环境温度可以影响设备的散热，造成设备内部温度超过工作极限，导致电路板不能正常工作。有关温湿度要求的最优使用条件，应符合国家标准 GB 9706.1—2020《医用电气设备 第 1 部分：基本安全和基本性能的通用要求》、GB/T4797.1—2005《电工电子产品自然环境条件温度和湿度》的要求，同时医疗器械使用环境温湿度应按制造商规定的要求执行。

医疗器械使用场地一般环境温湿度要求如下：环境温度范围为10~40 ℃，相对湿度范围为30%~75%，具有良好的通风条件，无有害或易燃气体。

（三）设备的电磁兼容性环境

电磁兼容性包括电磁干扰（EMI）和电磁敏感度（EMS）两部分。产生电磁干扰的设备为干扰源设备，分为自然干扰源和人为干扰源，其传播途径分为传导和辐射方式。容易受干扰的医疗器械称为电磁敏感设备（或敏感器），如心电图、脑电图、无线遥控和遥测医疗器械等。许多医疗器械既是干扰源也是敏感设备，如B超、CT、MRI等，它们具有干扰与被干扰的两重性。

电磁兼容性环境按国家标准GB 9706.1—2020《医用电气设备 第1部分：基本安全和基本性能的通用要求》、GB/T 17799《电磁兼容通用标准》和行业标准YY 5050—2012/IEC 60601-1-2：2004《医用电气设备 第1-2部分：安全通用要求 并列标准：电磁兼容 要求和试验》的要求。

有些医疗器械对周围移动通信设备也提出使用管理限制，如手机、对讲机等。医疗器械的电磁兼容性应给予高度重视。医疗器械的抗电磁干扰方法应按制造商规定的要求执行。

抗电磁干扰方法有以下几种选择。

1. 用电磁屏蔽

对具有工频电磁场、射频电磁场、脉冲电磁场发射和对电磁敏感的医疗器械，如MRI、微波治疗设备等，应建立电磁屏蔽保护设施。

2. 选择接地

医疗器械品种繁多，其抗电磁干扰能力各异，选择合适的接地方式和接地阻抗至关重要，应根据相关专业标准和设备制造商的要求，选择接地的形式和阻抗。

（1）适当距离：多台医疗器械在同一场地使用时，电磁干扰源设备之间或干扰源设备与电磁敏感设备之间应保持适当的距离，以防止和降低相互干扰。

（2）使用UPS：对快速瞬变电脉冲群敏感的医疗器械，应选用UPS装置供电，以防止电源突变造成的设备诊疗影响。

（3）防雷保护：对浪涌和天电噪声敏感的医疗器械，其工作场所应设置防雷保护装置，以保护医疗器械免受外界影响。

（四）医疗器械供水要求

很多医疗器械需要用水，不同医疗器械对水压、流量、水质的要求都不一样。为了保障医疗器械使用安全，医疗用水设计必须按照设备制造商要求的规定执行；同时，要符合国家、地方和行业的标准。医院医疗用水分为一般医疗器械用水和专业医疗器械用水。

1. 一般医疗器械用水

一般医疗器械的用水，应按专业标准 CJ/T 206—2005《城市供水水质标准》的要求执行。

2. 专业医疗器械用水

（1）牙科治疗机用水：应按专业标准 YY/T 0630—2008/ISO 7494–2：2003《牙科学 牙科治疗机 第 2 部分：供水与供气》的要求执行。

（2）血液透析用水：应按专业标准 YY 0572—2015《血液透析和相关治疗用水》的要求执行。血液透析用水质量应按照《血液透析技术管理规范》要求，透析用水的化学污染物检测至少每年一次，须符合 AAMI 2008 年标准：每天进行电导率、游离氯检测；每周进行 pH 检测。检查结果和化验单应登记并保存备查；水路中消毒剂的最大容许残留质量浓度标准：甲醛 5 mg/L，过氧乙酸 3 mg/L，游离氧 5 mg/L。

（3）实验室用水：应按国家标准 GB/T 6682—2008《分析实验室用水规格和试验方法》的要求执行。

（4）制剂中心用水；应按《中华人民共和国药典（2020 年版）》中的纯化水要求执行。针对医疗器械用水的质量状况，每年应请有专业资质的检测单位检测。

（五）医用气体供气要求

医院所供的气体统称医用气体，包括医用氧气、医用正压、医用负压、二氧化碳、一氧化二氮等。这些气体有的用作医疗器械驱动动力，如牙科气动手机、骨科气动器械的压缩空气与二氧化碳；有的直接用于临床疾病的治疗，如医用氧气、医用正压、医用负压、一氧化二氮等。医用气体供应质量对医疗器械正常使用和病人安全关系很大。如医用正压、医用负压的压力，流量、露点温度等，其中医用氧气的 CO 含量、医用正压的含水量与含油量等，对呼吸机的使用质量和病人安全有很大影响。

医院医用气体管理部门所涉及的管理要求比较复杂，如医用氧气以及用于呼吸支持的二氧化碳气体，都属药品管理范畴，按《中华人民共和国药典》要求管理；而医用制氧机属于医疗器械管理。目前，大部分医院已经实现集中供气，气体制造和供气设备又属于特种设备管理范畴，其设备和装置的报警系统属于医疗器械管理范畴。医院医用气体管理应按照 WS 435—2013《医院医用气体系统运行管理》标准执行。

根据国家标准 GB 8982—2009《医用及航空呼吸用氧》、GB 50751—2012《医用气体工程技术规范》，卫生行业标准 WS 435—2013《医院医用气体系统运行管理》《中华人民共和国药典（2020 年版）》以及《中华人民共和国安全生产法》《中华人民共和国特种设备安全法》《气瓶安全监察条例》等国家法律法规要求，医院集中供气系统的管理应做到以下几个方面。

1. 气体质量的定期检测

医院应按卫生行业标准 WS 435—2013《医院医用气体系统运行管理》要求，定期或实时对用于临床治疗的医用氧气和医用正压进行质量检测，如医用氧气的 CO 含量、医用正压气体的含水量（露点）与含油量等，确保所供的医用气体符合国家标准及临床需要。

2. 定期检测集中供气系统的设备及附件

医院对供气系统的设备及附件（安全阀、压力表、氧气瓶），应定期向当地质量技术监督部门申请年检，以保障系统的安全可靠。

3. 建立各项规章制度和设置报警装置

① 医院集中供气部门应建立各项规章制度，并上墙悬挂。

② 集中供气系统的设备使用证和操作人员上岗证，应上墙悬挂备查。

③ 制定集中供气系统的应急预案，并定期进行演练。

④ 设立 24 h 值班制度，定时抄录系统各项参数，并留档备查。

⑤ 配置主要参数报警装置，有条件的应配置计算机，24 h 实时记录及远程报警。

二、特殊医疗器械的使用环境管理

某些特殊医疗器械由于其固有的特征，不可避免地会对周围人群和环境造成损害。国家针对某些特殊医疗器械使用环境的安全风险，制定了法律、法规加以限定。这些设备除做好自然环境的科学性管理外，还应考虑如何适应法规管理，这也是医疗器械使用安全管理的重要方面。

1. 辐射设备使用环境管理

医疗器械中的辐射设备分为电离辐射设备与电磁辐射设备两大类。医院最常用的是放射诊断、治疗设备。如X射线机、CT、LA等，它们在开机使用时会产生电离辐射，给周围环境内的人员带来安全风险，因此必须采取防护措施，保障人员安全。

根据《中华人民共和国环境影响评价法》《中华人民共和国放射性污染防治法》《中华人民共和国职业病防治法》《建设项目环境保护管理条例》（第253号令）、《放射性同位素与射线装置安全和防护条例》（第449号令）、《放射诊疗管理规定》（卫生健康委第46号令）、《建设项目职业病危害分类管理办法》（卫生健康委第46号令）等法律法规的要求，进行管理。其具体做法包括以下内容。

① 向当地环保行政部门提出环评《建设项目环境影响报告书》申请。

② 向当地卫生行政部门提出卫评《建设项目职业病危害放射防护（控制效果）预评价》申请。

③ 根据环评报告批复意见与卫评报告批复意见，做好机房及防护各项要求。

a. 由院领导牵头成立医院辐射安全管理组织，承担全院辐射设备及材料的安全管理领导责任。

b. 指定专职或兼职辐射安全管理员，负责辐射安全的日常管理工作。

c. 编制各项规章制度并落实实施，编制应急预案并每年进行一次预案演练。

d. 辐射设备机房应符合《医用X射线诊断卫生防护标准》和《医用X射线CT机房的屏蔽规范》等要求。每年应请有资质的单位，对机房进行安全防护性能检测。

e. 辐射设备应符合《放射诊疗管理规定》的要求，每年应请有资质的单位，对辐射设备进行安全防护性能检测。

f. 从事辐射设备管理、操作、维修的工作人员应接受辐射安全培训（环保部门）和防护安全培训（卫生健康委），并获取有效期内的上岗证，方可从事相关工作。

g. 不同的辐射设备应配备与其相关的辐射安全检测设备。

h. 根据《中华人民共和国职业病防治法》的要求，从事辐射设备操作、维修的工作人员应配备个人剂量计，并每季一次送有资质部门检测。

I. 根据GBZ 98—2020《放射工作人员健康要求及监护规范》的要求，从事辐射设备操作、维修的工作人员，每两年应去有资质的医疗机构进行专业体检。

有关辐射安全的资料，如机房年检报告、设备年检报告、个人剂量计检测报告、体检报告、上岗证复印件等，应留档备查。

④ 经当地环保行政部门和当地卫生行政部门验收合格后，方可投入正常使用。每年底，向当地环保行政部门和当地卫生行政部门递交本年度辐射安全使用管理评估报告。

2. 净化设备的环境安全管理

根据 GB 50346—2011《生物安全实验室建筑技术规范》、GB 50591—2010《洁净室施工及验收规范》、WS 233—2017《病原微生物实验室生物安全通用准则》等规范和标准，对医用净化操作台（生物安全柜）进行动态管理。

3. 使用有害气体的对环境安全的管理

对使用有害气体工作的设备，如环氧乙烷、甲醛灭菌设备，按《中华人民共和国环境保护法》和国家标准 GB 3095—2012《环境空气质量标准》等法律法规的要求。当采用环氧乙烷等气体作为医疗物品消毒灭菌剂（在专用设备内操作）灭菌时，因环氧乙烷等气体对人体是有害气体，会对环境产生污染，故在这一类设备投入使用前，应向当地环保部门提出环评申请，经验收合格后方可投入正常使用。其具体做法包括如下内容。

① 向当地环保行政部门提出环评《建设项目环境影响报告书》申请。

② 根据环评报告批复意见，做好机房及防护各项要求。

机房应远离住宅和人群。机房应有足够的使用面积且应有良好的通风条件；机房排放有害气体的管道（烟道）应高于本建筑顶部 2 m 以上，且远离其他建筑物；编制各项规章制度并落实实施，编制应急预案并进行每年一次的预案演练；有害固废应请有资质的专业公司回收，并建立台账备查；操作人员应做好上岗前培训。

③ 经当地环保部门验收合格后，方可投入正常使用。

每年底，向当地环保部门递交本年度有害气体使用评估报告。

4. 放射性物质的环境管理

一些医疗器械涉及使用放射源或放射性同位素，如使用放射源的放射治疗钴 –60、γ 刀、ECT、PETCT 等，还包括使用放射性同位素试剂、药品的放射免疫、核医学设备。这些医疗器械管理不当会造成电离辐射，从而导致污染环境，严重时危害人身安全与健康。根据《放射性同位素与射线装置安全和防护条例》（第 449 号令）、GBZ 120—2020《核医学放射防护要求》等法律法规的要求，医疗用放射性同位素，包含放射免疫、核医学、凝胶成像等，均属于辐射安全管理范畴。同位素的安全管理应纳入辐射设备的管理，除做好辐射设备管理要求的工作外，还应做好以下工作。

① 经当地药监局向食品药品监督管理局申领放射性药品使用许可证。

② 根据环评报告批复意见，定期经当地环保局向环保厅审批购买或转移放射性同位素的品种和数量。

③ 建立专用的放射性同位素储存库，库内应设置专用储藏柜。柜门应设置双锁并应建立两人同时开门制度。若医院自行分装或配制放射性同位素，则应配置专用的通风柜，从而将有害气体排除至室外安全区域。

④ 工作环境要定期进行辐射泄漏和表面污染的检测，并做好记录。

⑤ 放射性同位素储存库内应设置报警装置和录像装置，报警装置应与当地公安报警系统联网。

⑥ 应根据不同的放射性物质购买相应的污物桶，并将其暂存在放射性同位素储存库内。

⑦ 放射性同位素的废物应请有资质的专业公司回收，并建立台账备查。

⑧ 应设置专职或兼职的放射性同位素保管人员，建立出入库及使用登记台账，并妥善保管备查。

⑨ 使用放射性同位素所产生的废水，应按环评要求排入专用的核素半衰期沉淀池内，经 10 个半衰期后再排放至医院污水系统中。医院应指派专人对核素半衰期沉淀池的使用进行管理，并记录使用状态。

三、工作场所环境布局与使用安全管理

医院医疗器械工作环境必须根据医院的实际情况，充分考虑人流、物流、医疗功能布局和医院的长远发展需要，以满足医疗器械的使用要求，达到为患者安全诊疗的目的。医院对有医疗器械使用的场所的布局，必须考虑医疗器械的使用特点。

1. 空间与人体限制条件

按照人因工程学原则，考虑人、设备、环境的相互作用，结合人的生理及心理特点，医疗器械工作场所应提供的病人护理空间必须足够大，以容纳人和需要使用的医疗器械，还应保证从事操作的医护人员有足够的医疗活动空间。从人因工程学理论来说，如果空间环境太过狭小压抑，不仅病人和医护人员会感到不适，使护理工作受到影响，而且也容易导致更高的出错率，从而对病人和护理人员造成伤害。医疗器械不能在工作场地内合适、方便、有效地使用，很可能影响医疗

安全和质量。医疗器械使用场所设计应考虑工作空间面积、设备尺寸大小、工作间隙大小以及视觉尺寸等因素，使医护人员能在比较安全、舒适的环境中工作，以提供高质量的医疗护理服务。

2. 设备使用环境布局

医疗器械使用场合往往是各种设备同时或集成化使用，设备品种很多，活动性强，人、机互动多，应协调医疗、护理、医学工程、信息、医技、感染、后勤等多个部门的要求。例如，ICU、复合手术室在使用空间布局方面要考虑使用过程中设备运动轨迹、病人的转移，避免相互碰撞，将每一台医疗器械都安放在最优的位置；还要考虑照明光源布置和亮度、层流净化、信息集成等因素，以提供安全、高质量、高效率的医疗护理服务。因此，医疗器械使用工作场所空间布局和设备安放定位是提高人与医疗器械配合度以及改善病人护理环境的主要内容之一。

医疗器械安装空间环境布局必须遵循如下几项具体原则。

（1）重要性原则

重要性原则表明重要的设备应该被优先放置在合适的位置。重要性是指某一设备对于达到临床使用最终目标的重要程度。

（2）使用频率原则

使用频率原则表明使用频率高的设备应该被优先放置在合适的位置。例如，有频繁的计算机键盘操作输入的设备，应当放置在便于工作人员操作的位置。

（3）功能性原则

功能性原则是依据设备使用功能而考虑的安装布局原则。由此，ICU 中央监护台应该与护士站在一起，中央静脉导管安置设备与无菌区供应存贮共同组成特定的线路布局设计。又如手术室隔离区与污物通道布局合理，可以降低感染风险。

（4）医疗流程顺序原则

在各种医疗器械的组合使用中，使用次序或者关系模式经常出现于进行某些医疗任务的过程中。应当根据医疗工作流程，安排医疗器械的适当位置，使得它们能更加安全方便地使用。

一些特殊设备使用工作场所，如血液透析室，应按照《医疗机构血液透析室管理规范》（卫医政发〔2010〕35 号）规定的要求，考虑对工作区域和辅助区域的布局，加强医源性感染的预防和控制。

又如，近来热门的复合手术室将各种手术设备和临床信息系统整合在手术室中。复合手术室的环境因素从规划设计就应考虑临床应用、内部设备配置、工作流程、无菌规范、后期扩展等因素，在空间环境布局上决定机房面积、功能分区。在物理环境中，应考虑温度、湿度、气压、气流、空气质量（信风、换气）、热辐射等影响人的情绪、疲劳、健康和工作效率的微气候因素。同时，还应考虑信息化通信的网络环境。

医疗器械使用环境应该从人因工程学的角度考虑人、设备、环境的相互作用及其合理结合，使得医疗器械使用环境适合人的生理、心理等要求，达到安全、高效的目的。

第四节　临床使用管理

医疗器械临床使用管理是医疗器械应用安全管理的重要内容，包括使用操作和维护保障等。《医疗器械临床使用管理规范》对临床使用管理的要求有“医疗机构从事医疗器械相关工作的卫生专业技术人员，应当具备相应的专业学历、卫生专业技术职务任职资格或者依法取得相应资格”；“医疗机构应当建立医疗器械临床使用技术评估与论证制度并组织实施，开展技术需求分析和成本效益评估，确保医疗器械满足临床需求。”“医疗器械需要安装或者集成的，应当由生产厂家或者其授权的具备相关服务资质的单位、医疗机构负责医学工程工作的部门依据国家有关标准实施。”“医疗机构应当建立医疗器械临床使用风险管理制度，持续改进医疗器械临床使用行为。”“医疗机构应当制订与其规模、功能相匹配的生命支持医疗器械和相关重要医疗器械故障紧急替代流程，配备必要的替代设备设施，并对急救的医疗器械实行专管专用，保证临床急救工作正常开展。”“医疗机构应当严格执行医院感染管理有关法律法规的规定，使用符合国家规定的消毒器械和一次性使用的医疗器械。按规定可以重复使用的医疗器械，应当严格按照规定清洗、消毒或者灭菌，并进行效果监测；一次性使用的医疗器械不得重复使用，使用过的应当按照国家有关规定销毁并记录。”另外，2021 年施行的《医疗器械监督管理条例》对医疗器械的使用环节也提出了具体要求。

1. 使用人员的培训考核

2021 年 6 月 1 日起施行的《医疗器械监督管理条例》规定：“医疗器械使用单位应当加强对工作人员的技术培训，按照产品说明书、技术操作规范等要求使用医疗器械。”国家卫生健康委规定：要“建立医疗器械设备使用人员操作培训和考核制度与程序”。人员培训和考核是指对医疗器械临床使用技术人员和从事医疗器械保障的医学工程技术人员进行的技术培训及考核。

医疗器械临床使用人员可以在使用新产品、开展新技术前或新员工上岗前由医疗器械生产厂商进行规范的培训、考核，内容应包含使用安全、操作规程、日常维护保养、应急管理等。医院医学工程部门应根据医疗器械使用中的问题，如与使用有关的安全不良事件、维修分析中发现的人为使用故障等，有针对性地为临床使用人员正确使用医疗器械提供业务指导、安全保障与咨询服务等技术支持。

对于医疗器械使用人员的培训计划、培训内容，参加人员、培训时间要有记录；建立人员、培训档案，定期检查评价，持续改进培训质量。

对于医疗器械使用安全风险分析，统计表明：属于设计、生产方面存在的风险约占 10%，临床操作错误和应用环境风险因素占 40%~50%，设备性能老化和故障损坏方面的风险占 20%~30%。所以，规范使用人员的操作，在安全风险控制方面起到十分关键的作用。

2. 医疗器械使用人员上岗资质

根据国家卫生健康委《大型医用设备配置与使用管理办法（试行）》的要求，大型医用设备上岗人员（包括医生、操作人员、工程技术人员等）要接受岗位培训。目前卫生行政部门已经委托有关部门开展专业岗位培训、上岗证考试，针对专业医疗器械的岗位培训如下：CT 医师、技师；MRI 医师、技师；乳腺技师；PRK/LASIK 医师、技师；LA 医师，技师，物理师；CDFI 医师、技师；X（γ）刀医师、物理师；DSA 技师；NMI 医师、技师、物理师、化学师；检验技师。

3. 医疗器械使用操作规程的制定

建立正确的操作规程是规范人员使用医疗器械的重要文件，是使用质量安全管理的重要内容。操作规程主要根据不同医疗器械厂家提供的使用操作手册要求制定。

① 医疗器械使用科室在安装验收完成后、正式投入使用之前，应根据医疗器械的使用操作说明书、维修手册、临床使用风险分析、临床使用要求制定操作规程，明确基本的操作步骤和正确的使用方法。医疗器械管理人员或医学工程师应协助使用科室一起制定设备操作规程。操作规程制定后，使用操作人员应学习、掌握每项规程，并试运行医疗器械一个月以上，然后统一报医疗器械管理部门审核、存档。

② 固定使用场地的医疗器械操作规程，应张贴（悬挂）于使用场地；移动使用的医疗器械操作规程，应以书面形式保存在人们随时可以看到的适当位置。操作使用人员必须经过严格的考核，按照操作规程操作。

③ 操作规程应包括如下内容：操作中的注意事项、安全风险提示、适应证或应用范围，禁忌证、开机前的检查程序；对病人或标本的处理注意事项，必要的防护措施；基本操作程序；关机程序；日常维护保养内容；对医疗器械发生意外或可能产生的不良事件的处置措施。

如有必要，对操作规程进行定期修订，其修订流程和要求应与初订时相同，由设备管理部门对前段流程作废并全部收回存档。

第五节 预防性维护

预防性维护（preventive maintenance，PM）是医疗器械使用质量安全管理工作中的一项重要内容。它可以提前发现医疗器械使用中潜在的故障隐患，预防和减少故障的发生，使设备经常处于良好的运行状态。相关法律、法规、规范对医疗器械预防性维护提出具体要求。国家卫生健康委《医疗器械临床使用安全管理办法》第二十四条规定："医疗机构应当建立医疗器械临床使用风险管理制度，持续改进医疗器械临床使用行为。"国家卫生健康委《医疗卫生机构医学装备管理办法》第三十八条规定："发生或者发现因医疗器械使用行为导致或者可能导致患者死亡、残疾或者二人以上人身损害时，医疗机构应当在二十四小时内报告所在地县级卫生健康主管部门，必要时可以同时向上级卫生健康主管部门报告。医疗机构应当立即对医疗器械使用行为进行调查、核实；必要时，应当对发生使用安全事件的医疗器械同批次同规格型号库存产品暂缓使用，对剩余产品进行登记封存。"2021 年施行的《医疗器械监督管理条例》规定："医疗器械使用单位对需要定期检查、检验、校准、保养、维护的医疗器械，应当按照产品说明书的要求进行检查、检验、校准、保养、维护并予以记录，及时进行分析、评估、确保医疗器械处于良好状态，保障使用质量。"

一、PM技术

PM是周期性地对仪器进行的一系列科学维护工作，能确保医疗器械使用安全、有效并处于最佳工作状态。PM的周期和内容可以根据设备使用操作说明书的要求决定，也可以通过风险分析评分结果决定。PM的任务主要包括更换易耗零件、润滑和调整，值得注意的是，它通常不包括平时由临床使用人员开展的日常保养工作。但由于在实际工作中的相关性和各种检测设备的普及，PM的任务也可以与电气安全测试、性能测试及校正等工作同时进行。有的文献也把这些工作内容都归属于PM项目。

PM工作的意义:及时发现安全隐患,确保医疗器械处于安全、待用工作状态;可以预防和减少使用中故障发生次数，减少故障维修工作量；延长医疗器械的使用寿命，提高设备利用率。

二、PM管理系统的建立

PM管理系统的建立，是进行有效的PM、实现其积极意义的关键。每个医疗卫生机构应对医疗器械台账（电子台账或普通账册）中的每一台医疗器械，依据一定的风险评估原则进行评估，并判定其风险等级。为高、中、低风险的医疗器械，则需要制订相应的PM计划；为极低风险的医疗器械，则无须进行定期的PM工作。PM是技术性极强的工作,应制定科学合理的PM方案,不能流于形式,甚至危害仪器的正常使用及寿命。临床工程技术人员应根据仪器的具体情况，参考厂家使用说明书及有关技术资料，制定不同类型仪器PM的详细步骤及测试方法，这也是建立PM系统最关键的一步。有了PM计划之后，就要按照该计划对纳入维护清单中的医疗器械进行周期性的PM工作并做好PM记录，对PM中发现的故障及时进行维修并做好相关的记录。

PM系统应与医疗器械质控工作相结合，PM结果，尤其是各种性能指标、安全检查的数据，应记录并列入设备技术管理档案。

用PM系统实现信息化管理是目前的方向，因为对PM数据做记录并及时进行分析、评估的要求，只有通过信息化手段来实现。

三、PM 的内容

PM 的内容即预防性维护时需要开展的项目和步骤。《管理、医疗、护理人员安全使用医用电气设备导则》中关于预防性维护的内容包括：更换在使用中磨损了的零件，以减少设备故障引起的中断；检验设备的性能和安全；如有必要，进行校准。

医疗器械的种类很多，它们的功能、原理、结构和电路各不相同。因此，不同设备的 PM 内容是不同的，需要医学工程部门根据生产厂商提供的使用说明书等技术资料中有关 PM 的内容、工作特点、以往的维修历史等来确定，其中一般包括以下几部分内容。

1. 外观检查

设备的外观状况是所有医疗器械都应该进行检查的内容，主要包括以下几方面。

① 清洁状况：确保设备在病人使用后已清理，检查仪器表面是否有血迹或其他液体溅出的痕迹。

② 设备各组件有无破损：检查设备的外壳是否完好无损且安装稳固。检查设备外部是否存在裂缝，检查架子和箱子是否安全牢固。检查脚轮能否正常转动，刹车是否正常。

③ 控制开关功能正常：检查所有开关、按钮等控制器件的可操作性及与控制面板上的标识是否一致。

④ 设备的显示亮度足够：检查所有的灯 /LED 和显示器在环境光下是否很容易地被看到，显示器在正常操作条件下是否能被轻松地阅读。

⑤ 设备的各种标签和警示要正确清晰：检查设备的资产号、PM 标签、警告标签或其他标签是否正确清晰。

⑥ 检查设备进口和软管：检查所有外部管路和软管，以确保它们没有被压破或拗折。检查连接器的状态，以确保连接器连接的紧密性。

⑦ 电源线：检查电源线的外观状态，查看是否存在电线折断、老化、绝缘失效等情况。检查插头的外观状态，查看是否存在插头弯曲或松动的情况。检查电缆的外观状态，查看是否存在电线磨损、接头松动或弯曲的情况。

⑧ 过滤器和通风口清洁：确保过滤器和通风口都是无尘的，且无其他阻塞物。要特别注意冷却风扇，在必要情况下清洁或更换过滤器。

2. 清洁与保养

清洁与保养是指对仪器表面、内部电气部分与机械部分进行清洁，包括清洗空气过滤网及有关管道；对仪器有关插头、插座进行清洁，防止接触不良；对必要的机械部分进行加油润滑。

3. 更换维修

对已达到使用寿命及性能下降、不合要求的元器件或使用说明书中规定要定期更换的配件进行及时更换，预防可能的故障发生、扩大或造成整机故障。对电池充电不足的情况，要督促有关人员进行定期充电。排除设备明显的和潜在的各种故障。

4. 功能检查

开机时需要检查各指示灯、指示器是否正常；通过调节、设置各个开关和按钮进入各项功能设置，以检查设备的基本功能是否正常；通过模拟测试，检查设备各项报警功能是否正常，包括参数设置范围报警、故障代码显示与报警、声光报警、机械安全保护、过载报警、开机自检或手动自检功能等。

5. 性能测试校正

测试设备的各项主要性能技术指标是否符合要求，必要时根据使用说明书的要求进行校准和调整，以保证医疗器械各项技术指标达到临床应用标准，确保医疗器械在医疗诊断与治疗中的质量。

6. 安全检查

① 电气安全检查：检查各种引线、插头、连接器等有无破损；接地线是否牢靠，接地线电阻和漏电电流（患者漏电电流机壳漏电电流、接地漏电电流）是否在允许限度内。

② 机械检查：检查机架、轮子是否牢固；机械运转是否正常；各连接部件有无松动、脱落或破裂等迹象。

四、PM 系统管理的类型

1. 人工控制型

人工控制型 PM 系统管理的所有信息，如档案、PM 表、执行信息积累等，均由人工控制，故适宜于小型医院或 PM 仪器工作量小的医院。

2. 计算机控制型

计算机控制型 PM 系统管理的所有信息均存入计算机，由软件分析归类信息、打印各种报告，因此省时、效率高，适宜于 PM 工作量大的医院。

随着社会的发展和信息化的普及，各级医疗机构均应争取采用信息系统来管理 PM 活动，以便医疗器械 PM 信息的统计、分析和管理，并将获得的信息用于指导和改进今后的设备管理活动。

五、PM 执行的方法

PM 执行通常可采用如下两种方法。

1. 按医疗器械类型

同一类型的仪器可在医院的不同部门使用，如多参数监护仪可在手术室、ICU、导管室、急诊室等诸多科室使用。做 PM 时，可在较短的时间间隔内连续做完所有部门的同类型医疗器械。其优点是执行 PM 计划时，只需带同样的测试仪器及表格，具有连贯性；缺点是需在许多科室穿梭，路途花费时间较多。

2. 按工作部门

这种方法就是逐一按部门去做所有需要 PM 的医疗器械，其缺点是需同时带各种类型的测试仪器与 PM 表，优点是节省路途时间、工作效率高。

实施 PM 的地点，通常以使用场所为宜。其具体的操作方法可根据医院的实际情况进行。

六、PM 的评估与修改

PM 工作应做 PM 记录。执行了一段时间的 PM 计划后，需及时对现在的 PM 计划和系统进行评估和分析；若有必要，应及时调整，做出修改。医疗机构应该充分合理地利用有限的资源，应将有限的人力和物力首先用于保证风险等级高的医疗器械的检测和维护，具体可以从以下两个方面加以评估。

1.PM 频率是否合适

PM 频率是否合适，需对 PM 计划执行结果的反馈信息进行综合分析，再结合经验和表 2–1 中的几个因素来评估现行 PM 频率是否太高或太低。各医疗机构的医学工程部可根据评估结果进行调整。

表 2–1　PM 频率的影响

过高	有效	过低
PM 时仪器总是良好，定标无须调整	PM 时需要略微调整，但不影响仪器使用	PM 时总要调整、定标，否则影响仪器使用效果
PM 时仪器无须清洁、部件连接、旋钮紧固、润滑等	需要一些清洁润滑和紧固工作	许多部件很脏，需要较多时间清洁，润滑或紧固
	用户对仪器的操作没有抱怨	用户经常抱怨仪器的使用和性能
	仪器维修次数未增多	维修次数增加或与未执行 PM 前相比未减少

一种比较客观的评估方法是对每一次平时的维修和 PM 原因进行分析，并设置标志归类，如人为故障（包括不适当的临床应用和不当使用）、与 PM 有关的故障（是指通过 PM 能够避免的故障，如更换管道、更换阀芯等）、环境故障等，然后根据这些积累的数据，再结合表 2–1 所示的原则进行量化。例如，若某类机器一年内有 10%（该指标可根据各医院的实际情况而定）的机器出现与 PM 有关的故障，就应该调整该类机器的 PM 周期。

2.PM 内容是否合适

对 PM 反馈的信息分析应包括现行 PM 计划和制度是否合理，是否起到降低维修成本、减少故障率的作用；若无，应检查 PM 内容和方法是否得当，是否有被忽略的部分。例如，许多多参数监护仪内的可充电电池需要周期性维护，如果维护不当，电介质泄漏可导致许多不同类型的故障。若 PM 计划没有包括对电池的检查，时间长了，虽做了 PM 计划，仍会有许多故障发生。

七、巡检

巡检是指医学工程技术人员定期到设备使用科室对在用医疗器械进行巡查，及时发现问题。及时处理，防止和减少医疗器械使用中的意外事故或故障发生。巡检是 PM 的一种简单方式，在设备巡回检查中要求如下。

① 设备维修管理人员应对负责管理的设备区域定期进行巡查，向设备使用人员了解使用情况。巡查内容包括器械工作状态是否正常、随机配件附件是否缺少、是否存在故障、故障处理意见等。尤其是对一些使用频率不高的设备，应及时检查和了解情况，以保证能正常使用，并且要关注设备周围环境是否有隐患。

② 巡查周期为一周至一个月，可根据实际巡查情况灵活决定。巡查工作可与 PM 工作同时进行。

③ 记录巡查结果，并由使用科室使用人员确认签字。巡查记录应列入设备日常工作记录中，作为技术档案保留。

八、日常维护保养

日常维护保养工作是医疗器械使用过程中的一项例行工作，也是设备操作规程中必须执行的一项任务。明确医疗器械维护保养的职责与任务，做好医疗器械的日常维护保养，对延长医疗器械的使用寿命意义很大。

医疗器械的日常维护保养工作应由使用科室负责。使用科室应指定设备专管人，参照使用手册要求和操作规程，针对不同种类设备的特点做好医疗器械的日常保养工作，其主要内容应包括医疗器械外表的清洁、防尘罩清洗、管道的清洁、废液的清除、电池的定期充电及打印纸的更换安装等。

使用人员发现医疗器械有异常时，应积极采取相应的措施避免故障的扩大，把故障可能造成的危害降低到最小，对自己无法解决的问题应及时通知医学工程技术人员前来处理。

维护保养的周期与内容，应参照设备使用手册的要求和实际使用情况制定，可作为设备使用操作规程的内容之一。

建议将贵重设备（指 10 万元以上的设备）日常维护保养工作的执行情况记入设备使用登记本，并由执行人员签字，或由执行人员将日常维护保养工作的执行情况录入计算机管理系统。

第六节　医疗器械安全、性能检测与校准

一、概述

医疗器械特有的使用目的、使用对象以及某些在体使用方式，决定了其必须保证安全性能。除了医疗器械本身的安全性外，其准确性也直接关系医疗质量，甚至关系病人的生命安全。另外，在使用过程中，医疗器械性能的下降大多是隐性的，在没有专门检测设备对其进行检测的情况下，人们很难察觉问题所在。因此，定期对医疗器械进行安全、性能检测与校准，对于提高医疗安全具有十分重

要的意义。

2021 年施行的《医疗器械监督管理条例》规定:“医疗器械使用单位对需要定期检查、检验、校准、保养、维护的医疗器械，应当按照产品说明书的要求进行检查、检验、校准、保养、维护并予以记录，及时进行分析、评估，确保医疗器械处于良好状态，保障使用质量；对使用期限长的大型医疗器械，应当逐台建立使用档案，记录其使用、维护、转让、实际使用时间等事项。记录保存期限不得少于医疗器械规定使用期限终止后 5 年。”所以，定期对医疗器械进行安全、性能检测与校准是法律规定的工作内容。

医疗器械的安全类型可分为:能量安全，即电能安全、热能安全、机械安全、粒子辐射安全、电磁辐射安全、声能安全等；生物学安全，即生物污染安全、生物不相容性安全、化学安全等；诊断安全，即由于环境或操作、维护不良以及设备自然老化而引起的医疗性能参数偏差，会引起诊断和治疗的不正确或严重偏离正常水平，从而对人体健康产生危害。

通过对上述安全类型的分析，基本可归纳出以下几个方面。环境因素，如环境温度太高或过低、粉尘太多、与其他医疗器械不匹配、意外损坏等；设计制造因素，如选择材料不当、制造工艺不良、设计不合理等；使用方面，操作人员未经培训、误诊导致的错误使用，操作规范制定不当等；维护保养，如缺少维护、不恰当的 PM 计划、设备不完整、附件破损等。

医疗器械的安全标准主要有以电气安全性为代表的物理性安全标准和以生物相容性为主的生物安全性标准。而我们通常所指的安全性检测，主要就是指对医疗器械的电气安全性能进行检测，来判断该设备是否满足 GB 9706.1—2020 的安全通用要求或相关设备的专用要求。而性能检测是在电气安全性基础上，对医疗器械主要技术性能的测试、验证和评价，通常需要一台或多台专用的检测设备在满足机器运行的环境下完成。

因此，我们这里所说的定期对医疗器械进行安全、性能检测与校准，是指采用专门的检测设备，按计划定期对在用医疗器械进行必要的技术参数和电气安全性能测试，以了解和掌握在用医疗器械的性能状况，及时对发生的技术指标偏离进行校准，以确保应用质量，达到最佳诊疗效果，使对病人造成伤害的可能性降到最低限度。每次的检测结果应及时保存并进行质量控制评价。这种应用质量检测可以结合 PM 工作进行。

二、检测分类

由于医疗器械的类型繁多，按工作性质划分，其检测可以有以下几类。

1. 验收检测

医疗器械的验收是医疗器械全过程技术管理的重要组成部分，是确保医疗器械质量和及时安全投入使用的核心环节，包括商务验收、技术验收和临床应用验收。商务验收是对医院新购进的医疗器械根据合同条款进行外观、品名、规格、型号、数量等的检查和清点。

技术验收是指医疗器械到货安装后，在正式投入使用前，用技术手段和科学方法对所购设备进行电气安全和设备性能的检测，并做好相关记录，以确保所购设备的性能指标符合相关的标准。对自己不能完成的检查和测试，可邀请有资质的第三方检测单位来完成，也可要求生产厂家使用经检验合格的检测仪进行现场检测。技术验收的目的是鉴定医疗器械各项技术性能指标是否达到医疗器械制造商声明的技术指标和相应标书的技术指标（以两者中指标好的参数为准）。

在临床应用验收检测之前，要提前准备合同、招标文件等验收资料，并组织临床使用科室人员和临床工程技术人员熟悉该设备的技术资料，了解设备的主要技术参数以及招标文件的参数要求，然后制定技术验收方案，确定具体的检测参数、检测方法、现场记录表等。临床应用验收检测结果应依次达到：订货合同中或投标商投标文件中承诺的各项技术性能指标；国家药品监督局制定的产品企业标准；国家技术监督局的有关技术标准规程；国家卫生健康委的有关规定、技术标准；国家商检法规定的有关标准。

在临床应用验收检测时，医疗器械供应商代表、使用科室的操作人员与工程技术人员均应到场。对于大型医用设备的验收检测，应有由国家计量检测部门认可的有资质的检测机构参与。检测合格后，相关器械才能正式投入使用。

对临床应用验收检测中技术性能不达标的情况，应与供应商联系解决，必要时可通过商检索赔方式处理，直到相关器械达到要求的技术性能指标。

临床应用验收检测的结果应由参加检测人员、使用科室人员、设备供应商代表共同签字，并作为技术档案保存。

根据验收检测的各项技术性能指标，建立质量技术指标数据库，作为以后周期性状态检测、维修后检测、稳定性检测的基准数据。

2. 状态检测

状态检测是指医疗器械使用一段时间后，对设备主要技术指标进行的全面测试，其目的是确保医疗器械始终处于最佳性能状态，及时发现医疗器械性能的变化程度。状态检测是医疗器械应用质量保证中一个非常重要的措施，即医疗器械的定期安全性能检测与校准。

状态检测的周期在符合国家有关法律法规，如卫生健康委对大型医用设备应用质量管理等规定的前提下，可以根据 PM 周期执行。

状态检测的内容主要包括机器的主要性能指标进行的检测，如呼吸机的潮气量、吸呼比、流量等，监护仪的心率、血压、血氧饱和度等。为使每次测试的结果有可比性，要求保持每次测试条件的一致性。此外，在检测方法上，应尽可能保证科学合理，并规定每一项可接受的允许偏差范围及操作步骤；如果超出允许偏差范围，应加以注明。状态检测的项目比验收检测的项目要少。

状态检测的测试项目及指标合格的标准应根据国家卫生健康委对大型医用设备状态检测的项目与标准要求、国家技术监督局规定的有关质量检测规程的标准要求、医疗卫生行政部门规定的指导标准，并参照生产厂商技术文件中说明的要求，由负责医疗器械质量管理的临床工程技术人员制定。

状态检测的结果应记入医疗器械应用技术档案，作为医疗器械质量控制的主要内容。

状态检测的技术指标分为主要指标与一般指标，检测结果判定为“不合格”的依据如下。

① 凡有一项主要指标不合格者，其结论即为“不合格”。例如，微量注射泵的流速误差超过最大允许误差即判定为“不合格”。

② 凡一般指标超出允许偏离最大范围的项数或达到标准规定的最高项数的，其结论即为“不合格”。

在状态检测中医疗器械出现单项一般指标不合格，而未被判定整机性能不合格的，应及时进行校正，合格后可继续使用，但应提醒使用者注意偏离的技术指标对临床诊断可能造成的影响（可在被检测设备上粘贴标签，注明设备的显示值与实测值对照表）。在周期性的状态检测合格后，应在被检测医疗器械的明显位置粘贴检测标签（可与 PM 标签合用），注明本次检测时间、检测人签名、下次检测时间。

状态检测为“不合格”的医疗器械，应立即停止使用，并进行维修，经过重新检测合格且贴上检测标签后方能使用。

下面同样以多参数监护仪的状态检测为例，相比它的验收检测项目要少一些：通常的状态检测（即周期性检测）除电气安全检测外，性能检测侧重于心率检测、呼吸频率检测、血氧饱和度检测、无创血压示值检测、漏气率测试。

3. 维修后检测

医疗器械经过长期使用后出现故障，或在周期性的安全和性能检测中发现故障，经过自修或外修后必须检测合格后才能返回临床科室使用，检测内容可按验收检测或状态检测来进行，也可根据维修部位来进行针对性的相关性能检测，例如，在有效的状态检测周期内更换微量注射泵电源线就无须对其流速进行检测。

4. 稳定性检测

稳定性检测是一项日常质控工作，是指在医疗器械使用周期内对有关指标进行监控，其级别最低，其检测项目比状态检测要少，检测频率较高，只用来确定系统的性能相对初始状态有无发生超出范围的变化，并受研究参数改变的影响，如 CT 的水模密度值检测等。稳定性检测结果用参数的基线值及控制范围来评价，一般由医疗器械使用科室技术人员或指定工程人员完成。

稳定性检测的项目内容和检测周期应根据国家卫生健康委大型医用设备应用质量检测规定与上级卫生行政管理部门的质量管理规定，并参照医疗器械生产厂家在技术文件中有关质量保证中的相关内容和周期制定。稳定性检测的周期比状态检测要短。由于多种检测的部分参数一致，为便于直观地观察设备性能，应对多次测试结果的每项指标建立质控数据库，以形成该设备的动态质量控制曲线；检测中不合格的指标提示工程技术人员进行及时维修，例如，重要质量指标不合格，则提示停机检修。动态质控曲线可以预测医疗器械的使用寿命，这是医疗器械报损报废的科学依据，医疗器械一旦引发医疗纠纷，其可以作为医疗事故处理中的重要依据。

各种质量检测要由专人负责监督整个计划实施，并给予其解决问题的权力。负责人应全面掌握测试的技术细节并参与定期比较结果的评估工作。具体测试人员必须熟悉医疗器械性能并经一定的专业培训，大型医用设备的验收、状态检测，也可以由医院委托有检测资质的机构或经厂商授权的公司人员完成。

所有检测的结果必须有记录，以便分析、评估。

三、电气安全性检测

电气安全性是一个引人关注的涉及医疗器械使用安全的重要领域，大部分医疗器械都使用外部电源供电，又直接或间接与患者、操作人员相接触，如果发生电气安全性问题，可能对患者、操作人员产生“电击”，从而造成医疗过程的失败、人员伤害乃至死亡。医疗器械通用电气安全检测就是保护医护人员和病人生命安全的有效措施，在安全预防上作用和意义突出。

医疗器械的电气安全是指采取相应措施，避免由医疗器械自身缺陷或使用不当等因素引起的对人员或设备本身造成的电损伤。

电气安全是医用电气设备最基本的安全要素，是每一台医用电气设备必须达到的基本要求。对于达不到要求的设备，必须禁止其用于临床。

电气安全检测是指通过专门的电气安全测试仪，对医用电气设备是否符合 GB 9706.1—2021 的医用电气安全通用要求和相关的行业医用电气安全专用要求所开展的安全检测。而这里所指的医用电气设备定义为“与某一专门供电网有不多于一个的连接，对在医疗监视下的患者进行诊断、治疗或监护，与患者有身体的或电气的接触，和（或）向患者传送或从患者取得能量，和（或）检测这些所传送或取得能量的电气设备”。

1. 电气安全检测标准

医疗器械电气安全检测标准有两个，具体如下：

（1）我国根据国际电工委员会（IEC）的标准 IEC 60601–1：2005《医用电气设备 第 1 部分：基本安全和基本性能的通用要求》（第 3 版），并在 2012 年发布了含第 1 号修订文件的 3.1 版，该标准主要是对医疗器械制造商适用，要求生产的医疗器械必须达到的安全基本要求。此外，国家标准中已有十几个针对不同医疗器械的电气安全专用标准。与以上专用安全标准相对应的医疗器械，不但要符合通用要求，还要符合专用要求，且专用要求优先于通用要求。

（2）根据国际电工委员会（IEC）的标准 IEC 62353：2007，制定了 YY/T 0841—2011《医用电气设备医用电气设备周期性测试和修理后测试》标准。该标准适用于符合 IEC 60601–1 的医用电气设备、医用电气系统，以及它们的部件在使用前、保养中、检查中、售后服务中及修理后的测试或某些情况下的周期性测试，以评估它们的电气安全性。该标准更适合在医院和售后服务机构开展质量控制工作中使用。建议医院可按 YY/T 0841—2011《医用电气设备医用电气设备周期性测试和修理后测试》开展电气安全检测。

2. 医疗器械电气安全特性

医疗器械电气安全的重要目的是防电击伤害。医疗器械防电击等级可分为 B

型、BF 型、CF 型。BF 型是带有隔离的应用部件并用于人体的设备，CF 型是带有隔离的应用部件并直接用于心脏的设备。

电气安全检测需使用通用电气安全测试仪和专用的测试仪器，对仪器定期进行电气安全测试，并做记录建档。该工作可在 PM 计划中实施。

电源保护接地母线，接地电阻应小于 4 Ω。专用医疗器械，如放射科 DSA、CT 等，应按设备要求有专用接地保护，接地电阻应满足设备安装说明中要求的指标。

对有特殊要求（如开展心脏手术的手术室）的供电系统，应采用 1 ∶ 1 隔离变压器与专用接地线。隔离变压器的二次回路不接地。

3. 医疗器械的安全接地要求分类等级

每台医用电气设备的铭牌或相关标签上，均有防电击分类和程度的符号或说明，在对该设备进行电气安全检测时，必须根据此信息对其进行检测。测试仪将根据最新标准要求，判定该医用电气设备的电气安全是否合格。

医用电气设备按防电击类型可分为由外部电源供电的 I 类设备、Ⅱ类设备和内部电源供电设备。分类等级标准如下。

I 类设备：

基本绝缘和保护接地（Life part covered by basic insulation and protective earth）

Ⅱ类设备：

强化绝缘（Life part covered by double of reinforced insulation or internally powered）

内部电源供电设备：电源包含在设备内部，并可提供设备运行所必需的供电电能，没有保护接地措施，也不依赖于安装条件。

医疗器械有患者应用部分或病人导联的，按防电击程度可分为 B 型应用部分、BF 型应用部分、CF 型应用部分。

有患者应用部分或导联的医疗器械都对应一种绝缘等级类型标记，具体如下。

B 型：患者应用部分接地；

BF 型：浮置患者应用部分（表面导体）；

CF 型：直接与患者心脏接触的应用部分浮地。

4. 医疗器械电气安全检测方法

IEC 62353 标准要求建立测试结果的文档（原始记录表）。

在已经建立医疗器械信息化管理系统的医院，可以直接生成原始记录表，系统可以对数据进行存储、检索、统计、分析和评价。国家规定，相关记录保存期限不得少于医疗器械使用期限终止后5年。

四、性能检测与校准

2021年施行的《医疗器械监督管理条例》中规定："医疗器械使用单位对需要定期检查、检验、校准、保养、维护的医疗器械，应当按照产品说明书的要求进行检查、检验、校准、保养、维护并予以记录，及时进行分析、评估，确保医疗器械处于良好状态，保障使用质量；对使用期限长的大型医疗器械，应当逐台建立使用档案，记录其使用、维护、转让、实际使用时间等事项。记录保存期限不得少于医疗器械规定使用期限终止后5年。"医疗器械性能检测与校准工作已经成为执行《医疗器械监督管理条例》的法制化要求。在工作管理上，应根据医疗器械分类与风险分级原则选择优先级别，将生命支持、急救类设备（如呼吸机、除颤监护仪、生命体征监护仪、血液透析机等）及大型医用设备（如CT、直线加速器）作为工作重点。

性能检测、校准工作可以由医院医学工程部门、生产厂家或有资质的第三方服务公司完成。

医疗器械性能检测除了按工作性质分为验收检测、状态检测、稳定性检测以外，在实际工作中还有两个层次：医疗器械本身的自检功能，目前很多医疗器械都有开机自检功能，如果自检没有通过，就会自动报警，不能进入下一步的使用，以保障使用的安全。这是一种日常使用中的检测。从质量控制的角度，按照医疗器械使用说明书规定或相关规范要求定期进行性能检测。由于不同医疗器械检测的项目、指标、方法会有差异，可以按生产厂家使用说明书的方法检测，也可以参照相关的国家标准、行业标准和规范执行。

性能检测需要有专用的测试设备或模体，若医院医学工程部门有能力自行执行性能检测，则应根据本院的设备情况配备必要的测试设备，尤其是对生命支持、急救医疗器械的检测，具体测试设备包括：电气安全分析仪；生理参数模拟器（可模拟心电、血压、血氧饱和度信号）；除颤/起搏分析仪；高频电刀分析仪；气流分析仪（呼吸机、麻醉机检测中用到）；输液泵分析仪；婴儿培养箱分析仪；血液透析机检测仪；标准血压计；转速计；标准温度计。

检测设备若属于工作计量器具，则应依据国家计量法的规定，定期送到有资质的检测机构进行检测和校准，以确保检测设备本身的准确可靠。

第七节 计量管理

医疗机构使用的医疗器械中有一部分属于计量器具。医院计量管理是根据《计量法》的规定对计量器具实施管理。必须认真执行《计量法》，规范计量器具使用管理，实现计量工作规范化、制度化和法制化。为此，医疗机构必须建立相应的计量管理体系与制度，了解《计量法》及其实施细则，掌握计量管理的特征和方法，以保证《计量法》的贯彻实施。

一、计量器具的定义及分类

（一）计量器具的定义

计量器具是指单独地或连同辅助设备一起用以进行测量的器具。

按照《中华人民共和国计量法实施细则》第六十一条给出的定义，计量器具是指能用以直接或间接测出被测对象量值的装置、仪器仪表、量具和用于统一量值的标准物质，包括计量基准、计量标准和工作计量器具。

用计量器具确定量值的方法可以是直接测量，例如用砝码来测量质量；也可以是间接测量，即通过测量两个或两个以上的量值，再用公式计算后得到另一个所需要的量值。计量器具的特征表现为：用于量值测量；能确定被测对象的量值；本身是一种计量技术装置。

为了加强对计量器具的管理，计量行政部门制定了《中华人民共和国依法管理的计量器具目录》。在该目录中，列举了计量基准、计量标准和工作计量器具的具体项目名称。科技不断发展，将产生各种新的、目录中还不能包含的计量器具。因此，在《中华人民共和国依法管理的计量器具目录》中专门列出了一项“属于计量基准、计量标准和工作计量器具的新产品”。判定产品是否属于计量器具，必须按计量器具的定义和计量器具的基本特征来进行科学的分析。

（二）计量器具的分类

计量器具（测量仪器）是指单独或连接辅助设备一起用以进行量值测量的器

具。计量器具种类繁多，并有多种分类方法。例如，按结构特点划分，计量器具可分为实物量具（亦称被动式计量器具）、计量仪器（亦称主动式计量器具）和计量物质（如标准物质）;按技术性能和用途划分，计量器具可分为计量基准器具、计量标准器具和工作计量器具（或普通计量器具）。

1. 计量基准器具

计量基准器具，简称计量基准，是在特定领域内复现和保存计量单位量值，并具有最高计量学特性，经国家鉴定批准作为统一全国量值最高依据的测量标准。《计量法》和《计量基准管理办法》对建立计量基准的原则、条件、程序、法律保护和国际比对都做了明确规定。

计量基准必须具备以下条件：经国家鉴定合格，即由计量行政部门主持鉴定合格或由有关部门主持鉴定通过并经计量行政部门审查认可，颁发计量基准证书；正常工作的环境条件；考核合格的保存、维护和使用人员；完善的管理制度。

计量基准的量值应与国际上的量值保持一致。计量行政部门根据需要统一安排计量基准进行国际化比对。通过国际与国家计量基准比对，各国建立起计量基准间的等效性联系，从而实现全球各个国家计量基准等效和国际量值的统一。

2. 计量标准器具

计量标准器具，简称计量标准，是指准确度低于计量基准，用于检定或校准其他计量标准或工作计量器具的计量器具。它在保证单位统一和量值准确可靠的活动中，起着承上启下的关键作用。

例如，根据《浙江省医疗卫生计量工作管理办法（试行）》规定，“有条件的医院可以建立本单位的计量标准，逐步形成自检自修能力”。所以，医院可以根据具体情况与需要，配备必要的计量标准器具，如标准血压计等。这些计量标准器具用于已经建标的本单位强检医疗计量项目的检定或计量工作器具检定周期内的定期检测和评估以及非强检医疗计量工作器具的自行校准。计量标准器具包括复现和保存计量单位值的计量基准，用于量值传递，开展检定工作的计量器具的计量标准，用于检定而且直接用于确定被测对象量值的计量器具。医院计量建标的最高计量标准器具，要向与其主管部门同级的人民政府计量行政部门申请，经过计量行政部门检定合格后方可使用。

3. 工作计量器具

工作计量器具，相对于计量标准器具而言，亦称普通计量器具。医院日常工作中所用的计量器具，通常属于工作计量器具。虽然通常它不是计量标准，不用于计量检定，但是也具有一定的计量性能。由于通常它位于量值溯源链的终端，因此，工作计量器具的计量性能主要体现在可获得某给定量的测量结果。

二、计量工作与计量检定

（一）计量工作的特点

计量工作的特点，概括地说，可归纳为准确性、一致性、溯源性及法制性四个方面。

1. 准确性

准确性是指测量结果与被测量真值的一致程度。由于实际上不存在完全准确无误的测量，因此测量人员在给出测量值的同时，必须给出适应于应用目的或实际需要的不确定度或误差范围；否则，所进行的测量的质量（品质）就无从判断，量值也就不具备充分的实用价值。所谓量值的准确性，即在一定的不确定度、误差极限或允许误差范围内的准确性。

2. 一致性

一致性是指在统一计量单位的基础上，无论在何时何地、采用何种方法、使用何种计量器具，以及由何人测量，只要符合有关要求，测量结果就应在给定的区间内有一致性。也就是说，测量结果应是可重复、可再现（复现）、可比较的。换言之，量值是确实可靠的，计量的核心实质上是对测量结果及其有效性、可靠性的确认，否则计量就失去其社会意义。计量的一致性不仅局限于国内，也适用于国际。

3. 溯源性

溯源性是指任何一个测量结果或测量标准的值，都能通过一条具有规定不确定性度的连续比较链，与计量基准联系起来。这种特性使所有的同种量值，都可以按这条比较链，通过校准，向测量的源头追溯，也就是溯源到同一个计量基准（国家基准或国际基准），从而使其准确性和一致性得到技术保证。量值出于多源或多头，必然会在技术上和管理上造成混乱。所谓量值溯源，是指自下而上，通过不间断的校准而构成的溯源体系；而量值传递，则是自上而下，通过逐级检定而构成的检定系统。

4. 法制性

法制性来自计量的社会性，因为量值的准确可靠不仅依赖于科学技术手段，还要有相应的法律、法规和行政管理支持。特别是对国计民生有明显影响，涉及公众利益和可持续发展或需要特殊信任的领域，必须由政府起主导作用，建立起法制保障；否则，量值的准确性、一致性及溯源性就不可能实现，计量的作用也就难以发挥。计量学科作为一门科学，同国家法律、法规和行政管理紧密结合，在其他学科中是少有的。

计量不同于一般测量。一般测量是为确定量值而进行的全部操作，通常不具备也不必具备计量的以上四个特点。所以，计量属于测量而又严于一般测量。在这个意义上，我们可以狭义地认为计量是与测量结果置信度有关的、与不确定度联系在一起的一种规范化的测量。从学科发展来看，计量学原本是物理学的一部分，后来随着领域和内容的扩展而形成一门研究测量理论与实践的综合性学科。

（二）计量工作的类型

计量工作的类型可以分为计量检定、计量校准和计量确认。

1. 计量检定

计量检定是指查明和确认计量器具是否符合法定要求的程序，它包括检查、加标记和 / 或出具检定证书。

计量检定具有法制性，其对象是法制管理范围内的计量器具。由于各国的管理体制不同，其法制计量管理的范围也不同。1987 年，国家计量局发布的《中华人民共和国依法管理的计量器具目录》有 12 大类；同年发布的《中华人民共和国强制检定的工作计量器具检定管理办法》中附有强制检定的工作计量器具目录，包括用于贸易结算、安全防护、医疗卫生、环境监测四个方面的工作计量器具共 55 种，国家计量局又发布明细目录包括工作计量器具共 11 种。

1999 年，国家质量技术监督局根据授权，又增补了强检工作计量器具 4 项 5 种；2001 年，又增加了 2 项 2 种。从国际法制计量组织的宗旨及其发布的国际建议看，其认定的法制管理范围基本上与我国的强制检定管理范围相当。随着我国改革开放及经济的发展，我国也有这种趋势，今后会进一步强化检定的法制性，而大量的非强制检定的计量器具为达到统一量值的目的，以采用校准为主要方式。一个被检定过的计量器具，也就是根据检定结果，被授予法制特性的计量器具。强制检定应由法定检定机构或经授权的计量检定机构执行。此外，在我国，社会公用计量标准，部门和企业、事业单位的各项最高计量标准，要求实行强制检定。

检定的依据是按法定程序审批公布的计量检定规程。《中华人民共和国计量法》规定："计量检定必须按照国家计量检定系统表进行。国家计量检定系统表由计量行政部门制定。计量检定必须执行计量检定规程。国家计量检定规程由计量行政部门制定。没有国家计量检定规程的，由有关主管部门和省、自治区、直辖市人民政府计量行政部门分别制定部门计量检定规程和地方计量检定规程，并向计量行政部门备案。”因此，任何企业和其他实体都是无权制定检定规程的，要按照检定规程检定，以查明和确认计量器具是否具有法制特性。

检定结果必须给出合格与否的结论，并出具证书或加盖印记。直观地理解，我们可以认为：检定 = 检查（examination）+ 标记证书。从事检定的工作人员必须是经考核合格的，并持有有关计量行政部门颁发的检定员证。

2. 计量校准

计量校准是指在规定条件下，为确定测量仪器或测量系统所指示的量值或实物量具 / 参考物质所代表的量值，与对应的由标准所复现的量值之间关系的一组操作。

注：校准结果既可给出被测量计量器具的示值，又可确定示值的修正值；校准也可确定其他计量特性，如影响量的作用；校准结果可以记录在校准证书或校准报告中。

该定义的含义：在规定的条件下，用一个可参考的标准，对包括参考物在内的测量器具的特性赋值，并确定其示值误差；将测量器具所指示或代表的量值，按照校准链，将其溯源到标准所复现的量值。

校准的目的：确定示值误差，并可确定是否在预期的允差范围之内；得出标称值偏差的报告值，可调整测量器具或对示值加以修正；给任何标尺标记赋值或确定其他特性值，给参考物特性赋值；实现溯源性。

校准的依据是有关校准规范或校准方法，可做统一规定，也可自行制定。校准的结果记录在校准证或校准报告中，也可用校准函数或校准曲线等形式表示。

3. 计量确认

计量确认是指为确保测量设备处于满足预期使用要求的状态所需要的一组操作。

此定义来源于 ISO 10012 1：1992。在原标准中还有一个重要的注释。计量确认一般包括：核准，必要的调整和修理，随后的再校准，以及所要求的封印和标记。这就是定义中所说的一组操作。可以看出，计量确认的内容和法制计量中的检定差不多。其核心是要校准，也需封印和标记，但它还包括调整和修理，其目的都是要满足预期需要。在法制计量中，检定是要证明仪器能满足有关法规的要求，能用于法制计量，因而，通过检定授予该仪器应有的法制地位。而确认是要证明仪器能满足产品质量检测的要求。

由于过去在产品质量标准或工艺中，没有对检测仪器提出明确的要求，因而，在ISO/TC 176《品质管理与品质保证技术委员会》制定质量体系辅助标准，也就是ISO 10012–1时，明确提出了在质量体系中，要对测量仪器进行计量确认，并提出了建立计量确认体系的要求。因此，计量确认的实质是通过校准，确定测量仪器的测量能力，并将其测量能力与将要检测产品的允差进行比较，以确定其是否满足预期的使用要求。也就是要保证检测结果的可靠性，或者说，保证检测结果的质量。在最近修订的ISO 10012标准草案中，已将“与预期使用要求比较”列入上述的文中，作为一组操作的一个环节，并将原来的1个注释增加到6个，其余5个注释的内容如下：直到有文件证明测量设备的预期使用要求得到满足，计量确认才算实现；预期使用要求包括测量范围、分辨力和最大允许误差等；计量确认的要求通常与产品的质量要求是不同的；计量确认过程的框图为XX图；计量确认可简称为确认。

（三）计量检定的分类

1. 按法制管理分类

计量检定是一项法制性、科学性很强的技术工作。根据检定的必要程序和我国依法管理的形式，可将检定分为强制检定和非强制检定。

（1）强制检定

强制检定是指由政府计量行政主管部门所属的法定计量检定机构或授权的计量检定机构，对社会公用计量标准器具，部门和企事业单位的最高计量标准器具，用于贸易结算、安全防护、医疗卫生和环境监测等方面并列入国家强制检定目录的工作计量器具，实行定点定期检定。其特点是由政府计量行政部门统管，指定法定的或授权的技术机构具体执行；固定检定关系，定点送检；检定周期由执行强制检定的技术机构，按照计量检定规程来确定。强制检定的医疗工作计量器具范围见《中华人民共和国强制检定的工作计量器具明细目录》。医疗卫生机构使用的列入强制检定的工作计量器具目录的器具，依法实行强制检定。

例如，《浙江省医疗卫生计量工作管理办法（试行）》规定，医院对在用的计量器具按强制检定和非强制检定两类分别进行登记造册，建立台账。强制检定的工作计量器具明细目录，报当地县/市级技术监督行政部门备案，并向其指定的计量检定机构申请周期检定。当地不能检定的，向上一级技术监督部门指定的计量检定机构申请周期检定。未按规定申请检定或检定不合格的，不得使用。

对列入《中华人民共和国强制检定的工作计量器具明细目录》的强制检定的计量器具，周期检定率应达到100%。

（2）非强制检定

非强制检定是指由计量器具使用单位自己或者委托具有社会公用计量标准或授权的计量检定机构，依法进行的一种检定。对于非强制检定计量器具，按《计量法》规定，使用单位可以配备相应的计量检测设施，制定具体管理办法、规章制度，建立明细目录和规定检定周期，可以自行检定或送其他计量检定机构检定。

计量检定必须执行国家和地方颁发的计量检定规程，对计量器具的性能参数进行检测。没有国家计量检测规程的，可以由单位制定校验方法，组织自校和比对。检定后的结论应有记录。

强制检定与非强制检定均属于法制检定，是对计量器具依法管理的两种形式，都受法律的约束。不按规定进行周期检定的，都要负法律责任。

2. 按检定的目的和性质分类

检定还可依据其目的和性质的不同，分为首次检定、后续检定、使用中检验、周期检定及仲裁检定等。

（1）首次检定

首次检定是指对未曾检定过的新计量器具进行的一种检定。多数计量器具首次检定后还要进行后续检定。然而，对于某些强制检定的工作计量器具，例如竹木直尺、玻璃体温计、液体量提，我国规定只做首次强制检定，失准则报废；供水、供气、供电部门直接结算用的生活用水表、煤气表和电能表，也只做首次强制检定，限期使用，到期更换。

（2）后续检定

计量器具首次检定后的任何一种检定：强制性周期检定、修理后检定、周期检定有效期内进行的检定，无论后续检定是由用户提出请求，还是由某种原因使有效期内封印失效而进行的检定。

（3）使用中检验

在计量器具控制中，常用使用中检验来进行该项工作。使用中检验一般由法定计量技术机构或授权机构进行检验。检验后，应在计量器具上做适当的标识，表明其状态。当计量器具的工作条件保证不使计量性能受损，对其不进行全部检查的一种后续检定，构成一种简化检定。

（4）周期检定

周期检定是指按时间间隔和规定程序，对计量器具定期进行的一种后续检定。

（5）仲裁检定

仲裁检定是指用计量基准或者社会公用计量标准器具所进行的以裁决为目的的计量、检定。

3. 计量器具 A、B、C 分类管理办法

A、B、C 分类管理是对医疗器械中计量器具进行分类管理的一种方式，分类的依据主要考虑设备的价值、构造原理、计量特性、使用场所、检测对象以及对人体的安全性等综合因素。

（1）A 类计量器具

列入《中华人民共和国强制检定的工作计量器具明细目录》的强制检定的计量器具；用于最高计量标准和量值传递的测量设备，经认证授权的社会公用计量标准器具；临床或科研用于质量控制，对计量数据要求高的关键测量设备和计量器具；在临床应用过程中，对人体安全至关重要的计量器具；准确度高、使用频繁而量值可靠性差的计量器具。

（2）B 类计量器具

临床和科研有测量数据要求的计量器具；用于医院内部核算、物资管理的计量器具；固定安装的、测量数据要求较高的、实际校准周期必须和设备检修同步的计量器具；对测量数据准确性、可靠性有一定要求，但使用寿命较长、可靠性较高的计量器具；测量性能稳定，示值不易改变而且使用不频繁的计量器具；专用计量器具、限定使用范围的计量器具以及固定指示点使用的计量器具。

（3）C 类计量器具

固定安装的、不易拆卸而又无严格准确度要求的指示用计量器具；性能很稳定、可靠性高，使用不频繁，或量值不易改变的计量器具；国家计量行政部门明令允许一次性使用或实行有效期管理的计量器具。

三、医院计量管理体系

1. 计量管理机构的作用

医院计量管理机构是医院计量管理的执行机构，其任务是在医院计量管理委员会的领导下，具体组织和协调各临床使用科室开展计量工作，实现对医院使用的计量设备（亦称计量工作器具）的计量确认和测量过程控制，保证医疗器械的计量特性满足质控要求，为临床医疗和科研提供准确、可靠的检测数据，保证临

床诊断、治疗质量，充分发挥计量技术的基础保证作用。

2. 计量管理机构的设置

计量管理机构的设置可以有多种模式，具体要根据医疗机构的规模、条件和可能性而设定。三级以上医院应设立计量室并配备专 / 兼职计量员；三级以下医院可设立计量组和兼职计量员。计量室可作为医学工程部下属的一个部门，由专职计量员和其他医学工程技术人员组成。计量室应在医院计量管理委员会的领导下，负责全院计量工作器具的管理工作，包括技术管理。计量室应接受当地技术监督部门的监督和指导。

例如，医院计量机构可以根据《浙江省医疗卫生计量工作管理办法（试行）》规定，“有条件的医院可以建立本单位的计量标准，逐步形成自检自修能力”。医院计量建标的最高标准，应经过计量行政部门检定合格后使用。

3. 计量管理机构人员要求

医学计量管理人员应掌握计量管理的法律法规、基本知识、测量设备配置和管理的知识。医学计量技术人员要掌握或了解相关的计量器具原理、结构、性能、使用和溯源等方面的知识；要掌握基本的误差理论和统计方法，具有当环境、不确定度等对设备计量特性有影响时的修正技术知识，有计量器具校准间隔确认的技能；还需要掌握或了解医学基础理论和医疗器械专业知识。

医疗机构计量检定人员要求定期培训、考核，经上一级计量机构组织考核合格、发证和授权后，方准独立从事计量检定工作。

计量检定必须执行国家和地方颁发的计量检定规程，对计量器具的性能参数进行检测。没有国家计量检测规程的，可以由单位制定校验方法，组织自校和比对。检定后的结论应有记录。

四、计量检定标记管理

根据计量检定后的结果，在计量器具上粘贴计量标记。计量标记表明计量器具所处的状态，便于识别与管理。计量标记目前采用不干胶纸签式标记或其他形式。按计量器具检定所确认的结果，用不同颜色加以区别。计量标记由计量检定人员填写发放，每台计量器具都应有计量标记。

用不同颜色和文字表示计量器具被确认的状态。使用者可根据计量标记来明确对该计量器具的使用范围。

1. 合格标记

合格标记表明：计量器具检定后处于合格的状态。标记采用惯用的可以通行的绿色，并有清楚的“合格”字样。标记上应有下一次检定的时间（计量有效期）及校准人员的姓名或代号。

2. 准用标记

准用标记表明：对没有计量检定规程的计量器具已按规定进行校准，使其处于合格状态。该标记也采用绿色，并有清楚的“准用”字样。其内容与“合格”标记基本相同。

3. 限用标记

限用标记表明计量器具的部分功能或量限得到确认，处于合格状态。经确认的部分可以使用。该标记采用黄色，是惯用的警告或警惕的颜色，并有清楚的“限用”字样。标记中除有下一次确认时间及确认人员外，还应填写已被确认的功能或量限。

4. 禁用标记

贴有禁用标记的计量器具，任何人都不得使用。这是对发现故障、超差、超周期及停用测量器具采取的强制管理措施。该标记采用惯用的表示停止进行的红色，并有清楚的“禁用”字样。标记中有当时的确认时间及实施确认人员姓名。

5. 测量标准标记

测量标准器具是量值传递的标准，为防止将测量标准器具当作工作用计量器具使用，可设置测量标准标记。该标记有清楚的“测量标准”字样，颜色可自定，一般使用蓝色，使用时需填写下一次确认的时间和使用人的姓名。

五、计量外协服务管理

计量外协服务主要是指由有资质的外单位提供的计量工作器具的校准、维修、调试、测试等服务。医疗机构利用社会的技术力量为自身提供计量服务，应对计量器具外协服务的质量加以控制管理，其管理内容主要有如下几个方面。

1. 校准服务

由外协单位提供的校准服务主要包括检定、校准和比对三种形式。

检定必须有国家、部门和地方的检定规程才能进行。由外单位提供检定服务的计量器具又分为最高测量标准器具、强制检定测量器具和非强检测量器具三种。前两种都需要按国家有关法制计量管理规定要求定点，定周期地向有关法定计量检定机构送检；非强检测量器具可根据就近就便的原则，选择法定计量检定机构或经政府计量行政部门考核授权的社会公用计量机构送检。

对无检定规程的计量器具可采取校准的方法确定其特性。校准也应有国家、部门和地方的校准规范，应尽可能选择具有对社会出具校准证书资格的单位；若不选择这类单位，则应对其校准服务的能力和水平进行评估。对无国家、部门和地方校准规范的计量器具，可暂时由提供服务的单位按一定程序和技术要求，编制校准规范。

比对是在同种类的多台计量器具中，选择一台计量特性稳定的计量器具作为比对校准，定期与之进行比较。这种方式也属一种校准，主要是解决计量器具未建立基准和测量标准的情况。为保证比对服务质量，应尽可能选择具有比对标准的单位进行比对；若尚无这样的比对标准，可通过协作的方式，按照有关比对标准的技术方法确定一个比对标准，以实现比对服务。

2. 资质管理

计量器具的维修、调试方面的外协服务单位，应选择具有技术监督部门颁发的修理计量器具许可证和具有调试资质的单位。完成维修的计量器具应由提供服务的单位出具有完整数据的调试报告和检定、校正、比对合格证书。

对属于工作计量器具的医疗器械维修服务，特别是大型的、精密的医用设备，应注意以下几个主要方面：

① 审核外修单位是否具有相关医疗计量器具的维修资格；

② 认证维修人员是否具有医疗计量器具的维修能力和水平；

③ 医疗计量器具维修完毕，维修方提供完整的计量检测合格报告及具体检测数据，由院方确认、验收、存档。

第八节　维修管理

一、医疗器械维修管理的意义和任务

医院医疗器械使用管理中，医疗器械的故障维修是医院医学工程部门和医学工程人员的一项重要的基础性工作，也是临床医学工程的核心竞争力之一。当由于医疗器械使用中出现突发故障、计量检定时发现不合格项、预防性维护检测时发现问题、设备长久使用时老化使得性能下降、操作人员使用不当以及使用环境等原因，不可避免地造成医疗器械的无法正常使用，就需要对医疗器械进行故障维修。这些存在问题的医疗器械，只有通过临床医学工程技术人员的故障修复，才能恢复到正常工作状态；只有通过对医疗器械的关键性能参数进行测试和有效的校准，才能使其达到最佳的质量控制状态，重新安全有效地为临床医疗第一线服务。同时，以最快的速度、最低的成本修复故障设备，也是衡量医院医学工程部门技术和能力水平的重要标准。

随着医疗器械技术的进步，设备的集成化越来越高，在维修方面的技术难度也越来越大。在医院医学工程人员和技术力量不足的情况下，不可避免地需要医疗器械生产厂商或有资质的第三方公司承担维修服务，但也必须由院内医学工程专业技术人员负责维修服务质量的监督管理，才能有效地控制服务成本和服务质量。同时，医院必须要有培养能够自行维修医疗器械的医学工程技术人才计划，真正建立起医院能为临床医疗质量安全提供技术保证的专业化、职业化的临床医学工程技术队伍。

二、维修技术人员的专业技术培训与资质要求

医疗器械维修技术人员的素质与水平的高低，直接影响医学工程部门的技术水平与能力，以及院内临床医疗器械的使用安全和质量。特别是在目前关注医疗器械使用质量和安全管理的背景下，医学工程技术人员的专业素质是医疗器械质量管理体系的基础。医院医学工程部门应配备数量适宜的专业技术人员。组成人员中应该有一定比例的人员具有临床医学工程专业背景，负责技术的科长作为学科带头人，更必须具有较高的临床医学工程专业医院医学工程专业人员要求熟练掌握常用医疗器械的原理、结构和基本使用技术，了解高新技术的发展及其在医疗器械中的应用。

我国教育体系中临床工程专业起步较晚，医院从事临床医学工程工作的人员很多是其他专业转行的，因此，在岗人员的技术培训和继续教育十分必要。医学工程科应制定继续教育制度，定期开展业务学习，内容可包括医疗器械的基础理论、最新进展、维修经验技巧、新的技术应用等。维修人员之间应互相交流协作，通过科室业务学习，对维修中的疑难故障可随时请其他工程师进行会诊式讨论，以提高专业维修水平。在新设备安装时，要同时进行维修培训工作，并做好培训

记录。

1. 专业技术岗位培训

医疗器械使用手册基本上都要求“经过培训的专业维修人员对医疗器械进行检查、维护和维修”。可以由医疗器械生产厂商负责对医院维修工程师进行培训，学员经过考核合格后获得证书，也可以参加有关学会、协会和医疗设备质控中心组织的专业技术培训班。

2. 继续教育与学分

医学工程技术发展十分迅速，知识需要不断更新，医院对医学工程人员必须开展继续教育工作。医学工程人员继续教育与学分在医学工程人员职称晋升中已经有明确要求。获得继续教育学分的途径很多。医学会医学工程学分会、医疗设备管理质控中心每年都举办各种国家级医学继续教育培训班，考核通过后有国家级一类继续教育学分。各种学术年会、专题研讨会参加人员也有二类继续教育学分。食品药品监督管理局有专门的继续教育网站，可以通过医学工程继续教育科目上网自学，获得继续教育学分。

3. 资质认证

中华医学会医学工程学分会 2005 年已经开展国际临床工程师技术资质认证培训和技术水平考试；2014 年中国医师协会临床工程师分会成立，开始临床医学工程注册工程师认证考试的试点工作。目前，尽管没有明确的法规规定从事医疗器械维修人员必须具有一定的资质，但是医学工程技术人员的资质认证工作将纳入医疗技术人员的体系中。

三、维修技术人员的管理

1. 维修技术人员的分工

医学工程维修部门对所有在用医疗器械应有专人负责维修服务和质量控制工作，应分工明确。在分工时，要充分发挥每个人的能力和特长，既有利于明确职责，也有利于提高专业技术，以使这些设备可以得到更专业的服务。

工作分工可以按以下几种方式划分。

① 按专业分工：医技科室，如放射科、检验科、B 超室、心电功能、ICU、手术、急诊、外科、妇科、儿科等，落实专人负责设备的管理、维修工作。

② 按设备类型分工：对于一些分布面广的医疗器械，如床边监护、呼吸机、心电图机、输液泵等，按设备的品种由专人分管，这有利于专业技术水平的提高。

③ 按科室分工：由专人分工负责几个科室的设备管理维修技术工作，如内科、外科、妇科、儿科病区的维修管理工作。也可以在重点医学工程部室和临床科室，如放疗科、放射科、ICU 等，设置物理师与临床工程师。

目前医疗器械品种繁多，要求每一名维修技术人员都要掌握多种设备的维修技能，医院可根据实际情况选择上述分工方式实行分工负责制，做到责任到人，以避免造成互相推卸责任的现象。为便于分工合作，可考虑小组化捆绑管理，也即每位组员既有自己明确的分管区域，又参与该组其他人员分管区域的支援和应急维修工作，这样也有利于值休和年休人员空缺时的工作安排。

2. 维修技术人员的岗位职责

有了每位维修技术人员的具体分工区域或内容后，还要给每个岗位制定岗位职责，至少应包括如下内容。

① 工作概要：对分管区域医疗器械和岗位相关工作的总体描述。

② 工作职责：较为详细地描述员工对分管区域医疗器械应承担的日常故障性维修、预防性维修、学生带教、科研、临时性任务等工作。

③ 工作标准：要求维修技术人员达到的工作目标。

④ 工作要求：侧重于对维修技术人员的人文和劳动纪律上的要求，如明确医院的使命和服务理念，具有良好的职业形象意识，外表、着装符合《员工手册》要求等。

⑤ 工作中出现不能解决和处理的问题时，及时请示上级领导。

3. 维修技术人员的考核

维修管理的一个重要方面是对维修技术人员进行考核。一个正确的评估对维修技术人员有激励作用，同时可以充分发挥每个工程师的潜能，可见考核的重要性。因此，在设定考核内容时既要全面，又要突出重点。通常，考核应结合岗位职责的要求，一般内容要包括维修质量、维修工作量、维修记录质量、PM 完成情况、巡查情况、使用科室反馈等，并对上述方面进行量化打分，以此作为先进工作者或优秀工作者的评选依据。

四、医疗器械报修、维修工作的流程管理

1. 报修工作流程

医疗器械报修是指在使用中出现故障、计量检定不合格、PM 或巡检中发现故障或者质控检测中安全性能指标不合格，需要通知分管工程师进行维修。报修

的方式一般有使用科室电话、短信报修，在实现信息化管理的医院能通过网络平台报修，还可以得到更多设备信息，如通过移动终端扫描二维码微信报修。

日常报修后，工作处理有以下几种情况：

① 由使用单位医学工程技术人员自行维修；

② 医疗器械在合同质保期内，通知承担保修的厂商，由厂商工程师负责维修；

③ 医疗器械在质保期外，使用单位与生产厂商或第三方服务公司签订维修服务合同的，由使用单位通知承担服务方派工程师负责维修；

④ 由于医院人员技术水平、配件供应等原因，无法自行解决维修的医疗器械，应尽快联系生产厂商或有资质的第三方维修服务公司维修。

无论什么情况，维修人员都应将维修过程，包括故障原因、维修工作内容、维修材料消耗等记录下来，并填写完整规范化的维修报告。

2. 维修工作流程

（1）维修故障信息的收集

维修工程师接到临床使用科室的报修电话、短信、微信等维修申请后，应根据报修医疗器械的风险高低判断是否启用紧急维修程序。若出现故障的设备属于生命支持或急救设备，应立即携带工具前往故障科室并寻求备用机的支持。若为中低风险设备，则可根据自己的工作安排，到使用科室后应详细了解设备的故障现象、发生时间和状况、故障代码故障部位等。

（2）维修故障处理

医疗器械经过简单的故障处理，如能很快发现故障原因的，维修工程师可以现场进行维修处理；存在比较复杂疑难的故障情况，一时不能修复的设备，应从设备使用科室中撤离或挂上“禁用”“待修”等标记；用于急救或生命支持的高风险医疗器械，影响病人治疗的，要启动应急调配预案或从备机中心调用备机，以保证医疗安全。

医学工程人员应在已获得的故障信息基础上，根据经验或通过维修手册提供的故障分析方法，如故障代码、分步分析法、统计分析法等，找到故障部位并进行维修或更换零配件。由于医院人员技术水平、配件供应等原因，无法自行承担维修的，或者在自行维修周期较长、临床工作急需相关器械的情况下，应立即通知临床科室及主管科主任申请调用备用机或采用其他替代方法，必要时联系生产厂商或有资质的第三方维修服务公司进行维修，以免影响临床使用。

五、维修报告规范

为了建立医疗器械质量管理的技术档案，完成各项数据统计分析工作并实现信息共享，医疗器械维修报告应按规范化的格式与内容进行填写。每次维修工作完成后，包括厂商保修合同中的维修，或第三方维修合同中的服务，都应填写统一维修工作报告，以便统计、分析、评估、考核。

维修工作报告应当进入设备技术档案保存，并作为医疗器械质量管理的一项内容。在实现信息化管理的医院，维修报告应该以电子化的形式存入医疗器械质量管理信息系统，维修记录保存期限不得少于医疗器械使用期限终止后 5 年。

维修报告中相关填写说明如下。

1. 工作性质

维修工作性质分为自主维修和外修两类。其中，自主维修是指医院临床工程师负责的维修工作，具体如下：

① 故障维修，指使用科室在设备使用中出现故障后的维修；

② 检测后维修，指在计量检测、质量检测后，发现设备的安全、性能、功能存在问题而进行的必要维修；

③ 预防性维修，指在巡检、PM 工作中，发现设备的安全、性能存在问题而进行的必要维修。

外修是指非医院临床工程师负责的维修工作，具体如下：

① 保修期内维修，指故障设备在质保期内，由生产厂家负责提供的维修服务；

② 保修期外厂家合同维修，指保修期外与厂家签订维修合同，由厂方提供的维修服务；

③ 第三方合同维修，医院与有资质的第三方公司签订维修合同后由第三方公司提供的维修服务；

④ 临时叫修，指设备在保修期外，医院没有与厂家或第三方服务公司签订维修合同，设备出现故障时，医院临时叫厂方或第三方服务公司的工程师提供付费维修服务。

2. 故障现象

① 故障停机是指设备出现故障，无法开机工作。

② 部分功能失灵是指设备能正常开机，但一部分功能失效，无法运行，如多功能监护仪中“心电、血氧”功能正常，但“无创血压检测”功能无法运行。

③ 附件损坏是指主机功能正常，但部分附件损坏，如超声探头、血氧饱和探头、心电导连线等损坏。

④ 不规则或偶发故障是指一些不是经常发生的或无规则的故障，如偶尔出现死机、报警功能时好时坏的情况。

⑤ 性能指标偏离是指各种检测中发现技术指标偏离已超出规定允许范围，影响临床诊断治疗要求，如呼吸机潮气量的实际值与设置值偏离。

3. 故障原因分类

故障原因分类是指在维修中，对医疗器械出现故障的原因进行判断、分类。故障原因分为人为因素、设备自然故障、外界环境因素三类。

① 人为因素是指使用操作人员因使用操作错误，没有校正或保养不当而引起的设备故障。

② 设备自然故障是指设备使用中，内部电子、机械、光学等部件因长时间使用后，寿命到期或老化造成的设备故障，同时也包括软件功能故障。

③ 外界环境因素是指除设备本身质量问题或使用操作问题以外的外界因素造成的故障。包括电源问题，如突然停电，电压过高、过低，波动过大，电源内阻和接地等；环境温度问题，如工作环境温度超过设备容许范围；湿度问题，如湿度超过设备容许范围；气源问题，如气压、流量不符合要求，气源质量异常；水源问题，如压力、流量不符合要求，水压波动等；电磁干扰及自然灾害等外界因素造成的设备故障。

4. 维修工作内容

① 修理：对损坏部件或电路板不是整体更换，而是采用修理或更换元件的维修方式修复。

② 更换部件与电路板：在维修中采用整体部件更换或板级维修。

③ 更换附件：更换损坏的设备附件。

④ 调试与校正：非部件损坏引起的故障，可通过重新调试或校正部分偏离即可解决，如 CT 值校正。

⑤ 维护、保养：由于缺少正常维护保养而引起的故障，需对设备的管路、光路、机械部分，防尘、散热通风部分，进行必要的清洁除尘、加润滑油等维护保养工作。

⑥ 重新设置或安装软件：设备系统软件、操作控制软件因各种原因引起出错，或者因存储介质部分损坏引起软件不能正常工作，需对软件进行重新设置和安装，以使设备恢复正常工作。

⑦ 排除外界因素：因外界水、电、气、温度、湿度及特殊环境等不能满足要求而引起设备不能正常工作时，找出原因并进行排除，具体包括如下内容。

水：压力、流量、纯度、水泵；电：电压、电流、电源内阻、不间断电源；气：压力、流量、气体纯度、气体报警设备；温度：散热、空调、加热、温控等；湿度：去湿，加湿；特殊环境要求：外界电磁干涉、噪声干涉、振动。

⑧ 其他：以上各项内容以外的工作内容。

5. 维修结果

① 设备维修后状态是指设备维修后的状况，包括工作恢复正常，可以供临床使用；基本功能恢复正常，但需进一步修理；无法自行完成修复，需外送修理；无法修复。

② 维修起止时间是指从维修人员接到故障报修到设备修复后投入正常使用的全部时间。

③ 配件等待时间是指维修中因配件提供的时间所造成的维修等待时间。

④ 维修时间是指维修中用于故障判定、配件维修与更换、调整和恢复设备正常工作的时间总和（不包括配件等待时间）。

六、维修质量管理

1. 维修后质量认定

维修后医疗器械质量认定有两个方面。

一方面应根据相关标准进行必要的测试和验证，包括进行电气安全和性能指标的测试和验证。如按照国家标准 YY/T 0841—2011《医用电气设备医用电气设备周期性测试和修理后测试》，在维修后进行电气安全检测；大型医用设备，如 CT 维修后要按照国家标准 GB17589—2011《X 射线计算机断层摄影装置质量保证检测规范》重新做状态检测。若发现性能质量指标不合格项目，则需重新修理直至检测合格。计量设备故障或在计量检定中发现有不合格项目，维修后必须重新计量检定，直至达到规定的指标后才能进入正常使用。对于急救或生命支持的高风险医疗器械，除技术性能指标要求达到标准以外，还需要检验设备的各种安全警报功能是否正常工作，对维修后部分功能未恢复正常而临床又急需使用的，应提示操作人员对设备功能使用的限制，或就可能对临床应用产生影响的结果给予说明。

另一方面，维修后医疗器械质量应满足临床的要求，在实际使用状态下由临床使用人员认定，如图像质量是否满足临床诊断要求。

验证工作由临床使用人员或上级维修工程师进行，并在维修报告上“验收人”一栏中签字。

2. 维修分析和评价

维修分析和评价是质量改进的重要手段，依据维修记录中的工作性质、故障原因、工作内容、维修响应时间、停机时间、配件等待时间、维修时间、维修所用配件费用（金额）等内容或数据，经过统计、分析，产生表格、趋势图；分析结果，通过 PDCA 方法开展持续质量改进工作，同时也作为医学工程部门的考核评价指标。分析工作可以是单次故障发生的原因分析，也可以是月度、年度的统计分析。维修分析和评价需要在实现信息化管理的前提下实现，要规范维修电子报告格式，建立维修信息数据库。

3. 维修工作质量的分析、考核、评估

维修工作质量考核有技术方面和管理方面的因素，也是考核医学工程技术人员工作（包括保修和第三方维修）的重要内容，可以从维修时间、维修费用以及平均无故障运行时间三方面来考核。

（1）维修时间

维修时间 = 维修响应时间 + 维修配件等待时间 + 实际维修工作时间

实际维修工作时间 = 诊断故障时间 + 配件更换或修复时间

说明：

① 维修响应时间反映维修人员的工作态度与服务质量。

② 维修配件等待时间反映管理水平、供应保障、工作程序及办理效率等，也包括商务环节。

③ 诊断故障时间反映维修工程师的技术水平，但是配件更换或修复时间不仅与维修方案、策略有关，也与设备的类型和故障难度有关，很难逐一评估。因此，可以根据设备和故障的不同类型，采用加权计算方法来进行综合评价。

（2）维修费用（成本）

维修费用（成本）= 配件费用 + 维修劳务费用

维修成本是设备运行成本的一个重要组成部分，是成本效益考核的重要数据之一。

（3）平均无故障运行时间

平均无故障运行时间（Mean Time Between Failures，MTBF）反映医疗器械

在使用中发生故障的概率。具体来说，它是指相邻两次故障之间的平均工作时间，也称为平均故障间隔。

平均无故障运行时间 = 设备累计运行时间 ÷ 故障次数

累计运行时间一般按年计算。MTBF 可以考核设备本身的运行可靠性状况、维修中故障判断是否正确、维修处理措施是否恰、维修人员的工作质量好坏等因素。

4. 故障原因分析

通过统计、分析故障产生的原因，可以对应采取必要的干预手段，改进管理，提高设备使用效率。若是人为故障比例提高，则重新对使用人员进行操作培训学习；若是与 PM 有关的故障，则重新制订 PM 计划；若为环境故障，则联系相关部门改善设备的使用环境。故障原因分析也可以通过趋势图方式表示。

七、医疗器械维修服务合同管理

医疗器械维修服务是指在医疗器械采购合同规定的质保期后，医院通过与医疗器械生产厂商或有资质的第三方公司签订维修服务合同，从厂商或第三方公司处得到的一种售后服务。该服务是指在服务合同期限内，服务商针对该产品因产品质量问题而出现的故障提供免费维修及保养的服务。医院向厂商或有资质的第三方公司购买的维修服务，内容通常都包括维修人工服务、维修零配件、按使用说明书要求提供的 PM、保养等。

医院医学工程部门在维修服务合同期内提供服务后，应监督服务公司递交医院统一的维修服务报告单，并按使用说明书要求定期开展 PM 保养，提供 PM 报表以及年度、季度的分析、评估报表。各种工作报表尽量以电子报表方式提供。在即将超出保修合同期限时，医院医学工程部门应与负责提供服务的公司一起检查设备的各项性能指标和电气安全指标是否符合相关标准质量要求，以保证机器处于正常工作状态。

首先，医疗器械维修服务合同上约定的价格可根据设备的购买时间、使用工作量、设备近年来的维修情况和维修费用、设备本身对医院医疗工作的影响大小等因素综合考虑。然后，通过谈判来控制高额的保修费用。最后，可以通过竞争性谈判方式选择合适的服务商。

八、医疗器械送修管理

医疗器械送修是指设备故障后，厂家或有资质的第三方维修服务提供商无法在现场维修，需要返厂或返回维修站修理的维修事件。

对于外修设备一定要做好详细送修记录单，其信息包括设备所属科室、设备财产号、设备序列号、随机的附件、送修日期、送修单位及联系方法等。设备送修期间，设备分管工程师应当密切关注其维修进程，催促接修单位及时将设备修复返还，以保证科室使用。设备序列号在外修设备维修状态追踪和检验中是非常有用的信息，必须包含在送修记录单中。

分管工程师应检查外修送回的医疗器械序列号与外修之前是否一致，附件是否缺少，故障是否已经修复，是否有维修后的测试报告；必要时进行电气安全和性能的测试和验证，证明合格后才可交还使用科室。若属于强制检定的计量设备，还应经计量检定合格后才能投入临床使用。

医疗器械外修的维修报告应按医院统一维修报告单格式填写，纳入医院统一管理。

九、维修材料管理

维修材料管理是医疗器械维修管理的重要内容之一。一些医疗器械在市场上可替换的维修材料供应商较多，如 CT 球管等。同种类型产品也有原装与翻新以及新旧之分，价格相差巨大，原则上可以经过测试和验证，在保证质量的前提下选择价格较低的产品，以降低维修成本。有一些产品使用说明书会提示。应使用原生产厂家提供的备品、配件，以保证维修后的使用安全和质量，对此类医疗器械要慎重选择。维修材料成本控制与维修质量应以质量为先。

维修材料的购买需要根据医院的相关规定进行，采购后应建立账目，使用按出入库管理。高值维修材料的购买要求使用科室先提出申请，按制度经医院分管领导审批后方可采购。

十、维修安全管理

维修安全管理是指在整个维修过程中防止可能发生的各种安全事件，严格按照维修规范执行，防止人员伤害、设备损坏、环境污染等意外事件发生。可能发生的安全事件包括火灾、电击、烫伤、划伤、生物环境污染、放射性污染等。例如，电烙铁作为维修人员常用的工具，用完后应及时断电，以免发生火灾；更换的废旧电池正负极一定要做绝缘处理，否则也容易引起火灾；静电可能损坏维修的医疗器械中敏感的电路元器件，维修人员要戴接地腕带，以防止静电；设备维修打开外壳后，要尽量在断电状态下检测维修，以防止发生电击事件：带有高压储能器件的医疗器械，如维修蒸汽消毒锅、更换冷光源灯泡，应做好防烫措施或冷却后再处理；拆修设备外壳时可以带上棉纱手套，以防划伤；对于可能造成污染的医疗器械，如检验、生化设备、离心机、生物安全柜等，在维修前应做好清洁消毒工作，必要时戴一次性手套，维修后洗手消毒来防止生物污染；放射性设备维修时应注意放射防护等。

为了加强维修人员在日常维修工作中的安全意识，应定期开展年度安全学习。安全学习除了包括上述内容外，还要收集平时工作中经历的安全事件、政府相关部门和文献报道的相关安全注意事项。

在维修过程中，对于待修的故障设备，若不能拖离工作区域的，要有明显的类似“故障暂停使用”的警示标记，以免医务人员误用而对病人造成不必要的伤害。

第九节　应急管理

国家卫生健康委《医疗器械临床使用安全管理办法》规定：“对于生命支持设备和重要的相关设备，医疗机构应当制定应急备用方案。”国家卫生健康委《三级医院评审标准（2020年版）》要求：“建立医疗器械应急预案的应急管理程序，装备故障时有紧急替代流程。优先保障急救类、生命支持类装备的应急调配。医务人员知晓医疗器械应急管理与替代程序。”

医疗器械在使用中出现紧急故障又不能或不容许进行现场修复时，可能对病人安全造成危害，甚至威胁其生命。在这种情况下，应制定相应的应急预案。尤其是一些急救、生命保障医疗器械，如呼吸机、人工心肺机、起搏器、麻醉机、除颤仪等，需要根据医疗器械的不同类型制定相应的应急预案与保障模式。其具体包括如下内容。

① 医疗器械出现故障时对病人采取的安全措施。

② 采取的应急保障模式，即医疗器械出现故障时启动或调用备用设备。对

于急救设备与生命保障系统，应保证有应急备用设备或可以临时调用的同类、同种设备。

③ 临时停电引起设备不能正常工作时的应急措施。例如，配置一定功率的不间断电源，手工替代医疗器械的应急使用。

④ 医疗器械使用可能造成病人意外伤害或副作用的，应采取应急保护措施，如紧急安全开关、急救药品等。

医疗器械应急管理主要分为以下几种情况：医疗器械的故障应急管理；疫情暴发或灾难性事件发生情况下的医疗器械应急管理；供气、供水、供电等使用环境突发故障所需进行的应急管理。应针对不同情况制定有效的应急管理机制，以确保应急事件发生时该机制能切实发挥作用。疫情暴发或灾难性事件发生情况下的医疗器械应急机制，主要由卫生行政管理部门制定，医院医疗器械管理部门的主要任务是配合上级部门的调配，保障医疗器械的正常稳定运行。医疗器械使用环境突发故障所需进行的应急管理，主要关注手术急救类设备，如呼吸机、麻醉机、血液透析机等，工作的重点主要是该类设备的备用电池、备用气源等配件与材料的日常性维护和监管。处理医疗器械故障与意外事件是医院医疗器械管理部门的中心职责，医疗器械应急管理的具体工作有制定应急预案与处置流程、定期演练、设立急救设备调配中心等。

1. 应急调配中心

建立急救医疗器械应急调配中心，统一调配和规划全院的急救生命支持类医疗器械。在大型综合性医院，急救、生命支持设备分布广泛，几乎所有临床专科和医技科室都有接收重病患者的可能性。急救设备，如呼吸机、血透机等，由于长期持续使用，其安全质量问题需要得到高度重视。医院内大部分科室使用急救设备的概率较低，统一调配可提高急救设备的利用率，节约购置成本。基于上述原因，在大型综合性医院成立统一的急救设备管理调配中心已经成为各级管理部门的共识。如何按需配置急救设备，如何形成全院共享的使用模式，是急救医疗器械应急调配中心的管理重点。

一般来说，急救医疗器械应急调配中心常规配置以下急救设备：病人监护仪、呼吸机、麻醉机、微量注射泵、除颤仪。各类设备的推荐配置数量为全院同类设备总数量的 1/10 以上，这样既能保障各临床科室日常情况下的工作所需，又能充分发挥急救设备供应中心的调配作用。

为满足紧急情况下急救设备调配的需要，急救设备供应中心应实施 24 h 值班制，确保任何情况下急救设备都能尽快落实到位。值班人员应具备一定的急救设备操作与维修能力，能紧急协助开展临床急救工作。大部分设立急救设备供应中心的医院采用了急救设备租用模式，临床使用供应中心的设备需要支付相应的“借机费用”，以用于支付急救设备的采购和消耗成本，“借机费用”的金额由各家医院根据采购和维护成本进行核算。

除了“租借”设备外，急救设备供应中心还应负责全院其他急救类设备的统筹规划。以除颤仪为例，JCI 认证建议医院的各个地方都能在限定的时间内取得除颤仪来完成对病人的抢救治疗。除了常规的“借还”记录外，急救设备供应中心还需要定期对应急调配中心的急救设备进行安全质量检测和维护保养，并保留完整的检测、维护信息。

2. 定期演练

应急反应能力的形成需要通过模拟演练的方式进行培养，根据等级医院评审以及 JCI 认证等要求，医院需要每年进行应急演练并根据演练的情况对应急预案进行分析与改进。以下是应急演练过程案例供参考。

演练背景：模拟 CT 设备故障，受检者撤离过程中受轻微伤。

参加演练人员：放射科 CT 室工作人员、放射科主任、医学工程部、急诊中心、医学装备管理委员会成员。

应急演练流程：

① 在 CT 使用过程中出现设备故障，使用者立即切断电源、停用设备；

② 对受检人员（由医务人员扮演）进行撤离，先停用高压注射器，并将 CT 手动还原；

③ 受检者与 CT 发生轻微碰撞；

④ 联系急诊中心，将患者转移治疗；

⑤ 在设备上标注“禁用”的明显标志，并将 CT 机房进行隔离；

⑥ 立即告知放射科主任，通知医学工程部；

⑦ 医学工程部不良事件监测人员赶至现场，收集相关采购记录；

⑧ 医学工程部值班人员通知相关工程师联系生产厂家；

⑨ 医学工程部将事件经过详细记录，并呈报医学装备临床使用安全管理委员会；

⑩ 医学装备临床使用安全管理委员会召开会议，对事件进行分析、总结。

应急演练最重要的部分是让相关岗位的人员熟悉自身在意外事件发生过程中应尽的职责和处置方法。应急演练流程应尽量将所有可能发生的事件包含在内，以确保真正事件发生时能切实发挥作用。

第十节 医疗器械安全（不良）事件监测与报告

一、医疗器械不良事件管理的发展历史

医疗器械不良事件报告起源于 20 世纪 80 年代，美国是最早开展此项工作的国家，1984 年颁布的美国联邦法规 21CFR803 部分专门规定了医疗器械不良事件报告的相关要求。其监督主要通过质量体系检查、医疗器械报告、医疗器械召回和公告 / 警示制度来实现。1992 年，全球协调特别工作组（Global Harmonization Task Force，GHTF）成立，对全球医疗器械监管及不良事件监测的相关法规与技术指南进行协调。1999 年，GHTF 发布的《医疗器械制造商或其授权代理商的不良事件报告指南》明确提出医疗器械不良事件监测工作的宗旨："不良事件报告及其后续评价的目的，是通过发布那些能够减少不良事件的发生，防止不良事件的再现、减缓不良事件再现后果的信息，最终提高病人，使用者及其他人的健康和安全保证。"

2002 年年底，国家药品监督管理局开始开展医疗器械不良事件监测试点工作，并与 2004 年全面铺开这项工作。国食药监械 1482 号文明确定义了医疗器械不良事件：获准上市的、合格的医疗器械在正常使用情况下，发生的导致或可能导致人体伤害的任何与医疗器械预期使用效果无关的有害事件。2008 年 12 月，国家卫生部和食品药品监督管理局联合颁布《医疗器械不良事件监测及再评价管理办法》，从管理职责、不良事件报告、再评价、控制四个方面阐明了医疗器械不良事件监测工作。

对缺陷医疗器械实施召回是国际惯例，这对保障公众用械安全起到了重要的作用。医疗器械召回是指医疗器械生产企业按照规定的程序，对其已上市销售的存在缺陷的某一类别、型号或者批次的产品，采取警示、检查、修理、重新标签、修改并完善说明书、软件升级、替换、收回、销毁等方式消除缺陷的行为。2011 年，国家药品监督管理局发布实施《医疗器械召回管理办法》，分别从医疗器械召回的监管体制、召回的分级与分类、法律责任等方面，对医疗器械召回管理的各项工作做了具体规定。可以说，医疗器械不良事件报告与监测、医疗器械召回是上市后医疗器械监测的主要手段。

在医疗卫生领域管理中，医疗器械的不良事件报告工作一直受到重视。2010年，卫生部发布的《医疗器械临床使用安全管理办法》规定，“当发生医疗器械临床使用安全事件，医疗机构应当立即停止使用，并通知医疗器械保障部门按规定进行检修；经检修达不到临床使用安全标准的医疗器械，不得再用于临床”，“医疗机构应当建立医疗器械临床使用安全事件的日常管理制度、监测制度和应急预案，并主动或者定期向县级以上卫生行政部门、药品监督管理部门上报医疗器械临床使用安全事件监测信息”。2011年，卫生部发布《医疗质量安全事件报告暂行规定》。医疗质量安全事件是指医疗机构及其医务人员在医疗活动中，由于诊疗过错、医药产品缺陷等原因，造成患者死亡、残疾、器官组织损伤导致功能障碍等明显人身损害的事件。卫生部建立全国统一的医疗质量安全事件信息报告系统（以下简称信息系统），信息系统为各级卫生行政部门分别设立相应权限的数据库。

二、医疗器械不良事件管理工作的意义

我国对医疗器械不良事件实行报告与监测管理。医疗器械不良事件监测是指对可疑医疗器械不良事件的发现、报告、评价和控制过程，这个监测包括了必不可少并紧密关联的四个环节。也就是经过收集报告，通过分析评价，实现对医疗器械使用过程中出现的可疑不良事件采取有效的控制措施，防止医疗器械严重不良事件的重复发生和蔓延。

医疗器械不良事件监测工作的主要目的：获得医疗器械安全性的信息；防止类似伤害事件的再次发生。延伸开来讲，该项工作从不同的层面可以达到下列目的：可以减少或者避免同类医疗器械不良事件的重复发生，降低患者、医务人员和其他人员使用医疗器械的风险，保障广大人民群众用械安全；进一步提高对医疗器械性能和功能的要求，推进企业对新产品的研制，有利于促进我国医疗器械行业的健康发展。

同样，医疗器械安全不良事件管理是现代医疗安全管理的一个主要内容，目的是以预防错误为主，保障医疗安全。这项工作的目的可归纳为以下四点：及时发现潜在的不安全因素，有效避免差错纠纷；提高医院系统安全水平；实现经验共享，从已经发生的类似事件中汲取经验教训，以免重蹈覆辙；保障病人安全。

三、医疗器械不良事件报告的内容

医疗器械不良事件是指获准上市的、合格的医疗器械，在正常使用情况下，发生的导致或可能导致人体伤害的各种有害事件。

应报告的医疗器械不良事件是指获准上市的、合格的医疗器械，在正常使用情况下，出现与医疗器械预期使用效果无关的并可能或者已经导致患者死亡或严重伤害的事件。医疗器械不良事件报告的内容有如下四个要素。

① 获准上市的。实践中只考虑具有合法的注册证件，通过正常招标采购或其他合法渠道进入使用单位的医疗器械。

② 质量合格的。实践中可以认为经过出厂检验的产品即为合格产品。

③ 正常使用情况。

④ 伤害事件。伤害事件分一般伤害与严重伤害，严重伤害的含义是指下列情况之一：危及生命；导致机体功能的永久性伤害或机体结构永久性损伤；必须采取医疗措施才能避免的永久性伤害或损伤。

四、国家卫生健康委医疗器械安全（不良）事件报告管理

《医疗器械临床使用安全管理办法》要求医疗机构建立医疗器械临床使用安全事件监测与报告制度。

① 主管部门建立医疗器械临床使用安全监测和安全事件报告分析、评估、反馈机制，根据风险程度，发布风险预警，暂停或终止高风险器械的使用。

② 及时向卫生行政部门和有关部门报告医疗器械临床使用安全事件，有完整的信息资料。

2011 年，卫生部发布《医疗质量安全事件报告暂行规定》，将医疗机构及其医务人员在医疗活动中，由于诊疗过错、医药产品缺陷等原因，造成患者死亡、残疾、器官组织损伤导致功能障碍等明显人身损害的事件称为医疗质量安全事件，明确医疗质量安全不良事件申报的意义、范围、报告途径和处理流程，建立全国统一的医疗质量安全事件信息报告系统。

其中，医疗器械安全（不良）事件是指医疗机构及其医务人员在医疗活动中，由于使用医疗器械过错、医疗器械产品缺陷等原因，造成患者死亡、残疾、器官组织损伤导致功能障碍等明显人身损害的事件。例如，遇到呼吸机使用相关不良

事件，设备故障导致的不良事件，以及诸如内固定断裂、松动，轮流器针刺针扎等医疗器械不良事件，均须进行医疗安全不良事件报告管理。

医疗质量安全事件实行网络在线直报。国家卫生健康委建立全国统一的医疗质量安全事件信息报告系统（以下简称信息系统），信息系统为各级卫生行政部门分别设立相应权限的数据库。医疗机构应当向核发其医疗机构执业许可证的卫生行政部门（以下简称有关卫生行政部门）网络直报医疗质量安全事件或者疑似医疗质量安全事件。尚不具备网络直报条件的医疗机构应当通过电话、传真等形式，向有关卫生行政部门报告医疗质量安全事件。

医疗质量安全事件的报告时限如下。

① 一般医疗质量安全事件：医疗机构应当自事件发现之日起 15 d 内，上报有关信息。

② 重大医疗质量安全事件：医疗机构应当自事件发现之时起 12 h 内，上报有关信息。

③ 特大医疗质量安全事件：医疗机构应当自事件发现之时起 2 h 内，上报有关信息。

五、组织机构与处理流程

医院设立医疗器械应用安全管理委员会，统筹指导全院医疗器械不良事件管理、医疗器械安全（不良）事件管理及医疗器械临床使用安全管理工作，具体包括组织结构、人员分工、监测报告、分析处理流程等内容。

医疗器械应用安全管理委员会应由院行政领导、医务科、护理部、感染科、质量管理科、医学工程部、采购中心、医院办公室等部门的相关人员组成，指定专人负责具体日常事务，包括医疗器械不良事件报告的收集，数据整理、分析和上报工作，制定全院医疗器械安全（不良）事件报告流程。各科室（部门）指定专人定期将本期医疗器械安全（不良）事件上报至医疗器械应用安全管理委员会。

医疗器械安全（不良）事件实行零报告制度。若遇重大、紧急、群体性安全（不良）事件，则立即上报至医疗器械应用安全管理委员会。医疗器械应用安全管理委员会及时汇总统计全院医疗器械安全（不良）事件报告，并进行相关统计分析。

医疗器械应用安全管理委员会应定期召开会议，分析讨论本期医疗器械安全（不良）事件，制定对策、处理方案并加以落实。

若遇重大、紧急、群体性医疗器械安全（不良）事件，委员会应立即召开会议，分析讨论原因，尽快开展调查，将证据固定下来，并采取措施，防止类似事件再次发生；同时，立即向所辖卫生行政部门、药品不良反应监测中心、医疗设备管理质控中心报告。

六、管理的具体要求

① 医疗器械安全（不良）事件实行可疑即报原则，只要不能排除事件的发生和医疗器械无关，就应该上报。

② 在医疗器械使用的过程中，有些事件虽然当时并未造成死亡或者严重伤害，但是医务人员根据自己的经验认为，当再次发生同类事件的时候会造成患者、使用者的死亡或者严重伤害，这类事件即濒临事件，需要上报。

③ 一旦发生医疗器械不良事件，相关工作人员调查过程中应尽量收集以下相关资料：

患者的医疗文书复印件；所用器械的注册证及附表的复印件；如果有经销商，需要经销商资质文件的复印件；医院所用批次器械的采购验收记录复印件；若是植入材料，需要植入性医疗器械使用登记表复印件；医疗器械使用维护记录、设备维修检测记录表复印件；进口产品报关单复印件；经治医生或科室的治疗情况说明（医生或科室主任签字）；能说明情况的其他图片、影像资料等。

④ 不良事件发生后，医疗机构应立即调查记录不良事件的有关资料，包括患者资料、事件发生情况与地点、设备信息、操作使用人员等信息；在事件发生后 10 个工作日内填写《可疑医疗器械不良事件报告表》。其中，死亡事件应在 24 h 内报告省医疗器械不良事件监测中心和国家医疗器械不良事件监测机构；同时，通知生产、经营单位，协助配合有关部门进行调查，提供相关资料。

⑤ 在可疑不良事件发生原因未明确前，医疗机构应主动采取措施，根据不良事件的严重程度，责令使用科室对与导致不良事件的医疗器械同批号或同型号的库存产品暂缓放行和停用。

⑥ 一次性使用无菌医疗器械是一类特殊的产品，是国家局实施重点监测的品种之一。为了加强一次性使用无菌医疗器械的监督管理，保证产品的安全、有效，医疗机构使用无菌器械发生严重不良事件时，应在发生后 24 h 内报告给所在地省级药品监督管理部门和卫生行政部门。

⑦ 组织本院进行医疗器械不良事件宣传、教育与培训工作；制定相应的奖

惩办法；承担省、市药品监督管理部门委托的其他工作，并接受上级医疗器械不良事件报告和监测专业机构的检查指导。

七、报告流程和要求

① 医疗器械不良事件实行逐级、定期报告制度，必要时可以越级报告。临床科室应当报告涉及其使用的医疗器械所发生的导致或者可能导致严重伤害或死亡的医疗器械不良事件。医疗器械不良事件报告应当遵循可疑即报的原则。

② 各临床科室指定专人负责，本着可疑即报的原则，发现可能与使用医疗器械有关的不良事件，应及时处理并详细记录，填写可疑医疗器械不良事件报告表，特别注意记录生产厂家和批号，不良事件过程描述及处理情况尽量详细，报告表及时交予医学工程部。对一般医疗器械不良事件，各临床科室、医疗器械采购部门每月定期向医学工程部递交可疑医疗器械不良事件报告表；导致死亡的事件于发现或者知悉之日起 1 个工作日内报告；导致严重伤害、可能导致严重伤害或死亡的事件于发现或者知悉之日起 5 个工作日内报告；发现突发、群发的医疗器械不良事件时，应当立即向省级食品药品监督管理部门、省级卫生管理部门和省级药品不良反应监测中心报告，并在 24 h 内填写并报送可疑医疗器械不良事件报告表。

③ 不良事件原始报表由责任医师、责任技师或者责任护士填写，需临床科室主任签字，存档备查。

④ 医学工程部由专人负责医疗器械不良事件报告和监测具体工作。在接到临床报告后，仔细核对报告表的真实性、完整性和准确性。一般医疗器械不良事件每月集中向市级食品药品监督管理部门报告，新的和严重的不良事件按要求及时报告。

⑤ 在医学工程部向市医疗器械不良事件监测技术机构报告的同时，医疗器械采购部门应当告知相关医疗器械生产企业。

⑥ 医学工程部负责可疑医疗器械不良事件报告表的审核和归档管理，在每年 1 月底之前对上一年度的医疗器械不良事件监测工作进行总结，并保存备查。

⑦ 医院医疗器械不良事件监测管理委员会要加强对报告表真实性的审核，开展定期检查和有因抽查。

⑧ 医学工程部定期向全院医护人员反馈院内医疗器械不良事件监测信息和国际、国内最新医疗器械不良事件监测情况，以供临床参考。

⑨ 可持续改进。对医疗器械安全（不良）事件、各职能部门反馈的医疗器械使用中的安全隐患问题进行分析讨论、协调处理，提出改进的方案；运用PDCA 等管理工具，发现问题，分析原因，采取措施，以利于医疗器械临床安全质量管理的持续改进。

第三章　信息化管理

第一节　医疗器械信息化管理的目标

医疗器械管理是医院管理的重要组成部分。近几年，医院管理已从传统的管理方式跨越到信息化管理的时代，随着医院 HIS、IIS、EMR、PACS、RIS、HRP、OA、成本核算等众多业务管理信息系统的建设与使用，大部分医院都建立了医疗器械管理信息系统（又称医院设备管理系统），其或为 HIS 系统的一个模块，或为 HRP 系统的一个模块。医疗器械管理信息系统的建设和应用促进了医院医疗器械管理向法制化、规范化、科学化发展，这已经是一个必然的发展趋势。

医疗器械管理信息化应遵循国家相关法律、法规、政策、规范的要求。目前，在相关法律、法规和管理规范不断完善、更新的情况下，医疗器械管理信息系统建设必须按照最新的法律、法规和政策的要求，遵从最新的国家行业标准和规范的要求。

规范化是信息化的必要条件。由于医疗器械管理信息系统的开发商不可能完全统一，因此，医院必须使用规范统一的信息交换标准、元数据标准、编码标准等，这种标准化能够达到医疗器械信息交换与共享的目的。同时，信息化建设对各级管理部门和各级医院都是一个改变和调整管理模式的机会，各级管理部门和各级医院应对医疗器械管理的模式进行优化，建立医疗器械管理新的规范化模式，以适应现代化医院发展的需要。

由于信息化技术发展十分迅速，各种新技术、新平台，包括移动互联网、云服务技术的发展与应用普及，使得信息化建设必须与时俱进，实现科学化的技术拓展。在建立或升级医院医疗器械管理信息系统时，应充分进行科学论证，选用先进的技术和架构平台。例如互联网平台应用，传统 C/S 架构的系统已不适应管理的需要，应选择以 B/S 架构为主的应用系统；技术架构上还要有充分的兼容性和跨平台，并与手机、iPad、PDA 等移动设备方便对接。

① 建立医疗器械日常管理工作全过程信息化，以达到医疗器械“预算申购—招标—合同—验收—入库—出库—使用管理—报废”的生命周期管理目标；通过对医用耗材“招标入围—字典管理（含证件）—采购申请—配送—入库—出库—使用—回收”的全流程信息化管理，以达到医用耗材可追溯的管理目标。

② 建立以使用质量安全为中心的医疗器械管理模式，将医疗器械信息化管理纳入医院医疗质量管理，保障临床医疗质量与安全。

③ 建立医疗器械使用质量的动态管理模式，通过信息化，建立动态的医疗器械使用质量管理数据，以分析和监控医疗器械在使用过程中的变化情况。

④ 完成对信息的收集、统计分析的过程，而且在各种信息收集的基础上，生成和输出管理层需要的各种报表、图表；同时，利用数据库技术对信息进行深加工，能够利用统计分析的结果对现在工作进行考核评估和对未来工作进行预测，利用所掌握的各类信息，进一步提高管理层的决策能力，实现持续改进。

⑤ 实现医疗器械信息交换与共享。根据医疗器械管理的标准和规范，建立医院内部的信息化管理，通过区域交换共享平台进行医疗器械相关数据的汇总、分析、挖掘、知识共享，以提高医疗器械管理水平。

第二节　医疗器械信息化建设的模式与发展趋势

一、信息化建设模式

医疗机构应根据自身的规模和实际条件选择合适的应用软件及建设模式。目前，医疗机构的信息化建设模式一般分为如下四种建设模式。

1. 单机方式

对于二级以下的基层医疗机构（如社区卫生服务中心等），由于这类医疗机构规模较小，可以使用单机方式的管理模式，为应用软件配置相应的服务器兼工作站一台。但从今后的发展来看，单机模式会被逐步淘汰，取而代之的是区域平台或第三方“云”用户服务模式。

2. 区域平台或第三方“云”用户服务模式

二级以下的基层医疗机构（如社区卫生服务中心等），由于规模较小，建立区域平台应用的基层医疗机构可以使用区域平台上的医疗器械管理功能。部分没有建立区域平台医疗器械管理功能的地区，可以采用第三方“云”建立用户进行管理。这两种模式只要配置一台工作站就可以，数据存放在平台上。

3. 局域网应用模式

二级以上医疗机构（或规模较大的基层医疗机构）的医疗器械管理部门人员都要有明确分工，应使用局域网方式的管理模式，为应用软件配置相应的服务器一台和工作站若干，构建医疗器械管理部门和使用部门的局域网络平台。

4. 混合模式

混合模式一般是局域网方式与互联网方式混合或单机方式与互联网方式混合，以满足医疗机构内部医疗器械管理和网络审批、数据上报、与厂家对接、信息共享的需要。局域网方式应用于医疗机构内网，Web 方式应用于外网（如 Internet），两个网络之间应有安全保护措施，以防止内网信息资源受到非法访问和攻击。混合模式应具有局域网方式和公共网方式的配置；同时，增加网络安全设备，如防火墙、网闸等。

二、医疗器械管理信息化的发展趋势

1.“互联网 +”医疗器械管理“云”服务平台的发展趋势

政府管理部门、医疗机构、医疗器械生产厂家、供应商都已经开始重视医疗器械使用全过程的管理与服务，特别是《医疗器械监督管理条例》的实施。在新一轮医改的全面推行过程中，基层医疗机构快速发展，使得医疗器械的使用、维修、质控等技术问题突出，建立医疗机构、医疗器械生产厂家、供应商、第三方服务机构合作的“互联网 +”医疗器械管理“云”服务平台一定是发展的必然趋势。

2. 以医疗机构为主导的院内医疗器械管理信息系统的建设和升级

医疗机构内部医疗器械管理信息系统的运行，相对医疗机构内其他应用系统较为独立，可以成体系地进行独立管理。而前期医院建立的内部医疗器械管理信息系统采用的技术和管理内容有局限性，因此。难以与医疗机构的其他系统对接，医疗机构正逐步根据新的管理规范和标准进行升级，更新系统。医疗机构建立的医疗器械管理信息系统按管理对象，可分为医疗器械和医用耗材（含高值耗材）管理。其中，医疗器械管理包括资产管理、使用质量与安全管理、使用效益管理，医用耗材（含高值耗材）管理主要是物流管理、使用质量与安全管理。

3. 医疗器械信息化软件应用架构发展趋势

前些年，医疗机构建设的医疗器械信息化软件一般都以 C/S 架构为主。C/S 架构又称 Client/Server 或客户 / 服务器模式，服务器通常采用高性能的 PC 服务器或小型机，并采用大型数据库系统，如 Oracle、Sybase、DB2 或 SQL Server。客户端需要安装专用的客户端软件。这种架构的软件只适用于局域网，客户端需要安装专用的客户端软件，安装的工作量较大，系统软件升级时，每一台客户机都需要重新安装，其维护和升级成本非常高。

随着互联网时代的到来，B/S 架构的软件成为主流。B/S 架构是 Browser/Server 的缩写，客户机上只要安装一个浏览器（Browser），如 Netscape Navigator 或 Internet Explorer、服务器上安装 Oracle、Sybase、DB2 或 SQI、Server 等数据库。浏览器通过 Web Server 同数据库进行数据交互。

B/S 架构最大的优点就是可以在任何地方进行操作，不用安装任何专门的软件。只要有一台能上网的电脑就能使用，客户端零维护。系统的扩展非常容易，只要能上网，再由系统管理员分配一个用户名和密码，就可以使用了。

4. 医疗器械信息化新技术应用趋势

① 医疗器械的标识从一维条码管理升级为二维码管理。二维码具有信息容量大、容错、能力强、超越了字母数字的限制、可加密等诸多优点，使其得到了广泛的应用。

② 物联网 RFID（射频识别）技术的应用。RFID 是一种非接触式的自动识别技术，它通过射频信号自动识别目标对象并获取相关数据，识别工作无须人工干预，还可工作于各种恶劣环境。

③ 微信平台的应用。使用微信的人群覆盖面广，目前医疗器械的快速报修、资料查询、供货单查询等医疗器械微信平台应用正在逐步建立。

④ 移动 APP 的应用。智能手机的发展给我们的生活带来前所未有的便捷，也给医疗器械移动应用管理提供了方便的工具。移动 APP 应用将广泛用于医疗器械的验收、质控、计量、PM、盘点、巡检等。

第三节　医疗器械信息系统建设内容

一、信息系统的基础设施

信息系统基础设施（如覆盖全省、地区、医院的计算机网络系统等）的建设是信息化建设的基础。各级卫生行政管理部门大多已建立信息平台，可在此平台基础上，进一步实现系统间的信息交换，把各医疗机构的医疗器械信息进行汇总，建立一个信息交流的空间。各地区（市）共建医疗器械信息管理网络，可以为上级管理部门和下属医疗机构提供信息交流的空间。各医院应加大医疗器械信息化管理力度，配备必要的软硬件，对医疗器械进行信息化管理，联结各网络平台，为上级管理部门提供相应的信息。

二、信息系统的安全性、可靠性

在医疗器械管理信息化建设的同时，要进行信息安全的总体设计和信息系统安全工程建设。在软件验收时，必须对软件的安全进行测评认证；对于已使用的软件，要采取信息安全加固措施，进行软件安全测评认证。在软件建设中，信息安全投资应占整个系统投资的一定比例。在对软件提出要求的同时，需要对信息的载体和环境（如计算机网络系统）提出较高的安全性和可靠性要求，以保证信息化建设的进展和质量。

三、信息系统总体设计原则

① 统一规范、统一编码、统一接口。

② 遵循全国卫生信息化发展规划纲要中卫生信息化建设的基本原则：标准统一、保证安全、以法治业、经济实效、因地制宜。

③ 做到信息共享、信息交换，避免形成信息孤岛。

四、信息系统建设的要求

1. 功能要求

（1）软件的功能要求

① 数据的录入功能：包括各种数据库的数据录入及其他辅助功能（编辑、增减、替换、保存及成批输入方式），或通过接口从其他信息系统导入数据。

② 数据查询检索功能：各数据库中所有字段都可以作为条件字段进行查询，查询时应可以采用单一条件查询、组合条件查询、模糊查询、精确查询、子字符串查询等方式，还应有多库检索和相关数据库检索功能。

③ 数据输出功能：有报表输出和文件输出功能。报表输出有标准输出和可编辑格式输出两种方式，文件输出能以标准文本和数据库的格式进行数据传输、交换和报告。

④ 数据统计功能：按照统计条件对数据库中的数据完成统计，统计结果应可以生成输出报表、文件或绘制统计图。还应有考核评价内容的统计，包括使用经济效益评估、维修、计量、PM 等各种考核评估结果的量化输出。

⑤ 数据维护：包括数据初始化、系统维护、数据备份、数据恢复、数据导入、数据导出、系统升级、完整性检查。

⑥ 数据共享：可以与医院其他信息系统互联，共享医疗器械档案、资产、使用、维护等信息，能向有关行政管理部门（国家卫生健康委员会、海关、药品监督、计量、国有资产局等）提供数据接口，并具有信息安全保障功能。

（2）数据库设置

① 设备信息、厂商信息、产地等基础字典数据：包含医疗器械的基本信息，生产厂商、供应商、产地等基本信息。

② 计划采购数据：包含医疗器械的计划申请（论证）、采购计划、政府采购和招标等有关信息。

③ 合同验收数据：包含医疗器械采购订货合同信息、合同配件信息、合同执行记录、到货及验收记录等。

④ 库房业务账本数据：包含医疗器械库房入库、出库、转科、报损账务信息等。

⑤ 设备在用台账数据：包括医疗器械的全部信息，字段应有序号、仪器编号、分类代码、仪器名称、型号、规格、国别、厂家、出厂号、购置日期、购入途径、合同号、领用日期、经费来源、现状、用途、管理级别、使用单位、保管人、附

件金额、附件数量、注销日期、转入日期、维修情况、计量情况、变更情况、备注等。

⑥ 计量及质量管理数据：包含计量设备计量台账信息，如检定周期等，以及计量设备的检定信息，如检定日期、合格证号、应用质量检测结果等。

⑦ 设备维修信息数据：包含医疗器械日常维修信息，如维修日期、维修性质、维修结果等。

⑧ 设备 PM 管理数据：包含医疗器械 PM 计划信息，如 PM 周期等，以及 PM 实施结果信息，如 PM 检查结果等。

⑨ 设备档案资料数据：包括医疗器械案卷信息，如案卷目录、文件目录、立卷时间等。

⑩ 设备管理部门人员管理数据：包含人员的各种信息，如姓名、性别、出生年月、学历、职务、技术职称、业务进修、科研、论文发表等。

2. 与医院内部管理信息系统（如 HIS、EMR）中其他子系统的关系

医疗器械管理信息系统作为对医疗器械管理的应用软件，是医院信息系统的一个组成部分（子系统）。因此，必须为医院信息系统的其他子系统提供相应的数据接口，实现数据共享，以减少重复录入，保证信息的一致性，从而加强医院管理，提高工作效率。

（1）与医院收费系统的关系

医疗器械管理信息系统应能够及时为医院收费系统提供卫生材料的收费价格标准，当价格发生变更时可得到及时修改，以避免误收和错收费。

（2）与医院财务系统的关系

医疗器械管理信息系统应能够为医院财务系统提供资产总账、库存报表、各个科室医疗器械分类和分科报表等统计报表，设备采购合同执行付款计划等，实现数据报送、数据查询等共享，提高动态管理能力和工作效率。

（3）与医院医护系统的关系

医疗器械管理信息系统应能够为临床部门的医生和护士提供医疗器械和卫生材料的库存和价格信息；同时，应能够接收医院医护系统提交的购置申请、请领申请、维修申请等信息，从而免除人员来往，提高工作效率。

（4）与行政管理部门系统的关系

医疗器械管理信息系统应能够为行政管理部门及时提供动态的医疗器械管理及运行状态的基础信息及报表，包括计划执行状态、设备配置与使用状态，以便

于行政管理部门的监督管理和决策。

（5）与成本效益分析系统的关系

医疗器械管理信息系统应能够为成本效益分析系统提供与医疗器械相关的成本信息，包括价值、使用年限折旧、残值、医疗器械维护成本等。

五、信息系统数据采集

信息化管理中的数据采集、数据统计分析、数据利用三个基本环节，其中数据采集为后续的管理环节提供素材，涉及信息数据的完整性、可靠性和可用性，是整个信息化管理的关键。因此，要求设专（兼）职软件系统的管理人员（或由医院信息部门负责）；同时，要求参与设备管理的各个岗位人员，如采购人员、工程技术人员、仓库保管员、档案管理人员，及时准确地收集、整理医疗器械管理所需要的各种信息，输入管理信息系统中，必要时建立资料信息数据库。

信息系统数据采集的内容包括如下几点。

1. 医疗器械采购前期的有关综合信息

① 国内外医疗器械生产经营企业的基本资质信息，如厂名、厂址、生产经营的产品范围、工商营业执照、产品生产许可证、医疗器械经营许可证、产品注册证书、代理授权证书、银行资信信誉、经营业绩、社会评价、不良记录等，尤其是与本单位有业务往来的企业信息。

② 安全质量信息：国内外有关医疗器械安全质量状况的公告，如 FDA 不良事件报告、国家药品监督管理局不良事件报告通报相关的风险评估和警示信息等。

③ 产品信息：同类产品的不同厂家、型号的性能对比信息，产品技术、质量信息，技术性能，国内外新产品信息、技术先进性状况、成熟度，产品与技术的更新、强制淘汰信息，厂家或代理商的信息、售后服务力量、用户满意度等。

2. 医疗器械采购中的有关信息

① 计划信息：医院医疗器械中长期规划、年度计划、财务预算以及计划执行的进度等。

② 采购招标信息：医疗器械采购、评价、验收等过程中形成的报告、合同、评价记录，如设备可行性论证报告、招标文件、评标记录、议标记录、谈判记录、审批文件、各种批文等。

③ 合同信息：合同编号、设备名称、规格型号、生产厂家，数量价格、付款方式、到货口岸、技术指标、配套清单、消耗材料、售后服务条款、维修资料

图纸、订货日期、交货日期。

④ 到货信息：到货日期、进口报关单、装箱提运单、货件清单、商检索赔、验收单据、安装调试验收报告等。

3. 医疗器械使用管理中的有关信息

① 设备固定资产信息：全院设备信息（数据库），设备型号编号、科室分布、建账建卡等。

② 质量、安全管理相关信息：验收检测记录、巡检记录、PM 记录、故障维修记录、安全检测记录、性能测试记录（含校准前后）、安全（不良）事件报告、调剂报废等。

③ 使用操作与培训信息：使用管理制度、操作规程、使用人员培训记录。

④ 使用效益相关信息：使用频率运行时间记录、维护维修成本、间接成本、资产折旧、残值。

第四节　分类与代码

一、医疗器械分类代码标准

为了实现医疗器械的规范化、信息化管理，建立统一的信息共享平台，医疗器械的分类代码标准是十分关键的一环。由于医疗器械的种类繁多，应用范围广泛，原理和应用各不相同，生产厂家不同，品名、型号也各不相同，难以得出公认的分类方法。许多文献对医疗器械的分类方法进行了探讨，主要的分类方法包括按工作原理分类、按用途分类、按医院临床科目分类、按功能分类及按国家管理级别分类等。美国 FDA 主要以医疗器械的主要设计目的和应用的医学门类进行分类。但是，医疗器械是多学科交叉的产物，大部分设备的应用不局限于具体的临床科室或医学学科，单一的分类方法无法对其进行有效的分类。另外，医疗器械技术发展很快，产品和型号更新很快，在分类代码管理上要做到“一物一码”困难也很多；国内医疗器械分类标准也不统一，分类规则也不相同，这给实际应用带来了困惑。目前，我国主要有如下几个部门发布了不同分类标准。

1. 国家药品监督管理局

国家药品监督管理局实行的医疗器械分类方法是分类规则指导下的目录分类制，分类规则和分类目录并存。2000 年 4 月，原国家药品监督管理局发布第 15 号令《医疗器械分类规则》，指导《医疗器械分类目录》的制定，医疗器械分类以 68 开头，将所有医疗器械分 44 大类进行管理。《医疗器械分类目录》与医疗器械注册证的编号相对应。

由于医疗器械技术和产业的发展，新产品、新技术的不断更新，近年来《医疗器械分类目录》不断进行修改、补充，如增加 6870 软件、6877 介入器材。2015 年 7 月 14 日，国家药品监督管理局发布局令 15 号，修订了 2000 版《医疗器械分类规则》(简称原《分类规则》)，对原《分类规则》部分条款和分类判定表予以细化完善，修改内容如下。

① 对风险程度的判定依据由原《分类规则》中“结构特征、使用形式、使用状况”三方面，修改为“医疗器械风险程度，应当根据医疗器械的预期目的，通过结构特征、使用形式、使用状态、是否接触人体等因素综合判定”。

② 对原《分类规则》第五条的分类情形做了如下修改、补充和完善。

a. 根据医疗器械科技和产业发展状况，在有源器械类别中增加了“植入器械”“独立软件”两种医疗器械使用形式。

b. 将“一次性无菌器械”删除，以免无菌器械和其他无源接触人体器械使用形式间的交叉。

c. 将“药液输送保存器械”改为“液体输送器械”。一方面不再强调仅为药液输送，其他形式的液体输送也被纳入这一使用形式，使其覆盖范围更大；另一方面，不再强调“保存”功能，以区别于药品包装材料。

d. 将“无源医疗器械”条目下的“消毒清洁器械”改为“医疗器械清洗消毒器械”，将“有源医疗器械”条目下的“医疗消毒灭菌设备”改为“医疗器械消毒灭菌设备”；另外，将“医疗器械清洗消毒器械”从分类判定表的“接触人体器械”条目下调整到“非接触人体器械”条目下，以符合产品的使用形式。

e. 将“实验室仪器设备”改为“临床检验仪器设备”，以免非医用实验室仪器设备在管理属性上的混淆。

f. 将“其他无源接触和辅助医疗器械”改为“其他无源医疗器械”，将“其他有源医疗器械或有源辅助设备”改为“其他有源医疗器械”，使其描述更加准确。

g. 将“腔道”改为“腔道（口）”，使其涵盖了风险程度基本相同的腔道和永久性人造开口，为造口类器械等产品提供了分类依据。

③ 对于医用软件修改了规定，新《分类规则》删除原《分类规则》中“控制医疗器械功能的软件与该医疗器械按照同一类别进行分类”的表述，因为符合医疗器械定义的软件分为嵌入式软件和独立软件，而嵌入式软件与其配套使用的硬件按一个医疗器械产品进行注册管理，无须单独分类。

④ 因为《医疗器械监督管理条例》规定的动态调整分类要求，将原《分类规则》第六条中医疗器械风险程度发生变化及管理类别调整的内容单独列出一条，即新《分类规则》在第八条中规定“国家药品监督管理局根据医疗器械生产、经营、使用情况，及时对医疗器械的风险变化进行分析，评价对医疗器械分类目录进行调整”。

⑤ 对于体外诊断试剂的分类管理，2014 年，国家食品药品监督管理总局第 5 号令《体外诊断试剂注册管理办法》等文件中已经做了规定，因此，新《分类规则》增加了第七条“体外诊断试剂按照有关规定进行分类”。

新《分类规则》于 2016 年 1 月 1 日起施行，详细内容可以从国家市场监督管理总局网站下载。

2. 卫生行政部门

1999 年卫生部发布的 WS/T 118—1999《全国卫生行业医疗器械、仪器设备（商品、物资）分类与代码》的行业标准，对医疗器械进行了分类与编码。该标准分类比较详尽，是从医院使用角度出发的，基本涵盖了所有医院实际使用的医疗器械类别。分类代码为三级分类方式：一级分类以医疗器械基本的使用方向（即医疗专科属性）作为首要的分类依据：二级分类根据各个大类内部的特征，以各类设备的具体用途为主要分类依据；三级分类即产品的品名。该标准分类代码中的第一级为 2 位的国家对医疗器械类物资的指定代码 68（国家标准 GB 7635—1987），与国家药品监督管理局的医疗器械分类代码 68 开头一致。但两种分类的一级代码存在差异，有些还存在重复和冲突。同时，该分类编码是 1999 年出版的，十几年的新增医疗器械产品没有增补，很多新的医疗器械产品没有列入分类中，已经不能适用于目前信息化管理的需求。

3. 国家质量监督检验检疫总局与国家标准化管理委员会

2011 年 1 月 10 日，国家质量监督检验检疫总局与国家标准化管理委员会共同发布了国家标准 GB/T 14885—2010《固定资产分类与代码》，以代替原国标 GB/T 14885—1994。在新版《固定资产分类与代码》中，医疗器械对应的编码为 322 开头的 7 位数字。该标准为新版的固定资产分类国家标准，不是针对医疗器械分类，但财政部门要求各公立医院上传资产信息时，必须按该分类与代码对所有固定资产台账进行对照，并推荐各级医院将其作为首要的参考分类编码方法。

二、医院信息化管理中医疗器械分类代码制定

医院内部医疗器械信息化管理中如何对每一件医疗器械分类编码，建立唯一的分类代码，需要有一套编码的规范。编码规则的不统一会给医院信息化管理的具体操作应用带来困难。按照《医疗器械监督管理条例》规定，“食品药品监督管理部门负责制定医疗器械的分类规则和分类目录，并根据医疗器械生产，经营、使用情况，及时对医疗器械的风险变化进行分析、评价，对分类目录进行调整”。同时，《医疗器械分类目录》的一级分类是与医疗器械注册证的编号相对应的，从法制化管理的要求考虑，建议医院医疗器械信息化管理中分类以 68 开头，以下一级分类代码应按照国家药品监督管理局的《医疗器械分类目录》分类。

但是，国家药品监督管理局的《医疗器械分类目录》没有明确的二级分类，是在一级分类下列出不同名称的序号，分为若干不同名称的小类二级分类。同一小类内不同品名的医疗器械是用品名举例说明表述；同一小类内品目很多，管理风险级别也不一样，有Ⅰ类、Ⅱ类。因此，针对某一种具体医疗器械，其应该纳入哪一小类，很难正确对号。为方便设备管理的要求考虑，建议二级分类代码原则上按一级分类下列出的不同名称的序号划分，但对使用质量安全管理的重点医疗器械，即急救、生命支持类的高风险设备以及大型医用设备的二级代码单独区分定义，基本上是在原名称的序号后加 0，以便于统计分析。另外，从使用安全管理角度考虑，增加一位安全风险级别代码，与注册证上Ⅰ、Ⅱ、Ⅲ类管理类别一致，以便区别、查询。

第五节　标识标签

一、医疗器械标识标签设计的原则

医疗机构使用的医疗器械数量繁多、门类复杂，各种设备相互配套使用，同类设备在各临床科室中使用不易辨别；在医疗器械整个运行周期内，状态也不断

发生变化。因此，必须对作为固定资产的医疗器械粘贴唯一性标签，并对标识标签设计进行规范，以满足医疗器械管理要求。医疗器械管理人员、医学工程技术人员和临床人员通过医疗器械标识标签，可以迅速查找到医疗器械状态属性。同时，医疗器械标识标签可以作为医疗器械信息采集的入口，尤其是医疗器械巡检工作过程中采集相关医疗器械信息。

目前，国内物联网产业蓬勃发展，物联网的应用离不开自动识别，条码、二维码以及 RFID 被人们普遍应用。二维码相对一维码，具有数据存储量大、保密性好等特点，能够更好地与智能手机等移动终端相结合，具有更好的互动性和用户体验。而与 RFID 相比，二维码成本优势明显，在安全质量追溯、物流仓储方面具有更好的应用前景。尤其是随着 4G/5G 移动网络环境下智能手机和平板电脑的普及，二维码应用不再受到时空和硬件设备的局限，其成为移动互联网入口已成现实。

医疗器械标识标签设计：需要充分反映医疗器械的基本信息特征，通过标识标签的内容，可以基本了解医疗器械的具体情况；标识标签设计内容必须保持长期稳定，避免将一些不断变化的特征属性纳入进来；不需要将全部特征属性纳入标识标签中，仅把关键的特征属性反映在标签中即可；应考虑与设备信息管理系统结合，标识标签信息属性应该同时可以被其他信息系统识别。例如，在标签中利用条形码或二维码方式可供其他系统的信息采集接口使用。

二、标识标签设计要求、内容与格式

1. 医疗器械标识标签设计要求

标识标签以防水防污的条码打印纸为主要材质，也可以通过采用不同颜色或规格标签适应不同的管理类别，如医院常规设备、临时使用设备、放射影像类设备、急救设备、计量设备等。

2. 标识标签内容与格式

（1）标识标签的内容

医疗器械标识标签上的内容大致应包括如下信息：编号（作为关键词、医疗器械唯一标识）及分类代码；设备名称、型号、启用日期、使用科室（属于医疗器械基本信息）；标识的条码信息。

（2）标识标签的格式

医疗器械标识由文字信息和条码信息组成。条码信息（一维或二维）是根据医疗器械编号及其他信息自动生成的。

一维条形码是将宽度不等的多个黑条和空白，按照一定的编码规则排列，用以表达一组信息的图形标识符。一维条形码在医疗器械标识上的应用最早，一般按照 Barcode-128、Code-39 原则生成医疗器械标识编码条形码。条形码可以标出医疗器械的许多信息，如商品名称、制造厂家、生产国、生产日期、分类号、类别、使用日期等。

近几年开始应用二维码标签，它是用按一定规律在平面（二维方向）上分布的黑白相间的特定几何图形记录数据符号信息的。通过图像输入设备或光电扫描设备对二维码进行扫描（如手机二维码扫描功能），快速获取二维码中存储的信息，进行上网、发送短信、拨号、资料交换、自动文字输入等活动。二维码在医疗器械智能化管理上可以发挥独到的作用，其能够在横向和纵向两个方位同时表达信息，因此能在很小的面积内表达大量的信息，比普通一维条形码信息容量约高几十倍，可以表示多种语言文字，还可表示图像数据。

不少医疗或研究机构已经开始开展射频识别（RFID）技术在医疗器械标识标签上的应用研究。医疗卫生行业商业交流安理会（HIBCC）发布的用 RFID 标签来标识并追踪医疗产品的准则已通过美国国家标准协会的审核批准。全新的标准命名为 ANSI/HIBC 4.0. 囊括了医疗保健产品黏附 RFID 标签的准则，将预防无线电频率干扰医疗器械。采用 RFID 技术以后，标识设备的标签可读写，可以将医疗器械的一些信息更新实时存入标签中，可在标签中存入纸质固定标签不能涵盖的医疗器械维修维护信息、检测信息、维护人员信息等。RFID 技术对于物联网的应用具有重要的意义。目前，医疗器械管理中 RFID 标签用于高值耗材、植入性耗材的使用管理。

第六节 管理信息系统部分功能示例

一、系统登录

首先，使用 B/S 架构的医疗器械管理信息系统的电脑连接院内网络后，打开网页浏览器，在地址栏中输入院内系统的地址或从收藏夹中直接打开，会出现系统登录窗口。

可进入系统进行各项操作的用户必须具有相应的权限，输入“用户名”“密码”后，点击“登录”按钮，进入系统主界面。如果不想登录系统，则直接关闭网页浏览器。

二、医疗器械管理

1. 资产管理模块

（1）设备计划申报与采购管理

① 科室预算申报。完成全院各科室设备年度采购预算的网上申报、临时采购预算的网上申报。申购表要求符合医院实际要求，并包括设备名称、推荐型号、推荐厂家、经费来源、材料收费、要求到货日期、申购数量、预计单价、申购理由等信息；单价在 10 万元以上的物资需要提醒申请人，并自动关联产生的可行性论证表等相关表格。

② 预算逐级审批。科室上报的年度采购预算需要进行预算初审、预算次审、上会审批等逐级审批。临时采购预算申请根据医院规定的要求进行逐级审批。审批流程可以根据医院的管理实际进行调整。支持审批同意，审批不同意、返回二次修改等功能，对于审批不同意的报告要求提交具体理由并反馈给申请部门。

③ 采购任务分配及执行。对审批同意的采购预算编制采购执行计划，并将任务分配给具体执行人员。采购执行人员根据权限及任务要求进行采购计划执行。执行采购时要求填写招标、采购及合同等相关信息，完成采购执行。支持预算分批执行和集中采购。

（2）到货验收

负责安装验收的工程师可以根据采购人员录入的采购合同，生成到货安装验收单。验收合格后自动生成该设备的预台账，可以完成档案标签打印。符合入库条件后进行确认入库操作，可以自动生成入库单信息。

（3）出入库日常管理

出入库日常管理主要包括入库、出库、转科、盘存等工作。系统详细记录了医疗器械在医院内部的分布和使用流向，建立了详细完备的账务信息资料。

系统主要子功能应该包括入库业务、出库业务、转科业务、报损业务、盘存业务、库房库存清单、科室固定资产清单、资产分布清单、库房收支月报、科室在用月报、入库汇总报表、入库明细报表、科室领用汇总报表、科室领用明细报表。

（4）台账管理

建立医疗器械台账数据库，为每台设备建立资产台账、卡片，有唯一的统一编号；同时，医疗器械管理部门应建立总台账和分户账，使用科室有分户账。固定资产台账要求一台一账一卡，同时在设备上贴有标签。

医疗器械台账信息应在设备验收时录入，内容包括设备名称、规格型号、单位、生产厂家、产地、价格、供货单位、设备编号、存放地址、标准分类、使用科室、购入日期、购入途径、用途、出厂编号、合同编号等。通过多页签的台账管理医疗器械信息、合同信息、维修信息、保养信息、折旧信息等。

2. 质量控制管理模块

（1）科室使用管理

医疗器械使用质量控制管理与各个使用科室的配合，加强各科室医疗器械管理，是保障医疗安全质量的关键。使用科室建立医疗器械使用设备分户清单，在全院科室建立医疗器械管理服务平台。

（2）维修管理

维修管理包括设备报修、接收、处理（含配件修理更换和审批流程）、完成四个环节，根据时间节点及状态进行全过程管理，其中要对故障描述、原因、处理方案、配件等进行标准化分类和建库，以方便积累智能化统计分析和大数据分析得到的数据。

首先是科主任或科室指定的人员登入系统平台后，可以查询科室所有的医疗器械台账情况，并对资产的位置、保管人等信息进行修改调整，具备快速定位功能，如根据编号、名称、规格、位置等查询定位，并对资产维修、报废、报损发起申请；在平台上可以查询维修状态和维修报告。

维修管理分集中维修和上门维修两种方式，先由使用部门提出申请，维修部门接收到任务后根据医疗器械的类别进行维修，维修过程中用移动设备记录相关的维修信息。维修完成后，维修工程师通过移动设备进行相关维修过程的数据记录及查询操作。

（3）计量管理

计量管理内容包括：计量器具基本信息登记，建立计量器具明细台账；计量检定信息登记，记录检定合格信息；计量器具周期检定结果录入；计量器具检定日期自动提前，及时地报警提醒。

（4）质量控制管理模块

质量控制管理内容包括巡检、预防性维护、安全性能检测、不良事件监测报告。

（5）上报管理

医疗器械为医院资产的重要组成部分，要向国有资产主管部门上报医院资产的相关动态，将系统中的资产字典信息与国家统一的物资分类代码进行对照，并将数据按标准格式自定义导出，上传到上报网络平台上，避免了人为手工上报的重复工作。

（6）移动应用

应用手机、iPad、PDA 可以院内在线或离线对医疗器械的信息查询、维修、PM、计量、巡检、盘点等进行管理，方便实际工作。

3. 医疗器械效益决策分析

医疗器械成本效益分析对象：可以独立完成特定检查治疗，并且收费可以单独计算的单项设备。当一组配套设备共同完成固定的检查治疗项目，并且不同其他项目交叉时，可视同单项设备。单项医疗器械分两种情况：单台设备；同种多台设备。医疗器械种类繁多，功能复杂，往往联合使用；再加上管理因素的影响，增加了提取统计数据的难度。因此，在目前的医疗器械经济效益分析的初始阶段，我们选择可以独立完成特定检查治疗且可以单独计算收费的设备作为研究对象。当一组配套设备共同完成固定的检查治疗项目，并且不同其他项目交叉时，可视同单项设备。

配合成本核算与上级行政部门进行固定资产清查，提供按科室统计的各种报表和按类别统计的各种报表，提供有关设备成本核算的数据与信息。例如，每月单项医疗器械的使用收入和成本支出数据，体现其当月的经济效益情况；使用收入的合计数值和使用成本的合计数值，体现单项医疗器械在统计时限内的总体经济效益情况；收支情况和统计时间的对应关系，体现处于不同使用阶段的医疗器械的经济效益状况。我们不仅通过数据分析得到设备运行“盈利”或“亏损”的简单结论，而且希望得到更多的提示性结果，例如寻找设备运行收支平衡的时间点，单位时间收入的最高值、最低值及其发生时段等。同时，分析不同医疗器械收入支出统计过程的特异性，建立对应的单项医疗器械统计分析方法。

三、医疗器械（耗材）管理

1. 证件管理

证件管理要求实现医疗机构、医疗器械（耗材）生产企业、医疗器械经营企业之间的信息互通，应便利于所有证件信息的审核、动态更新、维护。

证件管理涉及证件包括：医疗器械注册证、备案登记表；生产企业许可证及营业执照、生产企业对经营企业的逐级授权书；经营企业许可证、营业执照、税务登记证、产品目录、产品质量与售后服务承诺书等。

2. 耗材字典管理

耗材字典采用一物一码的管理方式，汇集各供应商的耗材品种信息，形成类似“大型超市”。临床轻点鼠标可以挑选所需品种，无须盲目逐家询问，无须“品种替换”，从而保证了医疗服务的安全质量。

3. 科室二级库管理

科室二级库管理就是在医疗器械供应链中应用标准化的信息编码技术，做到编码结构标准化、信息交换格式标准化、产品信息描述标准化。实现医疗器械供应链的信息共享，在供应链各环节点使用统一的标准和格式，保障信息的准确和渠道的畅通，确保患者安全。

其主要特点如下：高值耗材条码智能识别及全流程条码管理；保证医护人员快速、便捷地完成高值耗材管理及病人收费；保证质管员可以全方位对高值耗材进行回溯；实现高值耗材零库存管理及精确采购与结算；供应商一起参与高值耗材寄售库存管理。

4. 耗材入出库管理

（1）入库

扫描送货单会自动列出送货单耗材品种、批号、有效期、送货数量、价格、发票等信息。无送货单的需要手工入库的产品只需要扫描耗材条码、批号、有效期等信息自动识别。

（2）出库

耗材出库同样采用耗材条码扫描方式，依据耗材的实际配送与使用场景，精简操作，优化流程，减少人工录入与复核，提高耗材流转效率，实现耗材的有序管理。

5. 病人追溯管理

病人追溯管理以入库为中间点，往上可以追溯供应商耗材来源（包括各环节证件信息），往下追溯病人消耗，从出厂到病人全流程管控、保证产品的各环节质量、资质监管。

6. 新材料、新试剂审批管理

全院各个临床科室申请新材料、新试剂使用网上申请平台，并实现各类申请的流程化审批处理，满足医院对新材料、新试剂使用申请的规范化管理要求。

① 提供特殊急用临床试剂申请、临床新一次性医用卫生材料使用申请、科研试剂申购、临床特殊急用一次性医用卫生材料使用申请、实验及科研用特殊一次性医用卫生材料使用申请、临床新试剂申请等功能。申请时要求录入材料（试剂）名称、产地、品牌、规格型号、注册证信息、试用数量及详细的申请理由。

② 根据医院新材料使用审批流程完成申请报告的逐级审批处理。审批不通过的报告要求提交具体理由并反馈给申请部门。审批同意使用的新材料、新试剂由采购人员负责建立物资字典并执行采购处理；申请报告要求支持以打印、导出 Word 文档的方式进行存档。

第七节　数据统计分析

医疗器械数据统计与分析是应用统计学的理论与方法，要求充分利用信息化资源，提供及时、准确、科学、综合的统计分析信息来支持医院业务管理的需求。医疗器械管理相关数据统计信息的利用，满足日益发展的医疗技术管理的需求，为医院临床、科研、教学和其长远发展提供了可靠的决策依据。对医院医疗器械的各项管理工作产生的大量信息进行统计分析，也可以评价医疗器械的使用工作效率、工作质量和综合效益，是实现医疗器械管理规范化、科学化、精细化的基础保证。

医疗器械统计分析包括：固定资产管理——库房统计、资产管理、折旧率、使用率、开机率完好率故障率、经济效益；技术管理——计量、日常维修数据、PM 数据、安全（不良）事件等。

一、医疗器械固定资产统计

作为医院重要资产之一的医疗器械资产，其在医院生产运行中具有不可替代的作用，是医院医疗教学发展的依靠和保证，也是衡量医院整体实力的指标之一。

医疗器械固定资产的总量与分布：了解医院的器械总量与分布，为医院的发展规划、合理布局提供基本数据和决策依据。

不同种类医疗器械的分类统计：了解医疗器械的分类分布，合理布局、科学调整，充分发挥医疗器械在医疗临床活动中的效益和效能。

1. 固定资产数据统计（库房统计）

① 库房保管员在每个月的月末对库房的物资进行一次盘点和清理，以及时发现本月的业务差错以及不能再使用的物资。

② 库房财务人员在每个会计期间末对库房的收支情况进行统计总结，以及时发现本会计期间的业务差错。

③ 在业务正确的情况下，库房财务人员对本会计期间业务做期末结转。

④ 库房保管员在每个月的月末需要向上级主管部门上报本月库房库存清单。

⑤ 库房财务人员在每个会计期间末需要向上级主管部门上报库房固定资产收支月报表、库房各类资产收支月报表。

2. 三证统计管理

采购人员需查验所采购物资的供应商的企业营业执照、经营许可证和医疗器械产品注册证是否齐全、有效，并录入相关系统，在使用期间对其进行查询统计，以保证采购合理合法。

二、技术信息数据统计与分析

1. 日常维修、维护信息统计与分析

日常维修、维护信息是在指定日期范围条件下，统计在不同部门维修医疗器械的工作量（件次）、各工程师在不同部门维修出勤次数、时间耗费，进行故障描述分类，统计对比各月份维修工作量。通过日常维修数据统计，可以方便地了解设备的工作情况；同时，可以对故障趋势进行分析，找出故障的发生规律，按找出的故障规律提前对医疗器械进行维修，能降低故障停机率，保证正常的工作，提高服务质量。

日常维修、维护信息同时能用来调度与处理日常设备维修任务，记录操作时间、故障原因、处理和配件使用情况。可根据日期范围、使用部门、处理阶段、任务状态、资产编号等条件，查询设备维修记录、事务处理日志以及工程师正在进行的任务，以背景色区别不同状态的维修事务；也可根据任务日期范围统计维修工作量、工程师维修出勤情况、工作时间耗费，实现历史对比统计。

2.PM 数据统计分析

通过记录周期性的 PM 和安全检测情况，便于日后查询和统计分析，能提高医疗器械的管理质量。支持批量增加或单独修改各使用部门的设备检查结果，建立与计划工作记录相关联的事务，可以指定日期范围、使用部门查询历史记录，或导出、打印记录数据。可以在指定日期范围统计不同种类、不同设备的 PM 次数，PM 时间、PM 内容的完成率，以更好地保证医疗器械的应用质量，提高医疗器械服务质量。

3. 计量信息统计与分析

按照计量法相关规定，在计量周期内对强制检定器具应做好计量证书数据统计工作，以确保计量器具在检定周期内正常工作。

在数据库中建立完整的计量器具台账，记录计量器具历次检定情况，对即将超过检定合格证书有效期的器具自动予以警示，计量管理员查看到警示状态后安排重新检定，以保证计量准确度。

计量器具管理分为两部分：

① 计量器具台账管理：建立电子化的计量器具台账记录，设置计量器具分类属性和检测鉴定周期；以背景色区分计量器具的鉴定结果状态、在用状态，显示最新鉴定结果，提前 1 个月警示即将到期的计量器具；可根据分类、器具编号、部门等条件查询计量器具记录；可按器具分类或使用部门分组打印计量器具台账、导出计量器具清单。

② 计量历史记录管理：可根据分类、器具编号、部门等条件查询并列出计量器具记录；以背景色区分计量器具的鉴定结果状态、在用状态，显示最新鉴定结果；添加、修改或删除计量器具的历史鉴定记录，录入鉴定记录时自动计算到期日期，更新计量器具记录的鉴定状态。

第四章　考核、评价与持续质量改进

第一节　考核与评价方法

1. 医院等级评审与考核标准

（1）国家卫生健康委印发《三级综合医院评审标准及其实施细则（2022年版）》

国家卫生健康委《三级综合医院评审标准及其实施细则（2022年版）》用于对三级综合医院进行实地评审，并作为医院自我评价与改进参考，在评审方法上有很多新变化，在医院“质量万里行”“优质医院检查”活动中也采用类似的方式。

评价条款设计上与国际通行的患者质量及安全管理接轨，同时突出我国以公立医院为主体的医疗服务体系特点。

条款评价上，采用持续质量改进的PDCA全面质量管理原理对标准实施情况进行判断，强调过程质量管理，环节间有效衔接。各项制度、规划及流程落实到位。

在检查方式上，采用对过程质量管理能够有效监控的追踪检查法，强调对医疗服务管理问题的整体判断、综合判断。

① 评审采用A、B、C、D、E五档表述方式。

A- 优秀；B- 良好；C- 合格；D- 不合格；E- 不适用，是指卫生行政部门根据医院功能任务未批准的项目，或同意不设置的项目。

判定原则是：要达到“B- 良好”档，必须先符合“C- 合格”档的要求；要达到“A- 优秀”档，必须先符合“B- 良好”档的要求。

② 标准条款的性质结果。

评分说明的制定遵循 PDCA 循环原理，P 即 plan，D 即 do，C 即 check，A 即 action，通过质量管理计划的制订及组织实现的过程，实现医疗质量和安全的持续改进。

（2）三类指标评价工具

三类指标中，每项“评审内容”包括若干“检查要点”，每项“检查要点”设 3 分。

“评审内容”得分 =(该项各“检查要点”得分总和)/(“检查要点”数）

① 带“*”标记的“检查要点”运用 PDCA 的管理法则进行评价。具体记分方法如下。

3 分:有计划、制度和规范，全部实施，检查，总结、反馈，并持续改进;2 分:有计划、制度和规范，全部实施，但未开展检查、反馈;1 分:有计划、制度和规范，并已开展实施，但不完善; 0 分：无计划、制度和规范，或有计划、制度和规范，但未实施。

② 无“*”标记的“检查要点”，采用常规计分方法。

3 分：优; 2 分：良; 1 分：中; 0 分：差。

2.JCI 考核标准与方法

JCI 是美国医疗卫生机构认证联合委员会（Joint Commission on Accreditation of Healthcare Organizations，JCAHO）的附属机构。为了在全球范围内推广其先进的医疗行业质量管理理念，JCI 于 1998 年成立，是目前世界上唯一的在医疗服务领域建立国际统一标准，并依据该标准对世界各地医疗机构进行评审的机构。JCI 标准是全世界公认的医疗质量和医疗服务标准，代表了医疗服务和医院管理的最高水平。在美国，JCI 标准事实上就是国家医疗机构评审标准，全美约 84% 的医疗机构接受 JCI 评审，只有在经过该认证的医疗机构就医才能获得医疗保险的赔付。

JCI 标准的理念是最大限度地实现医疗服务“以病人为中心”，建立相应的政策、制度和流程，以鼓励持续不断的质量改进，规范医院管理，为患者提供周到、优质的服务。在全球化趋势日益明显的今天，这项认证是医疗机构走向国际市场，参与国际竞争的“通行证”。

JCI 评审的最大特点是在评审前给予指导和教育，在正式评审前派专家进行模拟检查（或称初审），专家会根据模拟检查的情况给出改进的建议。

JCI 现场评审流程一般分为如下几个步骤：开幕式会议和医院介绍；检查计划会议；文档回顾；归档病历检查；根据病例和系统追踪访查医疗服务区域；能力评估和证书评价；检查医疗环境，巡查建筑物；领导层访谈；领导层闭幕式会议。

JCI 最典型的检查方法为追踪检查法，综合运用评审申请表、先前评审、监测报告中的信息，追踪许多患者在医院的整个医疗服务体验，检查了解医疗流程中的一个或多个环节和环节衔接处的问题。追踪检查的内容包括病人的个案追踪与系统追踪，其中系统追踪分为感染控制系统追踪、药物管理系统追踪、质量改进和患者安全系统追踪、设施管理和安全系统追踪等对医院各个关节系统环节的追踪检查。

JCI 评审的得分标准分四个等级：完全符合、部分符合、不符合，不适用；分别对应的分数为 10 分、5 分、0 分、0 分。通过评审的最后得分标准为所有适用的每一条标准得分 >5 分、每一个章节标准的平均分 >8 分、所有适用标准的平均分 >9 分。除此之外，一旦发生以下情况，医院评审结果为“直接否定”即不通过评审。

① 医院内存在对患者、公众健康或者员工安全的直接威胁；

② 根据相关法律法规要求，没有执照、注册证、证书的员工在医院内提供或已经提供医疗服务，导致患者处于危险之中，有可能发生严重不良后果；

③ 根据信息真实可靠制度，JCI 有理由认为医院为通过认证或保持认证而提交伪造文件或虚假信息；

④ 过去两年的同样程序检查中，不完全符合标准（不符合或部分符合）的项目超过平均值（3 个以上标准差）；

⑤ 根据相关法律法规要求，没有营业执照、证书和 / 或未经批准的条件下医院从事医疗服务，且正寻求认证中；

⑥ 医院不符合评审制度检查期间的报告要求；

⑦ 在检查医院的 120 d 内未提交战略改进计划（SIP）。

第二节　PDCA 方法理论与实践

一、PDCA 的提出

PDCA 循环是由美国统计学家戴明博士于 1950 年提出来的，它反映了质量管理活动的规律，又称为戴明环。PDCA 循环最初应用于品质管理中，后扩及应用到各阶层、各领域的管理思维及行动上，是能使任何一项活动有效进行的合乎逻辑的工作程序；PDCA 循环是提高质量、改善管理的重要方法，是质量保证体系运转的基本方式。

二、PDCA 的含义与基本原理

PDCA 是指以下四个阶段：

P（计划）：包括方针目标及活动计划的确定。分析现状，找出问题，分析产生问题的原因，找出其中的主要原因，设定目标，制定措施与计划，包括为什么要制定这个措施，达到什么目标，在何处执行，由谁负责完成，什么时间完成，怎样执行。这一阶段包括现状调查、原因分析、确定主要原因和制订计划四个步骤。

D（实施）：具体运作、实施计划的内容，其中包括计划执行前的人员培训。它只有一个步骤：执行计划。

C（检查）：对实施的过程跟进，检查执行情况、评估执行结果，重点分析计划结果是否符合计划的预定目标。该阶段也只有一个步骤：效果检查。

A（评估，总结）：对评估检查的结果进行处理，根据需要调整计划或总结成功的经验加以推广，并予以标准化或制定作业指导书，是再优化阶段。对于没有解决的问题应提交下一个 PDCA 循环中去解决。这一阶段包括两个步骤：总结、巩固措施和下一步的打算。

所以，总结一下，PDCA 是四个阶段 8 个步骤，具体如下：

① 分析现状，发现问题。

② 分析问题中的各种影响因素。

③ 分析影响问题的主要原因。

④ 针对主要原因，采取解决的措施。为什么要制定这个措施？达到什么目标？在何处执行？由谁负责完成？什么时间完成？怎样执行？

⑤ 执行，按措施计划的要求去做。

⑥ 检查，把执行结果与要求达到的目标进行对比。

⑦ 总结成功的经验，改进原先计划的不足。

⑧ 把没有解决或新出现的问题转入下一个 PDCA 循环中去解决。

其中，①~④ 属于 P（计划）阶段，⑤ 属于 D（实施）阶段，⑥ 属于 C（检查）阶段，⑦⑧ 属于 A（评估、总结）阶段。

四个阶段是环环相扣的，这个周期是周而复始的，每一个环节必须做完，才能形成一个闭环，这样才是完整地完成了一个管理动作。

PDCA 循环应用了科学的统计观念和处理方法。通常有七种统计工具是在质量管理中广泛应用的，包括直方图、控制图、因果图、排列图、相关图、分层法和统计分析表。

PDCA 的具体操作需要进行系统培训，大概按照三步走：去寻找一个相关的案例，分析案例，从而引出 PDCA 的概念和基本原理；讲解概念和基本原理；用概念和原理引导现实的具体工作，现场举出工作中需要用到 PDCA 的案例，引导使用 PDCA，要跟进部门内部在工作中是否开展 PDCA，要将培训的内容深化到具体工作中实际操作。

每进行一次 PDCA 循环，都要进行总结，提出新目标，再进行第二次 PDCA 循环，使质量管理的车轮滚滚向前。PDCA 每循环一次，质量水平和管理水平均提高一级。

第三节　持续质量改进

1. 持续质量改进的含义

持续质量改进的观点是由美国著名学者 Deming 倡导的全面质量管理演变而来的。持续质量改进是指通过过程管理以及改进工作，使服务得以满足临床的需要。它是在全面质量管理基础上发展起来的，更注重过程管理和环节质量控制的一种新的质量管理理论。它具有先进的系统管理思想，强调建立有效的质量体系，目的是提高医疗质量。质量改进是一种持续性的研究，探索更有效的方法，使质量达到更优、更高的标准。

20 世纪 70 年代，这一新的管理体系被应用于医疗质量管理；20 世纪 80~90 年代，这一体系得到了进一步的发展，并逐步与一些新的思想结合起来；21 世纪，持续质量改进具有时代性、广泛性和前瞻性。持续质量改进应用于医疗器械临床使用安全风险管理，也强调持续的、全程的质量控制。改变传统质量管理回顾性分析方式，而采用针对具体过程问题的资料收集、质量评估方法进行质量改进，从而提高医疗器械应用安全与质量。为了推动持续医疗质量改进，切实保障医疗安全，《三级综合医院评审标准及其实施细则（2022 年版）》提出持续质量改进的要求。

考核与评价是持续质量改进、增强实施效果的重要途径，通过考核与评价，可以及时发现和解决实施持续质量改进过程中存在的问题。同时，还可以对持续质量改进的科学性、合理性和有效性进行验证。其结果及时进行反馈，以便对其目标和措施再修订、再完善，更好地促进和保证持续质量改进的实现，从而使医疗质量不断提高。

2. 持续质量改进的实施

医疗器械管理是医院质量管理的一个重要组成部分，应该纳入医院质量管理体系。医疗机构应该建立一个实施持续质量改进的管理体系，成立医院持续质量改进指导小组和科室持续质量改进实施小组，明确相关人员职责及分工，开展多种质量管理活动，保证质量管理各项措施落到实处。

持续质量改进的实施工作规范流程如下。

（1）收集资料

在持续质量改进领导小组统一安排下，收集各项与医疗器械相关的医疗安全质量指标的数据资料、调查表，如医疗安全（不良）事件报告，归类整理后找出医疗安全质量缺陷和风险。

（2）数据分析

通过对各种数据进行分析，寻找医疗安全质量缺陷相关原因和需求期望的趋向。

（3）制订质量改进计划

根据数据分析结果，运用国内外最新进展和经验，结合本院实际，研究制订质量改进计划，提出改进目标和措施。

（4）质量改进的再实施

通过质量再改进的实施，采取有力的实际手段来促进和保证持续质量改进目标的实现，诸如医疗器械 PM 计划的更新、人员的配置技术再培训、相关规章制度的再修订等。

（5）持续质量改进的监测与评价

监测与评价是持续质量改进、增强实施效果的重要途径，通过监测与评价，可以及时发现和解决实施持续质量改进过程中存在的问题。同时，还可以对持续质量改进的科学性、合理性和有效性进行验证。其结果及时进行反馈，以便对其目标和措施再修订、再完善，更好地促进和保证持续质量改进的实现，从而使医疗质量不断提高。同时按照质量评价标准。逐月考评结果，严格奖惩兑现。

持续质量改进作为一种新的医疗安全质量管理理论，同样符合管理学的一般规律——PDCA 循环的原理。实施持续质量不断改进，可以帮助医院不断克服医疗过程中的安全不良因素，通过对过程的持续性、预防性管理和改进，提升医疗安全质量，从而达到提高医疗安全质量管理的目标。

第四节　医院等级评审的考核评审标准

医院等级评审是医院质量管理水平评价的重要标准，评审过程也促进医院管理的规范化，对医疗器械管理也提出更高要求。

评审指标分三大类：一类指标（否决指标）、二类指标（准入指标）、三类指标（评价指标）；共 85 条。

评审标准与医学装备相关的二类指标（准入指标）中“质量安全”的“设备管理”，以及两条检查指标，如表 4-1 所示。

表 4-1　检查指标（1）

编号	评审内容	检查要点	检查方法
25	设备准入	依照《大型医用设备配置与使用管理办法》相关要求，配置和使用大型医用设备	检查医院医学工程部甲、乙类品目大型医用设备配置许可证
26	设备质量保证	对生命支持和高风险设备进行预防性维护、安全性能检测与校准，并做记录	检查预防性维护、检测及校准记录
		运行设备完好率达 100%，待修和报废设备有标记	现场查看，抽查 1~2 种登记在册的设备

浙江省等级医院等级评审标准与医学装备管理相关的三类指标在“五、综合管理”的“（七）医学装备管理”中，检查指标有7条，如表4-2所示。

表4-2　检查指标（2）

编号	评审内容	检查要点	检查方法
278	医学装备管理符合国家法律、法规及卫生行政部门规范的要求	医学装备由统一的部门管理，负责医学装备的计划、配置、采购管理工作	检查管理部门工作制度、开展工作的记录
		建立由院领导负责的医疗器械临床使用安全管理委员会，协调相关职能部门，指导医疗器械临床使用安全管理工作和监测，并有持续改进的记录	检查工作制度、开展工作的记录（会议记录），以及问题反馈总结、改进的方案
279	建立医学装备管理保障体系，落实保障机制	设立适宜的医学装备管理保障职能部门，配备相应的临床医学工程人员，有明确的职责和工作制度	检查工作职责和制度、人员名单
		配备相应的质量控制设备，包括电气安全和生命支持、急救设备的性能检测设备	检查实际配置及实际开展检测工作的原始记录
		医学装备管理保障部门为临床合理使用医疗器械提供技术支持、业务指导、安全保障与咨询服务，并有记录	检查工作内容、实际开展工作的记录
		定期评价临床科室医学装备使用情况，并有改进措施	检查工作制度、实际开展工作的记录
280	规范医学装备采购	根据医院功能任务，制定医疗装备发展规划与年度计划，按计划实施	检查发展规划与年度计划以及计划实施执行情况
		建立医学装备采购论证、技术评估和采购管理制度	检查管理制度及采购论证、技术评估表
		医学装备与耗材的采购（招标）应符合国家相关法律和管理规定	检查2年内医学装备与耗材的采购（招标）记录
		建立医疗器械供方资质审核及评价制度，按规定审验生产企业和经营企业的医疗器械生产企业许可证、医疗器械注册证、医疗器械经营企业许可证及产品合格证明等资质	抽查医院现有业务往来的医疗器械供应商的相关资质是否齐全和有效（设备和耗材各3份）
281	加强临床准入与评价管理	建立医学装备验收制度，验收内容应包括商务、技术、临床验收，有规范的验收记录。验收合格后方可应用于临床	检查1年内医学装备的验收记录，包括商务、技术、临床验收记录（10万元以上设备3台）
		对医学装备采购过程的计划论证、招标、验收等过程中形成的报告、合同、验收记录等文件进行建档和妥善保存	检查2年内设备采购的相关资料的档案（10万元以上设备3台）
		对大型医用设备应用合理性、成本效益、运行维修情况定期进行分析，为临床提供应用导向	检查大型医用设备应用合理性、成本效益、运行维修情况分析报告（1份）

续　表

编号	评审内容	检查要点	检查方法
281	加强临床准入与评价管理	一次性医疗用品管理与法规的要求一致、不得使用过期、失效或者技术上淘汰的医疗器械。医疗器械新产品的临床试验或试用按照相关规定执行	检查一次性医疗用品管理制度及实际执行情况，现场检查是否使用检查过期、失效或者技术上淘汰的医疗器械
		制定临床使用的植入与介入类医疗器械使用登记制度，植入与介入类医疗器械使用后必须保存原始资料记录	检查植入与介入类医疗器械使用登记制度，抽查2年内植入与介入类医疗器械使用后的原始资料记录是否完整（检查3份记录）
282	规范医疗器械使用操作规程，开展临床使用安全质量控制与风险评估，完善监督机制	医疗器械必须有规范的使用操作规程，严格按操作规程操作	检查使用操作规程制定的规范性及现场考核是否按规范操作（抽查急救设备3台）
		医疗器械由专人负责日常保养	实地检查日常保养记录
		医学装备管理保障部门建立巡检制度，对生命支持和急救设备进行预防性维护、安全性能检测与校准，有工作计划与记录，并进行信息分析与风险评估	检查规范预防性维护、安全性能检测的计划。现场检查原始记录、工作总结
		列入国家强检目录的医疗器械使用前应通过计量检测，并有有效的计量检定证书	检查计量台账，抽查3件计量设备是否有有效的计量检定证书
		停止使用和在修医疗器械，不得用于临床，并有明确标志。保证临床在用的生命支持，抢救用医学装备完好率为100%，有医学装备故障和意外事件的应急预案，定期考核实施应急预案的有效性	检查医学装备故障和意外事件的应急预案，现场模拟考核实施应急预案的有效性
		建立医疗器械临床使用安全（不良）事件监测与报告制度，并定期进行考核和评估	检查监测与报告制度，检查2年内医疗器械临床使用安全（不良）事件报告，是否有事件分析记录
		建立医学装备质量管理信息系统	现场检查医学装备质量管理信息系统的实际功能与运行情况
283	加强人员培训与考核	医学装备使用操作人员建立操作培训及考核制度，建立培训档案，定期考核评价	检查操作培训、考核制度及培训记录
		大型医用设备的使用人员按规定持证上岗	检查大型医用设备的使用人员、上岗证
		对医学工程技术人员进行医疗器械预防性维护、检测等质量控制技术培训，建立培训档案，定期考核评价	检查医学工程技术人员培训计划、培训档案（证书）、科室业务考核记录

续 表

编号	评审内容	检查要点	检查方法
284	医学装备使用环境符合安全要求	医学装备使用前，对应用环境进行评估，各项指标达到标准	检查应用环境评估记录
		医用供电系统应符合医学装备使用要求，定期进行电气安全检测并有记录	检查设备供电的电气安全检测原始记录
		医用气体系统应符合国家规定的相关标准，有安全报警系统，报警位置应确保24h有员工值班，定期维护并有记录	现场检查医用气体系统安全报警系统的有效性及人员反应速度
		含源仪器（装置）使用和管理严格按照国家有关规定	检查含源仪器（装置）使用和管理制度

第五章　无菌医疗器械质量管理体系和法规要求

随着我国医疗器械产业的发展和医疗卫生水平的不断提高，不论是医疗器械的生产企业还是医疗机构都进一步地认识到医疗器械产品与人类的生命健康息息相关，医疗器械产品的实现不但要有产品的技术规范保障，而且还要有完善的质量管理体系保证，产品质量越来越成为生产企业在市场中求得生存和发展的决定性因素。ISO 9000 国际标准和 ISO13485 国际标准，为医疗器械企业实现有效的质量管理提供了统一的标准和可以借鉴的宝贵经验及指导方法。因此，实施 ISO 9000 族和 ISO 13485 标准已经成为医疗器械生产企业在产品实现全过程中进行有效控制的必要手段。

第一节　医疗器械质量管理体系

国际标准化组织为适应全球加强质量管理，确保各类产品质量，降低贸易技术壁垒，实现自由贸易以利于合理配置资源，于 1987 年制定了 ISO 9000《质量管理和质量保证》系列标准。该标准一经问世，立即在全球引起了强烈的反响，形成了 ISO 9000 现象。产生这一现象的主要原因是顾客对产品质量越来越高的期望已成为世界发展的趋势，这种趋势迫使制造商对产品质量进行全方位的管理和控制，以取得顾客对其产品质量和服务有充分的信心。同时其原因还包括以下几点：

各国政府的重视和大力推动，把 ISO 9000 族标准转化为国家标准，建立国家认证认可机构。世界上许多国家的法规都要求进入该国市场的产品需要提供质量管理体系认证证书。

国内外行业组织的积极参与，把 ISO 9000 作为组织发展和运作的基础。一些跨国公司为争取成为政府采购的供应商，积极地参与并实施 ISO 9000 质量管理体系认证，同时也要求其供方通过 ISO 9000 的质量管理体系认证。

一、ISO 9000 族标准

1.ISO 9000 族标准构成

ISO 9000 族标准是由国际标准化组织 ISO/TC 176《质量管理和质量保证技术委员会》制定的国际标准。该标准可以帮助组织实施并有效运行质量管理体系，是质量管理体系通用的要求或指南，它不受具体的行业或经济部门的限制，广泛地适用于各种类型和规模的组织，在国内外贸易过程中促进供需双方相互理解和信任。

《质量管理体系 要求》（GB/T 19001—2016）国际标准已于 2017 年 7 月 1 日正式发布实施。修订后的国家标准不仅对变化部分做出了修改，同时结合我国采用 GB/T 19000 族标准的实践，对很多地方做了修正，更清晰、更明确地表达了标准的要求。

GB/T 19000 族标准包括了下列一组密切相关的质量管理体系核心标准：

①ISO 9000《质量管理体系基础和术语》表述了质量管理体系基础知识，并规定了质量管理体系术语。

②ISO 9001《质量管理体系要求》规定了质量管理体系要求，用于证实组织具有提供满足顾客要求和适用的法规要求的产品的能力。

③ISO 9004《质量管理体系业绩改进指南》提供了考虑质量管理体系的有效性和效率方面的改进和指南。

④ISO 19011《质量和环境管理体系审核指南》提出对审核管理、审核实施和审核员的要求，作为内部和外部审核运作的指导文件。

2. 实施 ISO 9000 族标准的意义

ISO 9000 族标准是世界上许多经济发达国家质量管理和实践经验的科学总结，具有通用性和指导性。实施 ISO 9000 族标准，可以促进组织质量管理体系的改进和完善，对于提高组织的质量管理水平等方面都起到了良好的作用，并具有以下几方面的重要意义。

① 实施 ISO 9000 族标准有利于提高产品质量，保护消费者利益，按 ISO 9001 标准建立质量管理体系并通过质量体系的有效运行，促进组织持续地改进

产品和过程，实现产品质量的稳定和提高，无疑是对消费者利益的一种最有效的保护，也增加了消费者选购合格供应商的产品的可信程度。

② 为提高组织的运作能力提供了有效的方法，ISO 9000 族标准强调了“过程方法”，通过识别和管理众多相互关联和相互作用的活动，以及对这些活动进行系统的管理和连续的监视与测量，为质量体系的改进提供了框架，并为提高组织的运作能力和增强市场竞争的能力提供了有效的方法。

③ 有利于促进国际贸易、消除技术壁垒，因 ISO 9000 质量体系认证在全球范围内得到互认，所以贯彻 ISO 9000 族标准为国际经济技术合作提供了通用的共同语言和原则。取得质量管理体系认证，已成为参与国内外贸易、增强竞争能力的有力武器，对消除技术壁垒、排除贸易障碍起到了十分积极的作用。

④ 有利于组织的持续改进和持续满足顾客的需求和期望。ISO 9000 质量体系为组织改进提供了一条有效途径，通过持续改进满足了顾客对产品的需求和期望。

二、ISO 13485 标准

1.ISO 13485 标准的结构

ISO 13485 质量体系标准是由国际标准化组织 ISO/TC 210《医疗器械质量管理和通用要求技术委员会》制定的国际标准。ISO 13485 标准是在成功地总结了医疗器械制造商的经验，依据科学管理理论和 8 项管理原则的基础上制定的，按照这个标准来建立质量管理体系对于提高组织的管理水平，促进产品质量水平的不断提升，提高企业的竞争能力都有着十分重要的积极作用。ISO 13485 标准适用于各种类型，不同规模和提供不同产品的医疗器械组织，更加具体地针对医疗器械产品提出了相关的专业要求和必须遵循的法规要求。

ISO 13485 标准删减了 ISO 9001 标准中与医疗器械相关的法律法规有相抵触的内容，并在标准条款中有 28 处提到国家和地区的法规要求，13 处明确了必须遵循的法规内容。

2. 实施 ISO 13485 标准的意义

①ISO 13485 标准是一个以 ISO 9001 标准为基础的独立标准，体现了 ISO 9001 标准中的一些主要内容，采用了以“过程方法”为基础的质量管理体系模式，提出了质量管理体系由管理职责、资源管理、产品实现、测量分析改进四大过程组成。有利于企业将自身的过程与标准相结合，能够得到期望的结果。

② 为确保医疗器械产品的安全有效，满足法规要求是 ISO 13485 标准的主要内容。标准中的法规要求是指适用于医疗器械行业质量管理体系相关的法律法规。通过实施 ISO 13485 标准，建立对产品实现全过程的控制体系，以确保不符合法规要求的产品不得进入市场。

③ISO 13485 标准将各国法规要求协调融合到标准中，促进世界医疗器械法规的协调作为标准的一个重要目标，对于减少医疗器械贸易壁垒，促进全球医疗器械交流和贸易的发展产生重大的作用和深远的影响。

④ 为降低医疗器械产品的风险，ISO 13485 标准中提出了风险管理的要求。医疗器械的风险管理是确保医疗器械安全有效的必要条件，有效地实施 ISO 13485 标准，在产品的实现全过程中进行风险管理控制，降低了制造商和使用者的风险。

三、质量管理体系的建立

按照 ISO 9001/ISO 13485 标准的要求建立医疗器械组织的质量管理体系，识别顾客要求，规定质量管理体系所必需的全过程，建立文件化的质量管理体系，由组织的最高管理者来推动并加以实施和保持，并通过监视测量和分析，实施必要的纠正和预防措施，持续改进确保质量管理体系的适宜性、充分性和有效性。

1. 质量管理体系模式

医疗器械组织的质量管理体系模式主要分为四大过程。

（1）管理职责

组织的最高管理者为确保医疗器械产品满足规范的要求，必须要制定组织的质量方针和质量目标，坚持以顾客为关注焦点，识别顾客的需求和期望，明确组织内部各级人员的职责和权限，促进组织内部不同层次和各相关职能部门之间的有效沟通，并通过管理评审的方法，按策划的时间间隔进行管理评审，寻找改进的机会，以保证质量管理体的适宜性、充分性和有效性。

（2）资源提供

组织为确保质量管理体系的有效性，达到质量方针和质量目标所规定的要求，必须要提供满足产品实现全过程所必需的各项资源条件，包括人力资源、信息资源、基础设施和工作环境，按照标准的要求对企业进行规范的管理，以确保产品质量的提高，增强顾客的满意。

（3）产品的实现

医疗器械产品必须要满足相关的法律法规要求，确保其安全性和有效性，要对产品的实现过程进行策划，进行风险管理，确定顾客和产品的相关要求，加强新产品的设计开发，选择和评价合格供方，并在产品实现的全过程中进行有效的控制，以确保产品质量的稳定和提高。

（4）测量分析和改进

应策划和实施对产品质量进行监视、测量、分析和改进活动，以证实产品的符合性，并不断收集顾客反馈信息，进行内部质量体系审核，对质量体系过程和产品进行监视和测量，运用数据分析和统计技术，加强对不合格品的控制，实施纠正和预防措施，建立自我完善和自我改进的管理机制，确保质量管理体系的适宜性、充分性和有效性。

2. 质量管理体系文件要求

实施 ISO9001/ISO13485 标准，必须要建立文件化的质量管理体系，其文件结构应包括：

① 质量方针和质量目标。

② 质量手册和质量体系程序文件。

③ 相关工作规范、作业指导书。

④ 质量记录。

3. 建立质量管理体系的原则

① 树立以顾客为关注焦点的指导思想，以满足法律法规和顾客要求。

② 坚持以人为本，领导重视，全员参与。

③ 对组织的各项管理活动要求规范化、标准化，以打造产品质量的品牌化。

④ 坚持以预防为主，以获取质量、效益最大化，成本最低化，损失最小化。

⑤ 保持质量管理体系的可操作性和有效性。

⑥ 追求卓越管理，建立互利的供方关系，以达到双赢的结果。

第二节　医疗器械法律法规

医疗器械产品是具有防病、治病功能的特殊商品，与国计民生息息相关。为确保医疗器械的安全有效，保护人类的健康安全，各国政府都成立了相应的监督管理机构，制定相关的法律法规来监管医疗器械，并明确规定：不符合法律法规要求的医疗器械产品不得进入市场。满足医疗器械法律法规要求是医疗器械市场准入的基本条件。

一、我国医疗器械的监督管理

我国医疗器械产业是在1949以后发展起来的，国家对医疗器械工业实行部门管理，先后由轻工业部、化工部、第一机械工业部和卫生部主管。1978年成立国家医药管理总局（1982年更名为国家医药管理局），1979年重建中国医疗器械工业公司；同时各省、自治区、直辖市先后成立医药管理局或医药总公司，一些地市也相应成立了医药管理机构。从此，医药行业从上到下实现了统一的管理体制。目前我国医疗器械监管模式和监管体制是借鉴了西方发达国家监管模式，特别是借鉴了FDA对医疗器械的监管模式，并结合现阶段医疗器械行业的实际状况而建立的。

我国对医疗器械的监督管理是从20世纪80年代开始的，实行了主管部门大行业管理。在20世纪80年代初期，机械、电子、航天、航空、船舶、轻工、化工、核工业、国防科工委及中科院等部委陆续涉足医疗器械领域。1987年先后批准国家计委和国家经委下发的《关于加强发展医疗器械工业的请示》和《关于发展医疗器械工业若干问题的通知》。这两个文件提出全社会要统筹规划和协调发展医疗器械产业，从而为医疗器械的迅速发展创造了良好的环境。

随之，原有狭隘的传统医疗器械行业观念被打破，医疗器械行业规模得到了迅速的扩大和发展。为适应全行业的快速发展，从1993年起，医疗器械管理法规的立法项目多次被列入立法计划中。国家中医药管理局和卫生部从不同角度对医疗器械的立法进行了大量的准备工作，为医疗器械立法工作奠定了坚实的基础。1996年9月，国家中医药管理局发布第16号令《医疗器械产品注册管理办法》，明确“为加强医疗器械管理，保障使用者的人身安全，维护使用者的权益，将医疗器械监管纳入政府管理”。1998年在国家中医药管理局的基础上组建了国家药品监督管理局，2003年改名为国家药品监督管理局，承担医疗器械监管的职能。

在国家药品监督管理局组建前，我国医疗器械虽然实行了主管部门大行业管理，但是对医疗器械全过程监管和依法监管是自1998年第一轮药品监督管理体制改革开始后而不断发展和完善的。1999年12月28日第24次常务会议通过第

276 号令《医疗器械监督管理条例》。该条例于 2000 年 1 月 4 日发布，2000 年 4 月 1 日起施行，标志着我国医疗器械监督管理工作全面走上了法制化轨道。为配合该条例的有效实施，此后，国家药品监督管理局相继下发了一系列配套的规章和规范性文件，逐步建立起医疗器械监管队伍，不断完善监管体系。

2009 年 12 月 26 日国家药品监督管理局结合我国医疗器械监管法规和生产企业现状，借鉴了发达国家实施质量体系管理经验和我国实施药品 GMP 工作的经验，发布了《医疗器械生产质量管理规范（试行）》。规范以《医疗器械质量管理体系用于法规的要求》基本内容作为制定医疗器械质量管理体系规范的基础性参考文件，融入了我国医疗器械监管法规和相关标准，覆盖了第二、三类医疗器械生产企业设计开发、生产、销售和服务的全过程。对统一医疗器城市场准入和企业日常监督检查标准，加强医疗器械生产企业全过程的控制管理，促进医疗器械生产企业提高管理水平，保证医疗器械产品质量和安全、有效，保障医疗器械产业全面、持续、协调发展，并与国际先进水平接轨，都有着十分重大的发展意义和深远的历史意义。

2020 年医疗器械国家标准制、修订工作中，制定 11 项，修订 17 项，代替及废止国家标准 22 项；行业标准制、修订工作中，制定 83 项，修订 42 项，代替及废止行业标准 44 项。截至 2020 年底，我国共有医疗器械标准 1 758 项，其中国家标准 226 项，行业标准 1 532 项。

二、我国医疗器械的市场准入

为落实《医疗器械监督管理条例》设定的监管内容，国家药品监督管理局先后颁布实施了《医疗器械注册管理办法》（16 号令）、《医疗器械生产监督管理办法》（12 号令）、《医疗器械说明书、标签和包装标识管理规定》（10 号令）、《医疗器械临床试验规定》（5 号令）、《医疗器械标准管理办法》（31 号令）、《一次性使用无菌医疗器械监督管理办法（暂行）》（24 号令）等相关配套的部门规章文件，明确了具体的监管要求和监管方法。

（一）市场准入制度

根据《医疗器械监督管理条例》规定要求，国家对医疗器械产品实行市场准入制度，包括企业准入和产品准入两个方面。

1. 企业准入

实行医疗器械生产企业、经营企业许可。取得医疗器械生产企业许可证（或备案）的生产企业方可生产医疗器械；取得医疗器械经营企业许可证（或备案）的经营企业方可经营医疗器械。

2. 产品准入

实行医疗器械上市前的注册许可。取得医疗器械注册证书的产品方可上市销售。

（二）分类、分级管理

根据医疗器械产品的风险，国家对医疗器械的监管实行分类、分级管理，并制定了《医疗器械产品分类规则》(15 号令)。

1. 分类判定的依据

① 按医疗器械结构特征分为：有源医疗器械和无源医疗器械。

② 按医疗器械使用状态可分：接触或进入人体器械和非接触人体器械。

2. 实施上市前的管理，共划分为三类

① 一类：是指通过常规管理足以保证其安全性、有效性的医疗器械。生产一类医疗器械，由设区的市级人民政府食品药品监督管理部门审查批准，并发给产品生产注册证书。

② 二类：是指对其安全性、有效性应当加以控制的医疗器械。生产二类医疗器械，由省、自治区、直辖市人民政府食品药品监督管理部门审查批准，并发给产品生产注册证书。

③ 三类：是指植入人体，用于支持、维持生命，对人体具有潜在危险，对其安全性、有效性必须严格控制的医疗器械。生产三类医疗器械，由食品药品监督管理部门审查批准，并发给产品生产注册证书。

三、国外医疗器械上市要求及分类规则

（一）欧盟医疗器械产品分类及上市要求

欧洲一些国家如英国、德国、法国等也于 20 世纪 70~80 年代相继颁布了医疗器械监管的法律、法规。从 1990 年开始，欧盟开始逐步实施统一的“医疗器械指令”。目前欧盟委员会通过三个主要的法规条例来对医疗器械进行监管，这三个指令分别是：AIMD90/385EEC《有源植入性医疗器械指令》；MDD93/42EEC《医疗器械指令》；IVDMD98/79EC《体外诊断医疗器械指令》。

2007 年 9 月 5 日，医疗器械指令（MDD93/42EEC）和有源植入性医疗器械

指令（AIMD90/385/EEC）的修改指令正式颁布。这是自 1993 年以后对医疗器械指令的一个重大的修改。修改后的指令于 2010 年 3 月 21 日起强制执行。这三个指令规定了医疗器械上市前必须满足的基本要求，制定了符合性评定程序，建立了相应的管理机制，使各国主管当局可以对指令的执行情况进行监管。

1. 欧盟医疗器械指令对医疗器械产品按用途进行分类

① Ⅰ类：不穿透人体表面又为无源的器械。

② Ⅱ a 类：诊断设备、体液储存及输入器械，短暂使用（时间小于 1 h）并有侵害性的外科器械。

③ Ⅱ b 类：短期使用（1 h 至 30 d）并具有侵害性的外科器械，避孕用具、放射性器械。

④ Ⅲ类：和中枢神经系统、心脏接触的器械，在体内降解的器械，植入体内的器械，药物缓释器械，长期使用大于 30 d 的有害性外科器械。

2. 医疗器械上市前的管理

① Ⅰ类：生产企业自己负责产品质量、安全性和有效性，并要到主管当局备案。

② Ⅱ a 类：由授权机构审查，其中产品设计由制造商自己负责，授权机构主要检查质量管理体系。

③ Ⅱ b 类：由授权机构审查，检查质量管理体系，抽检样品，制造商同时要提交产品的相关设计文件。

④ Ⅲ类：由授权机构审查，检查质量管理体系，制造商同时要提交产品的相关设计文件，特别是产品潜在的风险管理报告。

（二）美国医疗器械产品分类及上市要求

1. 医疗器械产品的分类要求

美国从 1938 年开始对部分治疗用医疗器械实施监管。FDA 最早于 1976 年对《联邦食品药品化妆品法案》进行了修订并强化了对医疗器械的监管，1990 年颁布了《安全的医疗器械法案》，1992 年对《联邦食品药品化妆品法案》进行了再次修订，1997 年又颁布了《FDA 现代法案》等与医疗器械相关的法规。《联邦食品药品化妆品法案》中基于医疗器械的风险，为保证医疗器械产品的安全有效所需的控制，将医疗器械分为Ⅰ、Ⅱ、Ⅲ共三类：

① Ⅰ类产品，最低风险等级产品，可豁免 510(k)。

② Ⅱ类产品，中等风险等级产品，要求 510(k) 上市前通告。

③ Ⅱ类产品，高风险的医疗器械产品，要求上市前审批（PMA）。

2.FDA 对医疗器械上市要求

FDA 的法规中对医疗器械上市前通告和 PMA 均有具体的规定，一般控制内容包括如下要求。

注册公司：按照联邦有关法规申请注册公司；医疗器械列表：制造商应明确规定相关的医疗器械产品名称、规定型号，填写器械上市申请单；质量体系法规：制造商应建立并实施质量管理体系、标记要求、医疗器械报告、上市后监督、上市前审准。

医疗器械产品的上市前通告 [510(k)]，是上市前申请以证明产品注册途径是按美国联邦食品、药品和化妆品法案 [510(k)] 条款规定，其产品的安全性、有效性与一个已合法上市的参照器械是否实质等同做出判断。FDA 在评审上市前通告后，并不向制造商颁发批准证书，而是发出一封信，通知制造商 FDA 已审阅该上市前通告。不需要通过上市前批准，可依据法案的一般规定，上市销售该器械。此类上市的许可没有时限，即没有失效日期。因此制造商并不需要在几年后重新申请或通告注册。

（三）日本医疗器械产品分类及上市要求

1. 医疗器械产品的分类

日本于 1948 年颁布的首部《药事法》规定对手术用刀、剪等产品实施监管，1960 年修订《药事法》时正式列入了医疗器械的监管内容。2005 年日本政府对《药事法》进行了修订，同时也相应地修订和颁布一些针对医疗器械管理的法规。在《药事法》中基于医疗器械产品的风险，把医疗器械产品分为一般医疗器械、受控医疗器械和高度受控医疗器械，共为三类：一般医疗器械，为低风险的医疗器械；受控医疗器械，为中等风险的医疗器械；高度受控医疗器械，为高风险的医疗器械。

2. 医疗器械的上市管理

（1）上市前注册申请

注册普通类别医疗器械（I 类）需向医药品与医疗器械局（PMDA）提交一份上市前注册申请。这是一份通告性文件，医药品与医疗器械局（PMDA）不会做出任何审查 / 评估意见。

（2）上市前认证

拥有相关认证标准（JIS）的Ⅱ类（以及数量有限的Ⅲ类）器械必须通过上

市前认证。有很多（但不是全部）的日本工业标准是以现有的ISO/IEC标准为基础的。市场营销授权持有人（MAH）将向一家注册认证机构（RCB）提交申请。该流程与欧洲的CE标签申请流程相类似，后者的审查也是外包给类似于公证机构的第三方机构来负责执行的。

（3）上市前审批

没有具体认证标准的Ⅱ类和Ⅲ类器械必须经过上市前审批流程。这也适用于所有Ⅳ类器械。在这种情况下，市场营销授权持有人（MAH）将会向医药品与医疗器械局（PMDA）提交一份上市前审批申请，并最终需要获得厚生劳动省（MHLW）的批准。

（四）澳大利亚医疗器械产品分类及上市要求

1. 医疗器械产品分类

澳大利亚治疗商品管理局（TGA）负责开展对一系列治疗商品进行评审和监督管理。2002年颁布的《治疗商品（医疗器械）法规》对医疗器械的管理做出了详细的规定。基于医疗器械产品的风险，把器械分为Ⅰ、Ⅱa、ⅡIb、Ⅲ及AIMD共5类，其中对Ⅰ、ⅡIa、Ⅱb、Ⅲ类产品的定义类似于欧盟MDD93/42EEC指令中的定义。AIMD指有源植入性医疗器械，考虑到它的高风险将其按Ⅲ类医疗器械来控制。

2. 医疗器械产品上市管理

澳大利亚政府对医疗器械的控制主要通过以下几个途径：对制造商进行品质的审核与评审；医疗器械上市前的评审；医疗器械产品上市后对标准的符合性进行监控。

澳大利亚作为全球协调工作组织成员国在相关的医疗器械法规和管理制度中针对医疗器械的安全性的基本原则，分别制定了对医疗器械品质安全和性能的一系列基本要求的符合性评价，生产过程相应的法规控制，警戒系统和不良事件报告机制。

（五）俄罗斯医疗器械产品分类及上市要求

俄罗斯对医疗器械的监管执行1997年颁布的《俄联邦卫生健康委条例》，该条例中明确规定所有的国内生产产品和国外进口产品都必须要先办理注册后才可以在市场上销售和使用，并从2002年7月1日起，不再直接认可其他国家的注册证明，因此产品注册证书是允许该产品在国内上市的一份重要文件。另外，医疗器械产品在俄罗斯属于强制性认证的产品，在申请注册时，除应提交产品注册文件以外，还需要提供俄罗斯国家标准认证 G05T 认证证书和卫生检疫、检验证书。俄罗斯对于进口的医疗器械在注册上市前还需要提供相关的国家或国际性的证明文件，以证实申请注册上市的产品及制造商符合国家或国际标准的要求，这些文件应能证明该产品已经在原产国作为医疗器械进行注册，并且能体现生产过程中的质量管理体系的控制要求。如原产国确认的 ISO 9001，ISO 13485 质量体系认证证书或FDA证书、CE证书，符合性声明，自由贸易证明等相关法规性文件。

第三节　医疗器械风险管理要求

一、基本概况

医疗器械产品是影响人类身体健康和生命安全的产品。随着科学技术的发展，大量的最新技术广泛地应用到医疗器械产品之中，如超声技术、微波技术、激光技术、计算机技术等。由于这些最新技术的应用，使得产品的结构越来越复杂，因此对医疗器械产品必须进行风险管理，以保证医疗器械产品的安全性和有效性。

1. 风险管理的目的

风险管理是一项技术性、专业性很强的工作，推行对医疗器械产品进行风险管理是关系我国医疗器械产业的发展、关系人类健康和产品安全有效的重大事情。为确定某种医疗器械产品对预期用途的适宜性，必须对产品的安全性包括风险的可接受性作出判断，建立和保持判定有关产品的危害，估计和评价相关的风险并进行控制。这种判断必须考虑实际和设想的病人处境与状态及临床过程中的益处和有关风险，确定医疗器械的安全性。

2. 开展风险管理的原因

① 开展风险管理是法律法规的要求，如医疗器械监督管理条例、医疗器械注册管理办法。

② 风险管理是确定医疗器械产品安全性所必须采取的措施。

③ 风险管理的过程包括以下要素：风险分析、风险评价、风险控制、生产和生产后的信息。

由于无菌医疗器械与病人、操作者、用户和周围社会公众之间的特殊关系，因此可能存在物理、化学、生物三大方面的危害。所以制造商应对有关的医疗器械产品进行风险管理，判定有关产品的危害，估计和评价相关的风险并进行控制。

3. 开展分析管理的时机

医疗器械产品的风险管理必须贯彻于产品生命周期的全过程，即从医疗器械产品的设计开发、生产、服务和使用，直至最终报废处理全过程中都要实施风险管理。确认风险管理的时机应贯彻以下几个原则：

① 贯穿于整个产品实现过程和产品的寿命期内。

② 在产品策划阶段应考虑产品可能发生的风险，并进行初始风险评估。

③ 产品设计开发过程中，应进一步完善相关的风险分析，制定和实施降低风险的控制措施。

④ 当进行设计更改时应考虑是否影响已做过的风险评估。

⑤ 产品检测验证、临床调查过程及生产上市交付使用后若发现新的风险，应重新进行评审确认。

⑥ 其他因素所引起的风险评估。

4. 需要进行风险管理的产品

① 未获得市场准入批准的医疗器械产品。

② 需要质量体系认证的医疗器械产品。

③ 生产上市或交付后的产品。

④ 产品功能、性能、预期用途或材料、工艺等有重大改变的产品。

⑤ 有特定专用安全标准的产品。

⑥ 其他需要进行风险管理的产品，或法规有规定要求时。

5. 风险管理的参与者

所有参与风险管理的人员应明确相关的职责，具有相应的医疗器械产品的专业知识和风险管理技术，并通过适宜的培训。

（1）最高管理者

企业最高管理者应对风险管理的承诺提供并创造以下几个基本条件：

① 提供实施风险管理所需的各种资源条件，包括人员、技术、设备和资金等。

② 为参与风险管理的相关人员提供适当的培训，使其能胜任此项工作。

③ 为风险管理提出目标，规定如何决策风险的可接受方针，并形成文件在

内部沟通。

④ 确定一个时间的间隔，开展对风险管理进行评审，以确定其适宜性。

(2) 设计人员

参与风险管理的设计人员，应在医疗器械产品实现策划时对产品的初始风险予以评估。

① 列出产品的每一项特征和初始风险。

② 可能发生的危害，包括物理、化学、生物三大方面。

③ 如何从设计过程中采取相应的降低风险控制措施。

(3) 生产人员

① 应落实产品设计者的意图，确保产品的设计要求得到满足。

② 严格按照设计和工艺要求执行，以降低因制造过程原因可能带来的产品风险危害。

(4) 检验人员

① 考虑产品的特定功效，实施检测评价。

② 依据相关规范和接受准则，进行性能鉴定。

(5) 市场人员

① 负责产品交付及交付后的信息收集。

② 向相关职能部门人员反馈已生产上市后的产品可能发生的新的风险信息。

6. 风险管理人员的资格

① 应具备的专业知识，包括医疗器械是如何构成的，医疗器械是如何工作的，医疗器械是如何生产的，医疗器械是如何使用的。

② 接受过医疗器械风险管理知识培训，以证实是能够胜任的。

二、风险管理的程序

1. 制订风险管理计划

风险管理计划的范围：

① 说明风险管理活动适用的医疗器械产品和寿命周期。

② 参与风险管理活动人员的职责权限分配。

③ 进行风险管理评审的要求。

④ 风险可接受的准则。

⑤ 验证风险管理实施计划的效果。

⑥ 生产上市或交付后的信息收集和评审。

风险管理计划应是一份完整的文件，可以融入质量管理体系策划文件之中，也可以引用其他文件。当改变风险管理计划时要保存相关记录，并要得到授权人的批准。

2. 判定有关医疗器械产品的特征

医疗器械生产制造商在对特定的医疗器械产品进行风险管理时，不能简单地套用可参考利用的其他组织或本企业类似产品的风险管理文件资料，而应该针对不同的医疗器械之间的差别，以及这些差别是否会造成新的危害，或者造成医疗器械的输出、功能、性能、预期用途的重大差异，以及这些变化的部分对医疗器械所造成的影响进行系统的评价，以决定类似产品的风险管理资料可利用的程度。

（1）列出影响产品安全性的特征

ISO 14971/YY/T 0316 标准附录 C 给出了与医疗器械预期用途和产品安全性有关特征的判定。医疗器械制造商应基于产品的预期用途和安全特征进行定量或定性的分析。在分析过程中应参照标准附录 C 给出的 34 个问题进行，列出特征判定清单，全面地提出可能影响安全性特征的问题，判定医疗器械可能存在的各种危害。

按 ISO 14971/YY/T 0316 标准附录 C 判定时：必要时确定其界限；要考虑人为因素，用户接口，控制接口。

（2）可能产生危害的判定

无菌医疗器械生产企业对产品可能产生危害的判定应在正常、故障两种条件下进行，此项判定应基于产品的预期用途和安全性特征。应分析以下方面：

① 产品的预期用途及使用方法。

② 有关在器械中所使用的材料 / 元件的风险。

③ 判定是否预期与病人和第三者的接触。

④ 是否有物质进入病人体内或由病人抽取。

⑤ 是否以无菌形式提供或由用户灭菌或采用其他微生物控制处理方法。

⑥ 产品是否用以控制其他药物与之相互起作用。

⑦ 产品是否有限定的有效期。

⑧ 产品预定是一次性使用还是可以重复使用。

（3）可能造成的潜在危害

对无菌医疗器械产品可能造成伤害的潜在源，判定已知或可预见的危害，一般可能涉及以下方面。

① 生物学危害：生物污染，生物不相容性，毒性，过敏性，交叉感染，致热性，致畸性，致癌性，突变性，变态反应性。

② 环境危害：因废物或器械处置的污染。

③ 使用的危害；不适当的标签和操作说明；一次性医疗器械的很可能再次使用的危害性警告不当；不适当的使用前检查说明书；合理的可预见的误用；对副作用的警告不充分；由不熟练/未经培训的人员使用。

④ 功能失效、维护及老化引起的危害：与预期用途不相适应的性能特征；缺乏适当的寿命终止规定；不适当的包装及存放环境；再次使用或重复使用造成的功能恶化。

（4）对每项危害的风险估计

① 利用可得到的有效数据/资料、相关标准、医学证明、适当的调查结果，评估在正常和故障两种状态下的所有风险。

② 评估时可采用定量或定性的方法进行，评估的资料或数据来源：已经发布的标准和科学文献；类似的产品现场资料；临床调查或典型使用者的适用性实验；专家意见和外部质量评定情况。

3. 风险评价

经过对危害的风险评估，决定其估计的风险是否降低到不需要再需降低的程度，确定其是否在可接受的水平。若某项危害风险超出了可接受水平，则应对此项危害采取措施，降低风险。若危害仅在故障发生时才超出可接受水平，则应说明以下几点。

① 危害发生前，使用者能否发现故障。

② 故障能否通过生产控制或预防性维护消除。

③ 误用能否导致故障。

④ 能否增加报警。

4. 为降低风险至可接受水平可采取的措施

① 改进设计，用设计方法取得固有的安全性。

② 加强安全说明指导，告知安全信息。

③ 重新确定预期用途。

④ 产品本身或在生产过程中的防护措施。

⑤ 应按其选择的风险控制措施实施，其有效性应予以验证。

5. 剩余风险的评价

在采取了风险控制措施后留存的任何剩余风险，都应按规定的准则进行评价。如果剩余风险不符合准则要求，应采取进一步的控制措施；如果剩余风险被认为可以接受，则应将所有剩余风险所需要的信息记入适当的随附文件中。

6. 风险 / 收益分析

如果按使用规定的准则，判断剩余风险是不可接受的，而进一步的风险控制又不切合实际，应收集和评审预期用途 / 预期目的的医疗受益文献资料；如果证据不支持医疗受益超过剩余风险的结论，则剩余风险是不可接受的。

7. 其他危害

应对风险控制措施进行评审，以便判定是否引入了其他危害。如果风险控制措施引入了新的危害，则应评审相关风险。评审结果应记入风险管理文档中。

8. 风险评价的完整性

应保证所有已判定危害的风险已经得到评价，评定的结果应记入风险管理文档中。

9. 全部剩余风险的评价

在所有的风险控制措施已经实施并验证后，应利用规定的准则，决定是否全部由产品造成的剩余风险是可以接受的。如果应用规定的准则，判定全部剩余风险是不可接受的，则应收集和评审预期用途 / 预期目的等相关的医疗受益的资料文献；如果证据不支持医疗受益超过全部剩余风险的结论，则剩余风险是不可接受的。

10. 风险管理报告

① 将以上风险管理过程及其结果的记录形成风险管理报告，并做出被分析产品所考虑到预期应用与已判定危害有关的剩余风险是否达到可接受的水平。保持对剩余风险可接受评定的全部可追溯性。

② 风险管理报告应有阐明编写、审核人员的签字。

③ 风险管理报告作为风险管理文档的一部分，可由生产技术部门负责保存。

11. 生产和生产后的信息

制造商应收集和评审在生产和生产后的阶段中和安全性有关的信息：

① 建立由医疗器械操作者、使用者或负责医疗器械安装、使用和维护人员所产生信息的收集和处理机制。

② 新的或者修订的标准。

③ 对涉及安全性的信息应予以评价，特别是以下几个方面：是否由事先未认识的危害或危害处境出现；是否有危害处境的一个或多个已被估计的风险不再是可接受的；是否初始评定的其他方面已经失效。

当发生上述情况时应对风险管理活动的影响重新进行评价。所有评价的结果应记入风险管理文档。

第六章　无菌医疗器械产品、人员及洁净厂房要求

医疗器械产业是关系人类生命健康的新兴产业，其产品聚集和融入了大量现代科学技术的最新成就，许多现代化医疗器械产品是医学与多种学科相结合的高新技术产物。我国医疗器械企业目前已经超过了14 000多家，但是大型医疗器械制造企业很少，科技型的、民营的中小企业构成了我国医疗器械产业的主导力量，特别是无菌医疗器械生产中小企业的快速成长和协调发展，对我国整个医疗器械产业的发展有着关键性的影响。

第一节　无菌医疗器械产品的基本要求

无菌医疗器械基本都是直接接触人体，有的甚至植入或接入人体组织、骨或血液中，是量大面广和人民群众的身体健康、生命安全息息相关的产品，并且大多属于高风险的医疗器械。因此不仅其化学性能、物理机械性能和生物相容性应符合相关产品标准的要求，而且产品必须保证是无菌、无热源、微粒污染不超过污染指数的，且无菌保证水平要达到1×10^{-6}等。作为无菌医疗器械的生产制造商应充分了解无菌医疗器械产品的三项质量要求，即生物性能、化学性能、物理性能。

例如：一次性使用输液器产品的三项要求［《一次性使用输液器 重力输液式》（GB 8368—2018）］。物理要求：微粒污染、组件之间的连接、输液流速等；化学要求：还原物质、金属离子、酸碱度滴定、蒸发残渣等；生物要求：灭菌、热源、溶血等。

一、无菌医疗器械相关术语

1. 无菌

无存活微生物的状态。

2. 灭菌

用以使产品无存活微生物的确认过的过程。

3. 消毒

杀灭病原微生物或有害微生物，将其数量减少到无害化程度。

4. 无菌加工

在受控的环境中进行产品容器和（或）装置的无菌灌装。该环境的空气供应、材料、设备和人员都得到控制，使微生物和微粒污染控制到可接受水平。

5. 无菌医疗器械

旨在满足无菌要求的医疗器械，或指任何标称“无菌”的医疗器械。

6. 灭菌批

同一灭菌容器内，同一工艺条件下灭菌的具有相同无菌保证水平的产品确定的数量。

7. 生产批

在一段时间内，同一工艺条件下连续生产出的具有同一性质和质量的产品确定数量。

8. 初包装

与无菌医疗器械直接接触的包装。

9. 菌落

细菌培养后，由一个或几个细菌繁殖而形成的一细菌集落，简称 CFU，通常用个数表示。

10. 浮游菌浓度

单位体积空气中浮游菌菌落数多少，以计数浓度单位表示，单位是个 /m³ 或个 /L。

11. 空气洁净度

空气洁净度是指洁净环境中空气含尘量和含菌量多少的程度。

12. 空气净化

去除空气中的污染物质，使空气洁净的行为。

13. 洁净室（区）（净化厂房）

需要对尘粒及微生物含量进行控制的房间（区域），其建筑结构、装备及其使用均具有减少对该室（区域）内污染源的介入、产生和滞留的功能。

14. 人员净化用室

人员在进入洁净室（区）前按一定程序进行净化的辅助用室。

15. 物料净化用室

物料在进入洁净室（区）前按一定程序进行净化的辅助用室。

16. 气闸室

为保持洁净室（区）的空气洁净度和正压控制而设置的缓冲室。

17. 气流组织

气流组织是指对气流流向和均匀度按一定要求进行组织。

18. 单向流（层流）

具有平行线，以单一通路、单一方向通过洁净室（区）的气流。

19. 非单向流（乱流）

具有多个通路或气流方向不平行、不满足单向流定义的气流。

20. 静态测试

洁净室（区）空气净化调节系统已处于正常运行状态，工艺设备已安装，洁净室（区）内没有生产人员的情况下进行的测试。

21. 动态测试

洁净室（区）已处于正常生产状态下进行的测试。

二、无菌医疗器械的分类和基本要求（按使用形式划分）

1. 植入性无菌医疗器械

① 有源，如心脏起搏器等。

② 无源，按材料划分：金属材料，医用高分子材料（人工脏器、整形材料及人工器官），陶瓷材料，复合材料，衍生材料，组织工程。

2. 一次性使用无菌医疗器械（按品种划分为）

输液（血）、注器具；医用导管；卫生敷料。

3. 无菌产品基本要求

（1）灭菌

主要为环氧乙烷气体灭菌、辐照灭菌和湿热灭菌。

（2）初包装

初包装若无特殊说明，一旦被打开就要立即使用。初包装要求不借助于其他工具便能打开，并留下打开过的迹象。

（3）标识

包装上一般要有产品标准中规定的生产信息、使用信息，另外还要有法规所要求的信息（如生产许可证号、产品注册证号）。这些信息要求清晰、正确、完整。

（4）生物性能要求

无菌、无毒、无热源、无溶血反应等。

三、无菌医疗器械生产过程控制的基本原则

无菌医疗器械生产过程控制的基本原则如下：

① 洁净室（区）污染控制的主要对象是微生物和微粒。首先要控制污染源，如大气中的污染物、人员身上携带的尘埃和人体表面的脱落物、呼吸中排出的飞沫和微生物，还有物料及空气净化系统等。

② 控制微粒和微生物的传播、扩散，降低洁净室（区）内污染物的浓度。

③ 合理的安排生产工艺流程和工艺布局，以避免交叉感染。

④ 洁净室（区）的合理设计、生产设备的选型、加工工艺的制定、初包装材料的选择和操作人员的培训，是降低污染的有效途径。

四、无菌医疗器械生产环境的控制要求

1. 厂址周围的环境

无菌医疗器械的生产工厂应选择在卫生条件较好、空气清新、大气含尘及含菌浓度低、无有害性气体、自然环境良好的地区建设，如城市远郊或乡村等，不宜选择在有严重空气污染的城市工业区。

2. 厂区内的环境

厂区的地面、路面及运输等不应对无菌医疗器械的生产造成污染。

3. 洁净室（区）的基本要求及其控制

对洁净室（区）的工作环境必须要严格的控制，才能有效地防止工作环境对无菌医疗器械的污染，保证产品质量和使用者安全。对于需要避免污染、又难以进行最终清洁处理的生产过程和加工工序必须在洁净室（区）内进行，并达到规

定的洁净度级别要求。

（1）生产环境洁净级别设置原则

应根据无菌医疗器械的预期用途、性能要求和所采用的制造方法进行分析、识别，确定在适宜的、相应级别的洁净室（区）内进行产品的生产制造过程。

（2）洁净室（区）的门窗

洁净室（区）的门窗结构要简单、光滑、密封性好，不易积尘，易擦洗。

（3）操作台

洁净室（区）的操作台结构要简单，不应有抽屉，所有暴露的外表面都应光滑无缝，不脱落纤维和颗粒状物质，便于清洗、消毒，不得采用木质或油漆台面。

（4）工艺用气

洁净室（区）内使用的工艺用压缩空气等气体均应经过净化处理。

（5）水池、地漏

洁净室（区）内的水池、地漏等不得对无菌医疗器械造成污染。

（6）灯具

洁净室（区）应选用外部造型简单、不易起尘、便于擦拭的灯具，宜采用吸顶式安装。

4. 洁净室（区）的人员净化

洁净室（区）的人员净化要求如下：

① 人员本身就是一个重大的污染源，如体表的皮屑、衣服织物的纤维和携带的室外大气中同样性质的微粒。

② 进入无菌医疗器械生产洁净室（区）或无菌操作洁净室（区）的人员需要进行净化，以降低人员对环境和产品的污染。

③ 人员净化室应包括换鞋室、存放外衣室、盥洗室、洁净工作服更换室、气闸室、风淋室或缓冲间等。

④ 要制定进入洁净室（区）人员的程序净化和管理制度。人员清洁程序和洁净室（区）的布局要合理，避免往复和交叉。

5. 洁净室（区）的物料净化

洁净室（区）的物料净化要求如下：

① 物料也是一个重大的污染源。如物料送入洁净室（区）会把外部污染物带入洁净室（区）内，企业应建立并执行物料进出洁净室（区）的清洁程序。

② 进入洁净室（区）的物料应有清洁措施，如设置脱外包装室、除尘室等，

物料净化室与洁净室（区）之间应设置气闸室或双层传递窗。物料运输、贮存用的外包装、极易脱落粉尘和纤维的包装材料不得进入洁净室（区）。

③ 要高度重视无菌医疗器械初包装材料的生产环境要求，要保证直接接触无菌医疗器械的初包装材料在运输、贮存和传递过程中能有效地防止污染，通常至少要采用两层密封包装防护。

6. 洁净室（区）的工艺布局

洁净室（区）的工艺布局要求如下：

① 生产工艺流程要合理，物料输送传递路线要短，人流、物流各行其道，禁止交叉往复。同时，洁净室（区）内应尽量减少人员的无序走动。

② 设立专用工位器具清洗间，保证工位器具在同等级别的洁净室内清洗。

③ 清洁工具间不要设在与生产区域相近的连接处，中间最好设有缓冲区域。

④ 中间产品存储要放在同等级别洁净室，并要做好产品标识。

⑤ 洁净区与非洁净区或不同洁净度级别的洁净室之间的物料传递应通过双层传递窗。

⑥ 洁净区与非洁净区之间的静压差≥ 10 Pa，不同洁净区之间的静压差≥ 5 Pa。

7. 洁净室（区）的设备选择

洁净室（区）的设备选择要求如下：

① 洁净室（区）内使用的设备除应满足产品生产规模及生产工艺、布局合理、便于操作、维修和保养等要求外，还应满足环境净化的要求，其结构要简单、噪音低、运转不发生，并具有防尘、防污染措施。

② 设备、工装与管道表面要光滑、平整，不得有颗粒物质脱落，以减少污染，并易于清洗、消毒或灭菌。

③ 物料或产品直接接触的设备与工装及管道表面必须耐腐蚀、无死角，不与物料或产品发生化学反应与粘连，耐受清洗、消毒或灭菌。

8. 洁净室（区）的工位器具

洁净室（区）的工位器具要求如下：

① 专用工位器具是为了在生产过程中保障产品或零配件运送和储存并不受污染和损坏。

② 在生产现场，从原材料开始到产品包装前，所有的物料、零配件和过程产品、成品等都应放置在清洁的专用工位器具中。

③ 工位器具表面要光洁、平整，不得有物质脱落，要具有良好的密封性，易于清洗和消毒。

④ 洁净室（区）与一般生产区的工位器具要严格分开存放，要有明显的标记，以免混用、交叉污染。

9. 洁净室（区）的工艺用水制备

洁净室（区）的工艺用水制备要求如下：

① 要确定所需工艺用水的种类和用量。若无菌医疗器械的生产过程需要工艺用水时，须配备相应的制水设备。制水能力应满足生产需要，并有防止污染的措施，当用水量较大时宜通过管道输送至洁净区内的各用水点。

② 工艺用水应满足产品清洁的要求，包括：符合《中华人民共和国药典》要求的注射用水；符合《中华人民共和国药典》要求的纯化水；应按规定要求对工艺用水进行检测。

③ 应制定工艺用水的管理规范，加强对工艺用水的管理。工艺用水的储罐和输送管道应采用不锈钢或其他无毒材料制作，定期清洗消毒，确保工艺用水的质量，以避免工艺用水对产品的二次污染。

10. 洁净室（区）的环境卫生

（1）洁净室（区）的工艺卫生标准

无菌医疗器械生产企业应制定洁净室（区）的工艺卫生标准，应对工作台、桌椅、工装设备、工位器具、顶棚、墙壁、地面等规定明确的工艺卫生要求及清洁、消毒方法和频次。

（2）洁净室（区）的工作环境监测

应对洁净室（区）的温度、湿度、风速 / 换气次数、压差、尘埃数和菌落数等工作环境要求定期进行监测，并保存环境监测记录。

第二节　无菌医疗器械生产人员管理

医疗器械产品是一个特殊的商品，涉及较多的领域且专业面较广。为了适应市场竞争的需要，企业要不断培养和塑造优秀人才。作为医疗器械制造企业最高管理层必须充分地认识到企业中人才的数量和质量决定了企业的兴衰与成败，人才之争是市场竞争中的核心内容之一。首先，要明确影响医疗器械产品质量的岗位，规定这些岗位人员所必须具备的教育背景、专业知识、工作技能、工作经验等。从事影响产品质量的工作人员，应经过相应的技术和法规等方面的培训，具有相关的理论知识和专业技能。

企业加强对员工的培训从任何意义上来讲都是企业人力资源管理的重要内容。如果没有把对员工的培训看作是实现企业经营发展战略的重要组成部分，那就很难说这样的企业具备人力资源管理的能力并承担了人力资源管理的责任，也很难适应国内外激烈市场竞争的需要。一个优秀的企业在发展过程中应当形成这样一种良性循环的关系，即企业依靠市场，市场依靠产品，产品依靠质量，质量依靠技术，技术依靠人才。只有真正重视人才队伍的建设，不断地创新改进，优化产品结构，才能适应国内外形势的发展。

在我国，越来越多的医疗器械企业已经认识到人力资源开发在现代企业发展中的重要地位，并积极探索有效的人力资源管理和培训教育的方式、方法。从企业的人力资源发展战略出发，满足组织和员工两方面的需求，既要考虑企业资源条件与员工素质基础，又要考虑人才培养的超前性及培训效果的不确定性，综合性的确定员工的培训目标，选择培训内容及培训方式，关注对无菌医疗器械生产过程中涉及以下几个方面人员的培训和管理：

① 企业生产、技术和质量管理部门的负责人应当熟悉医疗器械的法规、具有质量管理的实践经验，有能力对生产和质量管理中的实际问题做出正确的判断和处理。要对生产、技术和质量管理部门的负责人进行考核、评价和再评价，以证实相关管理人员的综合素质达到了规定的要求。

② 为了适应市场竞争的需要，企业要不断培养和塑造优秀人才，必须重视和加强对全体员工的教育培训，特别是在洁净区工作的人员要进行卫生和微生物学基础知识、洁净技术方面的培训及考核。

③ 应建立对人员健康和清洁卫生的要求，保存人员健康档案。直接接触物料和产品的操作人员每年至少体检一次。对患有肝炎、肺结核、皮肤病等传染性疾病和感染性疾病的人员应远离生产区域，不得从事直接接触产品的工作。

④ 要规定洁净区的人流、物流进出程序和卫生行为准则。例如，在洁净区内不准吸烟、吃食物；严禁将个人生活物品带入洁净区内，不准穿洁净服离开洁净区域等。

⑤ 应制定洁净工作服或无菌工作服的管理规定，洁净工作服或无菌工作服应选择长纤维、无静电的布料，不得脱落纤维和颗粒性物质，应能有效地遮盖内

衣、头发、胡须及脚部，并能阻留人体脱落物，防止皮肤屑、头皮屑掉落。洁净工作服或无菌工作服应定期在相应的洁净级别环境中清洗、晾干、消毒。不能与日常服装、物品混同存放。

⑥ 人员进入洁净区应按照规定的程序进行净化，穿戴洁净工作服、工作帽、口罩、工作鞋。裸手接触产品的操作人员每隔一定时间应对手部进行一次再消毒。

第三节 无菌医疗器械生产洁净厂房建设

随着无菌和植入性医疗器械产品的发展，国家药品监督管理局分别在无菌和植入性医疗器械产品生产企业实施《医疗器械生产质量管理规范》。该规范从我国医疗器械产品生产总体水平和特殊要求出发，以严格坚持医疗器械产品的安全性、有效性的基本准则为出发点，与国际标准相接轨，督促指导医疗器械生产企业进行规范化、标准化和规模化生产。该规范要求医疗器械生产企业在产品实现的全过程中要建立一套科学完整的管理方法和控制措施，并通过规范化的管理和严密的监控来获得预期的产品质量。

一、无菌医疗器械生产洁净厂房的总体要求

无菌医疗器械生产企业为了控制污染，或将污染的可能性降至最低，必须要有整洁的生产环境及与所生产的产品相适应的厂房设施，包括净化厂房以及相配套的净化空气处理系统、电力照明、工艺用水、工艺用气、卫生清洗、安全设施等。《无菌医疗器具生产管理规范》（YY 0033—2000）对厂房与设施条件给出了具体要求。生产企业为了防止来自各种渠道的污染，采取了多方面的降低污染的控制措施，并初步形成了综合性的洁净技术系统作为无菌医疗器械生产控制污染的重要组成部分。

无菌医疗器械的生产首先要满足《医疗器械生产质量管理规范》要求的基础设施和工作环境等硬件条件。在环境条件可能的情况下，生产厂区应尽量地选择在空气清新、含尘含菌量低、无有害性气体等周围环境较为清洁和绿化较好的地区，不要选在多风沙的地区和有严重灰尘、烟气、腐蚀性气体污染的工业区。若环境条件不允许，必须位于工业污染或其他人为污染、灰尘较严重的地区时，要

在其全年主导风向的上风侧。厂区内的主要路面、消防车道等应平整宽敞，尽量选用坚固、不易起尘的材料建造。

洁净厂房应远离铁路、公路、机场等交通主干道，且与交通主干道之间的距离不宜小于 50 m。不论是新建的还是改建的洁净厂房周围都要进行绿化，四周应无积水、垃圾、杂草等。对于洁净厂房的总体布局应遵循以下的原则：厂房位置要尽量设在人流、物流较少的地方。洁净室内人流方向布局要由低洁净级别的洁净室向高一级别的洁净室过渡。在不影响生产工艺流程的情况下，要按照产品实现过程的顺向布置，并尽可能将洁净级别要求相同的洁净室安排在一起。为了减少交叉污染和便于系统布置，在同一洁净室内，应尽量将洁净级别要求较高的工序布置在洁净气流首先到达的区域，容易产生污染的工序布置在靠近回、排风口的位置。在相关设备布局方面，洁净室内只布置必要的生产工艺设备，容易产生灰尘和有害气体的工艺设备或辅机应尽量布置在洁净室的外部。

二、无菌医疗器械生产洁净室的微生物控制

《无菌医疗器具生产管理规范》（YY 0033—2000）标准规定了无菌医疗器械的生产和与产品接触的包装材料的生产均应在相应的洁净区域内进行。为了对尘粒及微生物的污染进行控制，要求其洁净厂房的建筑结构、设备及使用的工位器具应有减少对该区域污染源的介入、产生和滞留的功能。因此，在无菌医疗器械生产过程中控制环境中的微尘颗粒，对产品的实现过程是至关重要的。这些尘粒的存在可以导致热原反应、动脉炎、微血栓或异物肉芽肿等，严重的会致人死亡，直接危及生命安全。在设计无菌医疗器械生产洁净厂房时，必须对可能产生微粒尘埃的环节，如室内装修、环境空气、设备、设施、容器、工位器具等做出必要的规定。

此外，还必须对进入洁净厂房的人员和物料的人流通道和物流通道进行净化处理。然而，无菌医疗器械生产企业对生产环境洁净度的控制还不仅限于微粒，鉴于产品的预期用途，除了对环境中的微粒加以控制外，还必须对活性微生物进行控制。因为活性微生物对产品的污染要比微粒更甚，若不加以控制则对人体造成的危害更为严重。由于微生物在温度、湿度等条件适宜的情况下会不断地生长和繁殖，所以不同环境中的微生物数量也不相同。因而对这些活性微生物的控制尤为重要，也更为棘手。正是这些问题和原因的存在，无菌医疗器械生产洁净室必须同时对生产环境中的尘粒和微生物加以控制。对尘粒、微生物污染的控制，

从洁净技术要求的角度而言，有四个原则：

① 对进入洁净室的空气必须充分地除菌或灭菌。

② 使室内微生物、颗粒迅速而有效地吸收并被排出室外。

③ 控制室内的微生物粒子积聚衍生。

④ 防止进入室内的人员或物品散发细菌；如果不能防止，则应尽量限制其扩散。

洁净室尘粒、微生物污染的控制，是与严格的科学管理和限制人员数量，并采取有效的除尘、除菌等技术密切关联的。良好的除尘、除菌措施，控制人流、物流及生产过程中带来的各种交叉污染等均是洁净技术中十分重要的内容。

三、洁净室的气流组织形式与换气要求

为特定目的而在室内形成一定的空气流动状态与分布，通常叫作气流组织。一般来说，空气自送风口进入房间后首先形成射入气流，流向房间回风口的是回流气流，在房间内局部空间回旋的则是涡流气流。为了使洁净区获得低而均匀的含尘浓度，洁净室内组织气流的基本原则是：最大限度地减少涡流；使射入气流经过最短流程尽快覆盖工作区，并希望气流方向能与尘埃的沉降方向一致；使回流气流有效地将室内尘埃排出室外。可见洁净车间与一般的空调车间相比是完全不同的。洁净室的气流组织形式和换气次数的确定，应根据热平衡、风量平衡以及净化要求计算而得到，并取最大值。

洁净室的气流组织形式是实现净化环境的重要保证措施。一般气流组织形式有非单向流、单向流、混合流三种形式。用高度净化的空气把车间内产生的粉尘稀释，叫作非单向流方式（乱流方式）。用高度净化的气流作为载体，把粉尘排出，叫作单向流方式（层流方式）。单向流方式又分为垂直单向流和水平单向流两种。从房顶方向吹入清洁空气，通过地平面排出叫作垂直单向流；从侧壁方向吹入清洁空气，从对面侧壁排出叫作水平单向流；单向流和非单向流混合则为混合流。非单向流方式由于换气次数的变化洁净度也随之变化，通常洁净度要求 10 0000 级时，换气次数在 25~35 次 /h；洁净度要求 100 000 级时，换气次数在 15~25 次 /h；洁净度要求 300 000 级时，换气次数在 12~18 次 /h；当洁净度要求 100 级时，单向流方式通常规定了气体流速为水平 >0.4 m/s、垂直 >0.3 m/s。

1. 非单向流方式的优缺点

① 优点：过滤器以及空气处理简便；设备投资费用较低；扩大生产规模比

较容易；与净化工作台联合使用时，可以保持较高的洁净度。

② 缺点：室内洁净度易受作业人员的影响；易产生涡流，有污染微粒在室内循环的可能；换气次数低，因而进入正常运转的时间长、动力费用增加。

2. 垂直单向流方式的优缺点

① 优点：不受室内作业人数作业状态的影响，能保持较高的洁净度；换气次数高，几乎在运转的同时就能达到稳定状态；尘埃堆积或再飘浮非常少，室内产生的尘埃随气流运行被排出，迅速从污染状态恢复到洁净状态。

② 缺点：安装终滤器以及交换板麻烦，易导致过滤器密封胶垫破损；设备投资费用较高；扩大生产规模困难。

3. 水平单向流方式的优缺点

① 优点：因涡流、死角等原因，使尘埃堆积或再飘浮的机会相对减少；换气次数高，因而自身净化时间短；室内洁净度不大受作业人数和作业状态的干扰。

② 缺点：近风面能保持高洁净度，但接近吸风面，洁净度则随之降低；扩大生产规模困难；设备投资费用较高。

从上述分析可以看出：若把操作室全部净化系统设计成上述单向流的方式，则设备和附加工程投入费用较高，并需要更加完善的衣帽间、工作服清洗间、更衣室、风淋室等缓冲系统。因此，在这种情况下可以考虑采用局部百级单向流净化方式，在 10 000 级洁净区域内安装单向流净化设施（100 级层流罩），这样对大面积的洁净车间，环境洁净级别就可以不需要全部设计那么高。实际上，要使一个洁净车间的全部洁净度都能达到 100 级的要求也是很困难的。

在洁净室内一般采用顶送下回的送回风方式。顶送顶回的送回风方式虽然在某些空态测定中可能达到设计的洁净级别要求，但是在动态时很不利于排除污染，所以是不宜推荐的方式，这是因为：

① 顶送顶回容易形成某一高度上某一区域气流趋向停滞，当使微粒的上升力和重力相抵时，易使大微粒（主要是 5 μm 微粒）停留在某一空间区域，所以对于局部百级情况下不利于排除尘粒和保证工作区的工作风速。

② 容易造成气流短路，使部分洁净气流和新风不能参与室内的全部循环，因而降低了洁净效果和卫生效果。

③ 容易使污染微粒在上升排出的过程中因可能经过其操作点，导致产品交叉污染。但如果在洁净区走廊中，由于没有操作点，采用顶送顶回则一般不存在这种风险。另外，在洁净区其两边房屋之间，若在没有特别的交叉污染要求的条件下或在 300 000 级的低净化要求的洁净室，采用顶送顶回的方式也是允许的。

四、洁净室的工艺用水和工艺用气

工艺用水与工艺用气在无菌医疗器械生产过程中都普遍使用，这些制水、制气设施虽然可以是安置在洁净厂房外的独立设备，但由于产品实现过程中对各种特定条件的要求，其使用点一般均设在洁净室内，并且与产品多次接触，或直接参与产品的化学、物理和生物检查等过程，这些基础设施对于产品质量有着更加直接的影响。

1. 工艺用水的基本要求

工艺用水分为原水、纯化水和注射用水。通常工艺用原水为符合国家标准的生活饮用水，它是用天然水在水厂经过凝聚沉淀与加氢处理得到的，但用工业标准来衡量，其中仍然含有不少杂质，主要包括溶解的无机物和有机物、微细颗粒、胶体和微生物等。

无菌医疗器械生产中工艺用水的主要指标有电阻率、pH 值、重金属含量、细菌、热源等；工艺用水的“纯度”是相对而言的，通常多把脱盐水、蒸馏水、去离子水统称为纯化水。纯化水的电阻率（25℃）一般在（0.1~1.0）$\times 10^6$~$1.0\times 10^7\,\Omega$/ cm，含盐量在 0.1~5 mg/L，有一个相当宽的区间。实际上的理想的“纯水”是没有的，因为它具有极高的溶解性和不稳定性，极易受到其他物质的污染而降低纯度。去离子水必须用生活饮用水为原水，经过离子交换而制备。蒸馏水可以用生活饮用水经蒸馏而制备，纯化水的制备还可以采取反渗透的方法。但纯化水仍不能去除热源，所以注射用水必须用上述方法制得的纯化水再进一步通过蒸馏而制取。纯化水制备系统没有一个固定模式，要综合权衡多种因素并根据各种纯化手段的特点灵活组合应用，既要受原水性质、用水标准与用水量的制约，又要考虑制水效率的高低、能耗的大小、设备的繁简、管理维护的难易和产品的成本。

为了保证纯化水的水质稳定，制成后应在系统内不断的循环流动，即使暂时不用也仍要返回贮存容器中重新净化后再进行循环，不得停滞。制备工艺用水和输送工艺用水的管道及安装必须采用符合标准要求的材料和安装措施。工艺用水的设施安装完成后要按照相关的要求进行验证确认。

2. 工艺用气的基本要求

无菌医疗器械生产所用的工艺用气主要是指通过洁净技术处理的压缩空气。评价工艺用气洁净度的指标主要为气体中夹带的尘粒以及细菌数。一般空气中的含尘量为265~1 140粒/L(0.3 μm)，从气体发生站用管道输出的气体中含尘量大于600粒/L(≥0.3 μm)。而洁净室生产用的压缩空气一般要求含尘量不大于3.5粒/L(≥0.5 μm)。因此，必须要在输气管道使用点的末端安装尘粒过滤器，其过滤器多采用微孔滤膜，常用的滤膜有0.22 μm、0.45 μm、1 μm、3 μm、5 μm等不同的孔径，选择不同的滤膜从而可以达到所需的压缩空气净化程度。

3. 洁净区域的排水要求

洁净区域的排水系统是极其重要的，排水系统的主要功能是把零配件清洗、工位器具清洗、环境卫生清洁以及生产设备中排出的污水迅速排到室外的排水管道中，同时防止室外排水管道中的有害气体、污染物、害虫等进入室内，导致形成新的污染。无菌医疗器械生产过程中所产生的污水一般有以下两大类。

① 生活污水：包括卫生洁具清洗、员工洗手、洗工作服及其他方面排出的污水。

② 生产废水：是指生产过程中所产生的污水和废水，包括产品零配件清洗、工装设备清洗、工位器具和容器清洗用水、工艺冷却用水等。

无菌医疗器械生产洁净室内排水必须遵守有关规定，采取的措施主要有：

①100级的洁净室内不宜设置水斗和地漏，10 000级的洁净室应避免安装水斗和地漏，在其他级别的洁净室中应把水斗及地漏的数量减速少到最低程度。

② 洁净室内与下水管道连接的设备、清洁器具和排水设备的排出口以下部位，必须设计成水弯头或安装水封装置。

③ 洁净室内的地漏，要求材质内表面光洁，不易腐蚀，不易结垢，带有密封盖，开启方便，能防止废水、废气倒灌。必要时还应根据产品的工艺要求，灌注消毒剂进行消毒杀菌，从而可以较好地控制对洁净室的污染。

④ 生产过程中排出的酸、碱类清洗废水亦设置专用管道，应采用耐腐蚀的不锈钢管、PVC塑料管、ABS塑料管引至酸、碱处理装置。

总之，洁净区域应尽量避免安装地漏和下水道，而无菌操作区则应绝对避免。若确实需要安装，则应在工程设计时充分考虑其安装位置，并便于维护、清洗，确保对洁净区域的污染降低到最低程度。

五、洁净室的消毒与灭菌方法

无菌医疗器械生产洁净室与其他工业洁净室有所不同，应按照不同产品的工艺流程和对产品的风险控制要求来确定洁净室的消毒与灭菌方法。在无菌医疗器械实际生产过程中，因洁净室的地面、墙面、顶棚、设施、人员、工作服表面等都有可能产生带有活性微生物的粒子，当环境温度、湿度适宜时，细菌即在这些物体表面进行繁殖，并不断地被气流吹散到室内。因此，要定期地对洁净室进行消毒或灭菌。洁净室常用的消毒或灭菌方法有紫外灯照射，臭氧接触，过氧乙酸、环氧乙烷、甲醛等气体熏蒸和消毒剂喷洒等方法。但不论采用什么方法，都必须保证消毒或灭菌的有效性，并要定期对其效果进行验证。

1. 紫外灯灭菌

紫外线灭菌灯为生产企业普遍采用，主要用在人流物流通道、风淋室、各洁净工作区域房间、洁净工作台、层流罩、物料传递窗等。当紫外线波长为136~390 nm 时，以 253 nm 的杀菌力最强，但因紫外线穿透能力极弱且存在照射死角，只适用于表面灭菌。

2. 臭氧灭菌

臭氧广泛存在于自然界中，对各种细菌（包括肝炎病毒、大肠杆菌、绿脓杆菌及杂菌等）有极强的杀灭能力。臭氧发生器可设计安装在净化空调系统中，通过空调送风系统对洁净工作区域各房间产生灭菌作用，对于小面积的洁净室也可直接将臭氧发生器置于房间中。因空气中使用臭氧灭菌的浓度很低，可根据房间体积及臭氧发生器的臭氧产量计算得到。在臭氧灭菌效果的验证中应确认和校正臭氧发生器技术指标，主要有臭氧产量、臭氧浓度和时间定时器，并通过验证检查细菌数来确定灭菌作用时间。

3. 气体灭菌

对环境空气灭菌的传统做法是采用某种灭菌剂在一定的温度条件下让其蒸发产生气体熏蒸来达到灭菌目的。目前常用的灭菌剂有甲醛、环氧乙烷、过氧乙酸、石炭酸和乳酸的混合液等。在所有的灭菌剂中甲醛是最常用的。当相对湿度在65% 以上、温度在 24~40 ℃时，甲醛气体的灭菌效果最好。甲醛灭菌的气体发生量、熏蒸时间、换气时间等应以验证结果来最终确定。采用甲醛灭菌时，会因甲醛聚合而析出白色粉末附着在建筑物或设备表面上，容易对产品造成污染。所以灭菌前要做好生产清场工作。另外，要特别关注因甲醛对人体有较大的危害性，熏蒸后应及时通风换气，并要严格控制其残留量。

4. 消毒剂灭菌

洁净室的地面、墙面、顶棚、门窗、机器设备、仪器、操作台柜、桌椅等表面在日常生产时，应定期进行清洁并消毒。常用的消毒剂有丙醇（75%）、乙醇（75%）、戊二醛、新洁尔灭等。可将消毒剂放在带有时间控制的自动喷雾器中，在每天下班后或周末待室内无人时进行喷洒，其喷洒量和喷洒时间可以设定，在喷洒期间空调系统应停止工作。无菌室用的消毒剂必须用 0.22 μm 的滤膜过滤后方能使用。操作员工的双手可以每隔 2 h 左右用 75% 乙醇进行擦拭消毒。

六、洁净厂房的装修

洁净厂房内装修应从人员安全及产品防护的角度来考虑，所选用的各种材料应不易产生积尘、不易有微粒脱落等现象发生，以防止造成对工作环境和产品的污染。可参考以下原则：

① 墙壁和墙顶宜采用彩钢板，应选择用岩棉等阻燃性材料作为彩钢板的内层保温材料。

② 地坪可选用环氧树脂、水磨石、PVC 等材料施工。在采用水磨石地面时要注意选择不低于 425 号的高标号水泥和大于 6 mm 的石子并采用铜条以提高抗拉力强度，以防止因地面沉降伸缩而产生裂缝。

③ 顶棚、墙面、地面、墙柱等交接处及洁净区内楼梯的每层踏步之间宜做成 R >5 cm 的圆角，以防止积尘和便于清洁。

④ 洁净区内不得使用木质材料装饰，并且要根据产品工艺流程的需要设置双层传递窗。

⑤ 应根据洁净厂房面积的大小和室内工作人员的多少设置全密封的安全门，安全门的数量设置原则为室内工作人员操作点与安全门的最远距离不大于 30 m。当洁净区面积小于 50 m^2 时，至少应设有两个安全门。

⑥ 洁净区内的供电、供水、供气等其他公用工程和隐蔽工程用各种装修材料的选择应满足相关的国家标准和法律法规要求。

在无菌医疗器械生产洁净厂房的建设过程中，不论是洁净厂房的设计单位、施工单位以及建设单位都应严格执行《医药工业洁净厂房设计规范》《无菌医疗器具生产管理规范》等法律法规文件，根据不同医疗器械产品的生产制造工艺流程要求，采取各种有效的控制措施，最大限度地降低各种因素对洁净区可能造成的污染，达到实现无菌医疗器械生产洁净厂房建设的目标，以确保无菌医疗器械的生产环境条件满足规范的要求。

第七章　无菌医疗器械实验室的建设、验证及试验项目

第一节　无菌医疗器械实验室的建设和验证

一、概述

国家药品监督管理局于 2011 年 1 月 1 日发布《医疗器械生产质量管理规范无菌医疗器械实施细则（试行）》第六十三条中提及"生产企业应当建立符合要求并与生产产品相适应的无菌检测室"。

无菌检测室主要是开展无菌医疗器械微生物学检验，包括产品的无菌检查、生物负载检验、微生物限度、阳性菌处理及环境微生物检测等。这些检测项目，都需要在特定的无菌环境条件下（也即有洁净级别要求的净化室）进行的无菌操作。

早在 2000 年 9 月，国家药品监督管理局就发布了《药品检验所实验室质量管理规范（试行）》。其中第十八条规定："无菌检查、微生物限度检查与抗生素微生物检定的实验室，应严格分开。无菌检查、微生物限度检查实验室分无菌操作间和缓冲间。无菌操作间应具备相应的空调净化设备和环境，采用局部百级措施时，其环境应符合万级洁净度要求。进入无菌操作间应有人流净化和物流净化的设备。无菌操作间应根据检验品种的需要，保持对邻室的相对正压或相对负压，并定期检测洁净度。无菌操作间内禁放杂物，并应制定地面、门窗、墙壁、设施等定期清洁、灭菌规程。"

《中华人民共和国药典》无菌检查法中也规定："无菌检查应在环境洁净度

10 000 级和局部洁净度 100 级的单向流空气区域内或隔离系统中进行，其全过程必须严格遵守无菌操作，防止微生物污染。单向流空气区、工作台面及环境应定期按《医药工业洁净室（区）悬浮粒子、浮游菌和沉降菌的测试方法》的现行国家标准进行洁净度验证。隔离系统按相关的要求进行验证，其内部环境的洁净度要符合无菌检查的要求。”

据上述法规要求，为满足微生物检测，无菌检测实验室应具备以下设置、功能：

能满足无菌检查、标准菌株处理和微生物鉴别、生物负载或微生物限度检查各自严格分开的无菌室，或者隔离系统（要求局部百级、环境万级洁净度）；微生物培养室；试液配制及培养基准备室；高压灭菌间；实验器皿洗涤、烘干间。

还要对这些设施与设备实施有效的监控与验证，以保证整个无菌检测实验室的布置要符合规范要求。按照各房间的使用要求配置适当的空气净化系统，以提高实验室的总体质量。

二、实验室建设与验证

（一）无菌检查无菌室

无菌室是无菌医疗器械微生物检测的重要场所与最基本的设施，也是微生物检测质量保证的重要物质基础。因此，建造的实验室应具有进行微生物检测的适宜、充分的设施条件，实验室的布局与设计应充分考虑良好微生物操作规范和实验室安全要求。实验室布局设计的基本原则是既要最大可能防止微生物的污染，又要防止检验过程对环境和人员造成危害。微生物实验室的施工、安装、验收应按国家行业有关洁净室洁净度标准施工和验收要求执行。

无菌室的建造要求及管理规则：

1. 无菌室的建造应远离污染、避免潮湿

面积一般 5~10 m²，高度不超过 2.4 m。由 1~2 个缓冲间、操作间组成（操作间和缓冲间的门不应直对），人流、物流应严格分开，操作间和缓冲间之间应设样品传递窗。在第一缓冲间内可设洗手池，放置拖鞋等。外套放置与洁净工作服应分别设置（可设第二缓冲间）。空气风淋室应设在无菌洁净室人员入口处，并应与洁净工作服更衣室相邻。无菌室内应六面光滑平整，能耐受清洗消毒。墙壁与地面、天花板连接处应呈凹弧形，无缝隙，不留死角。操作间内不应设地漏。

操作间应放置超净工作台（100 级），室内温度控制 18~26 ℃，相对湿度 45%~65%，操作间内均应设置紫外灯，空气洁净级别不同的相邻房间之间的静压差应大于 5 Pa，无菌室与室外大气的静压差大于 10 Pa，无菌室内的照明灯应嵌装在天花板内，室内光照应分布均匀，光照度不低于 300 lx。缓冲间和操作间所设置的紫外线杀菌灯（2~2.5 W/m³）。

2. 无菌检测室应建立使用登记制度

登记内容包括日期、使用时间、紫外线使用登记、温度、湿度、洁净度状态（沉降菌数、浮游菌数、尘埃粒子数）、清洁工作（台面、地面墙面、传递窗、门把手）、消毒液名称、使用人等。

3. 建立进入无菌检测室标准程序

至少应包括下述内容：

① 每次实验前应开启净化系统使运转至少 1 h 以上，同时开启超净工作台和紫外灯。

② 凡进入无菌室的物品必须先在第一缓冲间内对外部表面进行消毒净化处理，避免和减少污染。

③ 人员净化用室的入口处应设净鞋措施。实验人员进入无菌室前，应清洁手后进入第一缓冲间更衣，换上消毒隔离拖鞋，用消毒液消毒双手后戴上无菌手套，在进入第二缓冲间时换第二双消毒隔离拖鞋。或是再戴上第二副无菌手套，换上无菌连衣帽（不得让头发、衣服等暴露在外面），戴上无菌口罩。再经风淋室 30 s 风淋后进入无菌室。

④ 查温度、湿度是否符合规定，并作为实验原始数据记录在案。

⑤ 在实验同时，应对无菌室和超净工作台做微生物沉降菌落计数，并记录在原始记录中。定期或必要时，对无菌室和净化台进行浮游菌测定，并做好记录，作为实验环境原始数据。

⑥ 无菌室每周或操作后均应用适宜消毒液（常用消毒剂的品种有 0.1% 新洁尔灭溶液、75% 乙醇溶液、2% 戊二醛水溶液等，所用的消毒剂品种应进行有效性验证后方可使用，并定期更换消毒剂的品种）擦拭操作台及可能污染的死角。方法是用无菌纱布浸渍消毒溶液清洁超净台的整个内表面、顶面，无菌室、人流、物流、缓冲间的地板、传递窗、门把手。清洁消毒程序应从内向外，从高洁净区到低洁净区。逐步向外退出洁净区域。然后开启无菌空气过滤器及紫外灯杀菌 1~2 h，以杀灭存留微生物。在每次操作完毕，同样用上述消毒溶液擦拭工作台面，除去室内湿气，用紫外灯杀菌 30 min。

4. 空气中菌落数的检查

无菌室经消毒处理后，无菌试验前及操作过程中需检查空气中菌落数，常用沉降菌和浮游菌测定方法来验证消毒效果的有效性。

无菌操作台面或超净工作台还应定期检测其悬浮粒子，应达到 100 级（一般用尘埃粒子计数仪）检测，并根据无菌状况必要时置换过滤器。

5. 无菌室洁净度的再验证

每年或当洁净室设施发生重大改变时，要按国家标准《医药工业洁净室（区）悬浮粒子、浮游菌和沉降菌的测试方法》进行洁净度再验证，以确保洁净度符合规定，保存验证原始记录，定期归档保存，并将验证结果记录在无菌室使用登记册上，作为实验环境原始依据及趋势分析资料。

洁净度不符合规定时立即停止使用，应查明原因，并彻底清洁、灭菌，然后对洁净度进行再验证，待检测符合规定后再使用。同时将异常情况发生的原因、纠正措施等记录归档保存。

6. 其他

① 定期检查，维护紫外灯管及净化系统的初效、中效、高效过滤器，对失效的及时更换。保证其灭菌和除菌的持续有效。并同时做好使用和更换记录，定期归档保存。

② 非微生物室检验人员不得进入无菌室。对维修人员必须进行指导和监督。

③ 建立无菌室的日常管理安全卫生值日制度，一旦发现通风系统等设施有损坏现象，要及时采取相应的修复措施，并保存记录及时归档。

（二）毒菌种处理和微生物鉴别无菌室（阳性对照室）

微生物检测实验室需使用标准菌种、微生物鉴别以及对检测的菌种进行各种处理，如转接种、制备菌液、鉴定、保藏和进行方法学验证；或对培养基灵敏度检查及阳性对照用菌株的接种以及测定用菌种的准备等；必要时对样品中检出的或从洁净环境中分离到的微生物进行分类鉴别，此外有些实验还要自制生物指示剂。这些主体活动就直接要接触处理微生物菌种，如果菌种控制或操作不当，会导致实验室环境污染或菌种间交叉污染。因此，菌种处理和微生物鉴别室必须与其他的微生物检查用洁净室严格分开。以超净工作台作为局部 100 级的控制措施，最好是使用生物安全柜。所有的与活毒菌种相关的活动都应在层流台或生物安全柜中进行。每次试验结束后要对无菌室、层流台或生物安全柜及整个实验室环境进行消毒。所有与菌种相关的试验废弃物均应经过灭菌处理后方可丢弃。

使用管理中应注意制定与菌种处理相关的标准操作规程。此外，还包括生物安全柜的使用标准操作规程、带菌废弃物的处理标准操作规程以及环境消毒等的标准操作规程。

（三）生物负载检验、微生物限度检测无菌室

生物负载检验、微生物限度检测的样品，污染都较严重，尤其是在运输、搬运过程中的污染。样品进入无菌室前应按有关物品进入无菌室的基本要求操作，但污染仍不可避免。为减少污染（霉菌孢子等），避免交叉污染，所以考虑采用各自循环系统的无菌室也是必要的。

各无菌室的环境检测及使用管理的要求应参照洁净室的基本要求，并根据用途的不同，制定相应的标准操作规程，特别应注意制定带菌废弃物的处理标准操作规程，防止交叉污染或细菌内毒素的污染的标准操作规程。

（四）培养室、培养基配制室、灭菌室、器皿洗涤室

培养室用来放置培养各类微生物生长的细菌培养箱和真菌培养箱以及菌种保藏用的冰箱。同时室内应注意避免抑制微生物和避免使用强效、挥发性、喷雾行消毒剂，以防止影响微生物的生长。培养基的配制室及器皿洗涤室为一般的清洁环境室。应防止消毒剂对试剂、培养基原料及配制用器皿和溶剂的污染。灭菌室是放置高压灭菌器、进行灭菌物品的工作室。注意应有适当措施防止灭菌后物品的二次污染。对于已灭菌和没有灭菌的物品应有明显标志加以区别。

三、实验室设备与验证

在《药品检验所实验室质量管理规范（试行）》中对实验室仪器设备有以下原则要求："第二十条 仪器设备的种类、数量、各种参数，应能满足所承担的药品检验、复核、仲裁等的需要，有必要的备品、备件和附件。仪器的量程、精度与分辨率等能覆盖被测药品标准技术指标的要求。""第二十一条 仪器应有专人管理，定期校验检定，对不合格、待修待检的仪器，要有明显的状态标志，并应及时进行相应的处理。仪器使用人应经考核合格后方可操作仪器。""第二十二条 凡精密仪器设备应建立管理档案，其内容包括品名、型号、制造厂名、到货、验收及使用的日期、出厂合格证和检定合格证、操作维修说明书、使用情况、维修记录、附件情况等，进口仪器设备的主要使用说明部分应附有中文译文。""第二十三条 精密仪器的使用应有使用登记制度。"

（一）仪器设备的验证和管理原则

新购设备、仪器首先需对该设备或仪器进行安装鉴定，基本程序是开箱验收、安装、运行性能鉴定程序。安装鉴定的主要内容有：

① 做好仪器档案登记，如名称、型号，生产厂商名称、生产厂商的编号，生产日期，公司内部的固定资产设备登记及安装地点。

② 检查和验收仪器是否符合厂方规定的规格标准要求，并记录归档。

③ 检查并确保有该仪器的使用说明书、维修保养手册和备件清单。

④ 检查安装是否恰当，气、电及管路连接是否符合要求。

⑤ 制定使用规程和维修保养制度，建立使用日记和维修记录。

⑥ 明确仪器设备技术资料（图、手册、备件清单、各种指南及该设备有关的其他文件）的专管人员及存放地点。

最后对确认的结果进行评估，有效地制定设备的校验、维修保养、验证计划以及相关的标准操作规程。校验的目的是确保计量仪表在其量程范围内运行良好，并且测量结果符合既定标准。

一般来说，验证时，至少要有连续 3 次的重复性试验结果支持说明该台设备通过验证，并且能被监督机构认可。完成这些工作后，要按以上相关法规的规定，对仪器设备的管理应做到：

① 备有仪器设备的清单，每台仪器设备有内部控制编号、专门保管人。

② 每台仪器设备上要贴有明显标识，标记主要有“合格”“准用”“限用”“封存”“停用”几类。标记要标明其内部控制编号、名称、型号、生产厂家、保管人及所处的状态。对需定期校验的设备经校验合格则贴上绿色合格证，并标明最近校验日期和下次校验日期及校验人员的签名。“准用”标记表明测量无检定规程，按校正规范为合格状态，颜色为黄色。“限用”标记表明使用仪器的部分功能或限量，经检定或计量确认处理合格状态，清楚地标出“限用”两字，颜色为蓝色。“封存”标记表明暂不使用，需使用时，应启封检定。凡校验不合格、过期、需报修的设备仪器应贴有红色停用证，并标明停用日期。

③ 建立仪器设备的标准操作规程：每台仪器设备要建立标准操作规程，保证每人可以正确使用。

④ 建立使用登记本和维修、保养记录。这些日常记录是偏差调查的关键依据。

（二）实验室设备的质量保证和管理要求

实验室设备按是否需校验可分为无须校验的设备、需校验的设备、安装后性能鉴定并且需要连续监控的设备、需要验证和持续监控的设备四大类进行质量保证和管理要求，现分述如下。

1. 无须校验的设备

用于细菌内毒素检测混合时使用或样品混合时的自动旋涡混合器、菌落计数器和光学显微镜等。只需确认其运行正常，贴上绿色状态良好标识即可（实验室通常用的标识表明仪器的校准状态。合格证——绿色；准用证——黄色；停用证——红色）。同时应制定此类设备的使用和维护规程。

2. 需校验的设备

培养箱、水浴箱、蒸汽高压灭菌器、灭菌器安全阀、天平、砝码、pH 计、分光光度计、温度计或压力仪表、微量加样器、游标卡尺等，均需定期由法定计量单位进行溯源校验或有能力的进行自校。

3. 安装后性能鉴定并且需要连续监控的设备

风淋室，通风设备中的空气滤膜。

4. 需要验证和持续监控的设备

超净工作台是微生物检测实验室使用最广泛的设备，应建立监控规程与使用指南，并做好检查、维护和验证工作，以利于无菌操作的正常进行。

（1）监控规程

超净工作台在管理上应制定相应的监控规程。

① 超净工作台安装完毕，需在安装使用现场对其进行完好性（泄漏）检查和过滤率（性能）测试验收。

② 使用期间应定期进行此类验证测试（通常每半年至少检查 1 次）。

③ 日常管理一旦发现设备运行不稳，或环境监控结果异常，或微生物检验结果偏差呈上升趋势，均须立即进行完好性检查和性能测试。此类检查可有效避免无菌操作带来的潜在污染风险。

④ 无菌作业时，应同时监控操作区空气以及操作台表面的微生物动态；在实验时，应同时做阴性、阳性对照实验。

（2）使用指南和维护

① 超净工作台应放置在人员走动相对较少，并且是远离门的位置，目的是使设备周围环境的气流相对稳定，不影响操作区，更不得对操作区层流产生干扰。

② 使用净化工作台时，应提前 30 min 开机，同时开启紫外线灯，杀灭工作区内的微生物；30 min 后关闭紫外线灯，启动风机，初始工作电压 160 V。

③ 对于新安装或长期未使用的超净工作台，使用前应进行彻底的清洁工作，然后采用药物灭菌法和紫外线杀菌处理。

④ 操作人员应熟悉层流净化工作台的设计、工作原理及气流模式。

⑤ 操作区内尽量避免有明显扰乱气流流型的动作。

⑥ 操作区内不应摆放与实验无关的物品，以保持操作区洁净气流型不受干扰。

⑦ 定期（两个月一次）用风速仪测量操作区的风速。当加大风机电压不能使操作区风速达到 0.3 m/s 时，则必须更换空气高效过滤器。如更换空气高效过滤器则应验证密封性能，调节风机电压，使操作区平均风速保持在 0.3~0.6 m/s。

⑧ 定期（一周一次）对操作区及环境进行灭菌工作，同时经常用纱布沾酒精擦拭紫外线灯管，保持表面清洁，以免影响灭菌效果。

⑨ 根据环境洁净程度，定期（每 2~3 个月一次）将粗滤布拆下进行清洗或予以更换。

⑩ 在洁净区内，如条件许可，尽量使超净工作台始终处于运行状态。但一旦停止运行而重新启动后，要对工作区进行彻底性消毒并且在使用前至少要预运行 5 min。此外，在每次使用前和使用后，均应对工作台面采取清洁和消毒措施。

⑪ 要对室内各类层流工作台的运行、清洁和消毒、校验和维修等制定详细的标准操作规程。

⑫ 使用和维修记录。使用记录的内容包括使用日期及时间、仪器使用前后的状态、清洁或消毒状态及使用人的签名等；维修记录内容包括故障说明维修情况及维修人员和设备责任人的签名等。定期对设备的清洁或消毒记录和环境监控记录进行回顾性审查，以评估超净工作台内工作区的维护状况。

第二节　无菌医疗器械试验项目

一、概述

无菌医疗器械接触人体或植入人体内，在临床医疗应用中担负着救死扶伤、防病治病的重要作用，但也存在着一定的风险。为确保无菌医疗器械的质量以及临床医疗使用的安全、有效，在生产过程管理中对原料选择、配方、工艺流程，直至最终成品，常需要选择一些检测项目进行筛检，用于生产工艺过程的监控以及最终产品放行的把关检验，这些过程检验对于获得高质量低风险的医疗器械十分重要。正如 GB/T 16886.1—2022/ISO 10993—1:2018《医疗器械生物学评价 第1部分：风险管理过程中的评价与试验》标准中条明确指出，预期用于人体的任何材料或器械的选择与评价需遵循 YY/T 0316—2016 附表Ⅰ开展的风险管理过程中框架性生物学评价计划的组成部分。生物学评价应由掌握理论知识和具有经验的专业人员来策划、实施并形成文件。在选择制造医疗器械所用材料时，应首先考虑材料表征和特性对其用途的适宜性，包括化学、毒理学、物理学、电学、形态学和力学等性能。

二、检测项目

鉴于安全性考虑无菌医疗器械的试验项目，除物理性能外，首先关注的应该是化学性能的检验，如 pH、还原物质、重金属、氯化物、蒸发残渣等，这些检测项目是最经济、最快捷的筛选法。然后进行生物相容性评价试验，而在生物相容性评价试验中，体外的细胞毒性试验和溶血试验，应作为首选筛检试验项目。这是因为细胞毒性试验是一种体外的简便、快速、敏感性高的检测方法，该法也是生物相容性评价体外试验中最灵敏的方法之一。溶血试验除了作为血液相容性的一个试验外，还可作为急性毒性体外试验，对材料在筛选过程中的初期评价有着重要作用，而且对于残留小分子有毒物质化学品有较高的敏感性。在进行了上述筛检试验后，再根据医疗器械的用途选择相应的检测项目。

（一）微生物部分

微生物广泛存在自然界，可谓是到处有菌，因此在无菌医疗器械的生产过程中，每时每刻都有可能受到微生物的污染。除了必须有高标准的生产环境设施，易于清洁、消毒、净化和秩序井然的生产控制区外，还需要从事医疗用品生产的人员树立无菌观念，注意无菌操作。所谓无菌操作，是指在整个操作过程中，利用和控制一定条件，尽量使产品避免微生物污染的一种操作方法。各种灭菌方法（包括热力、化学或物理法）均可杀灭微生物，但其尸体、毒素依然存在，这些物质的存在仍可引起不良反应（如输液反应）。

目前，世界范围内从事医疗用品工业生产的领域中，注意力已从最后测试产品的无菌转移到对生产全过程（含灭菌过程）的关注，即在生产全过程中，强调每一步骤均要减少生物负载，并试图建立一种清洁程度最高、生物负载最少的生产工艺流程，以达到增强灭菌彻底又不造成热原反应的可能性。这是制造程序中每一个步骤所要达到的目标。这种“过程管理”已成为全世界无菌性医疗产品制造行业关心的主要问题。这与先前只强调最终产品的无菌明显不同。有关涉及微生物方面检测项目汇总如下。

1. 生物负载（初始污染菌）检验

生物负载是指一件产品和包装上存活的微生物的总数，也即是灭菌前产品受微生物污染进行活菌计数的一种方法，包括原材料、半成品、部件和成品医疗器械的检测。例如环氧乙烷（EO）灭菌前、湿热灭菌前微生物活菌计数（生物负载）、辐射灭菌剂量设定及剂量审核中微生物检验。以此法可了解产品和材料受微生物污染程度、带菌数量的动态变化、微生物特性鉴别和菌谱分布等。

目前主要参照的方法来自《中华人民共和国药典》和 ISO 11737-1 标准。ISO 11737-1 标准，全面、系统介绍了生物负载测试方法，各实验室可以根据实际情况、条件进行选择采用。但实验时必须对实施方法进行确认和再确认，并将测试方法（包括取样规格、取样频次、洗脱方法、洗脱液选择、培养基性能鉴定、培养条件、生物特性、释出物及校正因子等）、验证方法文件化，对每个实验步骤、方法进行评估，实验过程、实验结果等进行记录。

具体应用如辐射灭菌剂量设定，可参照 ISO 11137-2 标准方法，按 ISO 11737-1 标准检测生物负载，确定验证剂量及灭菌剂量。ISO 11137-2 标准规定了用于满足无菌特殊要求的最小剂量的设定方法和证实 25 kGy 或 15 kGy 作为能达到 10^{-6} 无菌保证水平的灭菌剂量的方法。ISO 11137 标准还规定了剂量审核的方法，以便证明设定的灭菌剂量持续有效。其中方法 1 和方法 2 均需进行三个批次产品生物负载的测定，求得生物负载的平均数，根据生物负载信息数据，然后选择验证剂量（SAL10^{-6} 或 SAL10^{-1}），辐照一定量产品（100 个产品或 10 个产品），通过无菌试验记录的阳性数，最后外推最低灭菌剂量（SAL10^{-6}）。

可参照的方法还包括 ISO 11137-1、ISO 11137-2、ISO 11137-3、ISO 11737-1、ISO 11737-2。

2. 无菌试验

该试验是检查产品是否无菌的一种方法。无菌即指产品上无存活的微生物。由于无菌医疗器械的生产过程经受着各种来源的外来污染，污染微生物的数量、抗性及种类的不确定性，以及特定灭菌过程控制要素的复杂性，对灭菌后总体的无菌性只能以总体中的非无菌存在概率来表述，通常用无菌保证水平（Sterility

Assurance Level，SAL）10^{-6}表示，据此工业化灭菌即认为该灭菌批产品是无菌的。再则，鉴于无菌试验的局限性，以及无菌操作的烦琐和技术条件，有可能存在假阳性和假阴性的情况，对于实验方法应严格按实验指导部分规程进行操作，对于无菌试验的结果评价和解释就更需要谨慎加以评估。例如，ISO 11137标准中提及，无菌试验不用于产品的放行。实际工作中，以无菌试验判定产品是否无菌的纠纷十分常见。

检测方法主要是参照药典和ISO 11737-2方法。

3. 沉降菌测试、浮游菌测试、物体表面细菌总数检验和生产人员手细菌总数检验

沉降菌测试、浮游菌测试、物体表面细菌总数检验和生产人员手细菌总数检验方法均是利用微生物检验技术，建立生产环境微生物污染资料，尤其是年、月、日或班次的细菌污染分布及菌谱特征，对生产实践具有重要的指导意义。这些检验指标有助于工作环境、生产过程和人员卫生的质量控制。

检验方法可参照GB/T 16292《医药工业洁净室（区）浮游菌测试方法》、GB/T 16294《医药工业洁净室（区）沉降菌测试方法》、GB 15980—2009《一次性使用医疗用品卫生标准》。

4. 控制菌检验

在医疗器械生产中，不仅需要对微生物数量进行控制，而且对微生物种类也要进行监测，尤其是易引起医院内感染的微生物的控制。如《中华人民共和国药典》规定，需要检测大肠埃希菌大肠菌群、沙门菌、铜绿假单胞菌、金黄色葡萄球菌、梭菌。20世纪90年代国际上曾检出我国医疗棉制品中存在着砖火丝菌，境外一些国家提出限制进口或需采用双重灭菌法的要求，大大增加了医用制品的成本。也有国外客户提出，需对院内感染病原菌洋葱伯克霍尔德氏菌和蜡样芽孢杆菌检测要求的。可见控制菌的检验种类也随着医疗器械研究的深入、临床医疗安全的需要，微生物检测种类也在不断扩大。这就对微生物检测人员提出了更高的要求。

5. 其他

培养基灵敏度检查、抑菌释出物检验、产品控制菌检验、阻菌性试验、灭菌效果监测（BI试验）等均属于微生物学检验。这些检测项目，对提高微生物检出率、了解包装材料性能和灭菌效果检验有极重要的作用。

（二）物理、化学部分

在选择和筛检医疗器械原材料时，物理、化学性能检验应是首先考虑和最有效的检测方法之一。

物理性能检验由于医疗器械品种、材料的多样性，物理检测项目也不尽相同。例如，医用输液、输血、注射器具的标准规定了物理性能检测项目：微粒污染、密封性、连接强度、药液过滤器滤除率（一次性使用重力输液式输液器）；一次性使用无菌注射器物理性能为滑动性能、器身密合性、容量允差及残留容量；一次性使用静脉注射针的刚性、韧性及耐腐蚀性也是物理性能必检项目。

又如，镍钴合金丝 0.4 mm 血管支架物理性能需检测形状恢复温度、磁导率、抗拉强度、屈服强度、延伸率、超弹性极限、疲劳强度及腐蚀速率。用膨体聚四氟乙烯拉伸成 0.03 mm 厚度的人工血管膜需检测其孔率、最大孔径、爆破压力和管口撕裂力等指标。

采用金属类作为医用材料如不锈钢，其物理性能检测项目包括热膨胀系数、密度、弹性模量、电阻率、磁导率、熔化温度范围、比热容、热导率、热扩散率，还需检测其力学性能、耐热性能、耐腐蚀性能及磁性等。这些性能的检测与产品的安全性密切相关。例如，骨科植入材料的强度是产品标准中的一个重要指标，其实质也是一个安全性指标，如果断裂将对病人造成极大的伤害。

对于接触人体或在体内使用的生物医用材料，其化学性能会直接影响人体的安全性。如在 ISO 10993-1 标准明确指出，如果合适，应在生物学评价之前，对最终产品的可浸出化学成分进行定性和定量分析。ISO 10993-10 标准指明，在刺激试验中，pH 如果小于或等于 2 或大于或等于 11.5，则认为是一种刺激物，不必进一步试验。同时对材料中的残留单体、有害金属元素、各种添加剂必须严格控制。例如，医用聚氯乙烯中，氯乙烯的含量必须小于 1×10^{-6}。还有在生产过程中的脱模剂及污染等均应引起关注和重视。

通常控制的指标如下（参照《中华人民共和国药典》、GB/T 14233.1—2022《医用输液、输血、注射器具检验方法 第 1 部分：化学分析方法》）：

① 有机碳：常来自工艺用水、环境等污染。

② 还原物质：常来自生产工艺中有机物和微生物的污染。

③ 重金属：材料、加工设备或生产工艺污染。

④ 氯化物：材料、工艺用水、工艺处理过程等污染。

⑤ pH：与材料、化学添加剂等组合成分有关。

⑥ 铝盐：常来自工艺用水、材料及添加剂等。

⑦ 铵：工艺用水、工艺处理过程污染。

⑧ 蒸发残渣：材料、工艺用水等污染。产品上残留、脱落残渣均是一种微粒。

（三）生物相容性评价

医疗器械因为直接应用于人体，是否有毒性是人们最关注的问题。国际标准化组织在发布的 ISO10993《医疗器械生物学评价 第一部分：风险管理过程中的评价与试验》引言中明确指出："本部分的作用是为策划医疗器械生物学评价提供框架，即随着科学进步和对组织反应机理的掌握，在能获得与体内模型同等相应信息的情况下，应优先采用化学分析试验和体外模型，以便试验动物的使用数量为最小。"

生物相容性评价可按医疗器械接触人体部位（皮肤、黏膜、组织、血液等）、接触方式（直接、间接或植入）、接触时间（短时、长期和持久）和用途分类，所评价的生物相容性试验项目如下。

1. 细胞毒性试验

本试验是将细胞和材料直接接触，或将材料浸出液加到单层培养的细胞上，观察器械、材料和 / 或其浸提液引起的细胞溶解、细胞生长抑制等毒性影响作用。常用 L-929 细胞株。

2. 刺激与迟发性超敏反应试验

本试验用于评价从医疗器械中释放出的化学物质可能引起的接触性危害，包括导致皮肤与黏膜刺激，口、眼刺激和迟发性接触超敏反应。动物常用兔、豚鼠、金地黄鼠。

3. 全身毒性试验

用材料或其浸提液，通过单一途径或多种途径（静脉、腹腔）用动物模型做试验。动物常用小鼠。

4. 亚慢性毒性（亚急性毒性）

通过多种途径，在不到实验动物寿命 10% 的时间内（例如，大鼠最多到 90 d），测定材料的有害作用。动物常用兔、大鼠。

5. 遗传毒性试验（包括细菌性基因突变实验、哺乳动物基因畸变实验和哺乳动物基因突变试验）

用哺乳动物或非哺乳动物细胞、细菌、酵母菌或真菌测定材料、器械或浸提液是否引起基因突变、染色体结构畸变以及其他 DNA 或基因变化的试验。

6. 植入试验

将材料植入动物的合适部位（例如，肌肉或骨），观察一个周期后，评价对活组织的局部毒性作用。动物常用兔、大鼠。

7. 血液相容性试验

血液相容性是通过材料与血液接触（体内或半体内），评价其对血栓形成、血浆蛋白、血液有形成分和补体系统的作用。

8. 慢性毒性试验

通过多种途径，在不少于试验动物大部分寿命期内（例如，大鼠通常为 6 个月），一次或多次接触医疗器械、材料和 / 或其浸提液的作用。动物常用大鼠。

9. 致癌性试验

由单一途径或多种途径，在试验动物整个寿命期（例如，大鼠为 2 年），测定医疗器械潜在的致癌作用。

10. 生殖与发育毒性试试验

评价医疗器械或其浸提液对生殖功能、胚胎发育（致畸性）以及对胎儿和婴儿早期发育的潜在作用。

11. 生物降解试验

针对可能产生降解产物的医用材料，如聚合物、陶瓷、金属和合金等，判定潜在降解产物的试验。

12. 毒代动力学研究试验

采用生理药代动力学模型来评价某种已知具有毒性或其毒性是未知的化学物的吸收、分布、代谢和排泄的试验。

13. 免疫毒性试验

GB/T 16886.20《医疗器械免疫毒理学试验原则和方法》给出了免疫毒理学有关参考文献。应根据器械材料的化学性质和提示免疫毒理学作用的原始数据，或任何化学物的潜在免疫原性是未知的情况下应考虑免疫毒性试验。

14.EO 残留量

常由解析不完全，或材料吸附等原因造成。

在众多的医疗器械生物学评价实验中，最活跃的是细胞毒性实验方法和血液相容性评价方法。

（四）无菌医疗器械的包装

对于一个医疗产品来说，经过某种方法的灭菌，其无菌性的保持和有效期完全取决于包装材料的性能，也即包装的完好性和密封性。出于对临床使用安全性的考虑，包装材料通常应评价下列特性：微生物屏障；生物相容性和毒理学特性；物理和化学特性；与成型和密封过程的适应性；与预期灭菌过程的适应性；灭菌前和灭菌后的贮存寿命限度。

检测包装材料的性能可从下列项目中选取。

1. 空气透过性试验

该试验是测定通过一定面积的规定压力的空气流量，从而评价多孔性材料的空气穿透量。主要是考虑灭菌过程灭菌剂的进入、灭菌气体和蒸汽扩散以及降低残留量（如 EO）等。

2. 生物相容性

试验方法可选择 GB/T 16886.1—2022/ISO 10993—1:2018《医疗器械生物学评价 第 1 部分：风险管理过程中的评价与试验》。

3. 抗拉强度

该试验通过拉伸测试一段密封部分来测量包装密封的强度。该试验不能用来测量接合处的连续性或其他密封性能，只能测量两材料间密封的撕开力。

4. 内压试验

将无菌包装浸入水中，同时向包装内加压，记录漏出的气泡。

5. 微生物屏障特性

评价微生物屏障特性的方法分两类：适用于不透性材料和适用于多孔材料的方法。证实不透性材料时应满足微生物屏障要求。对于多孔材料也应提供适宜的微生物屏障，以提供无菌包装的完好性和产品的安全性。多孔材料的微生物屏障特性评价，通常是在规定的试验条件下（通过材料的流速），使携有细菌气溶胶或微粒流经样品材料，从而对样品进行挑战试验。根据通过材料后的细菌或微粒数量与其初始数量相比较，来确定材料微生物屏障特性。

6. 爆破 / 蠕变压力试验

最终包装压力试验是通过向整个包装内加压至破裂点（胀破）或加压至一已知的临界值并保持一段时间（蠕变）来评价包装的总体最小密封强度。

7. 真空泄漏

将密封好的包装浸入试验溶液中并抽真空。当释放真空时，压差会迫使试验溶液通过包装上的任何孔隙。

8. 染料渗透

向包装内充入含有渗透染色剂的液体，观察密封区域处是否有通道或包装材料上是否有穿孔。

9. 加速老化

除了进行实际时间贮存老化试验外，还可在加严条件下进行加速老化试验。但需确立老化条件和选择试验期的原理。加速老化技术是基于这样的假定，即材料在退化中所包含的化学反应遵循阿列纽斯反应速率函数。这一函数表述了相同过程的温度每增加或降低 10 ℃，大约会使其化学反应的速率加倍或减半（Q10）。为确保加速老化试验真实地代表实际时间效应，实际时间老化研究必须与加速研究同步进行。

10. 模拟运输试验

制造者应证实在最坏的运输（如公路运输的振动、冲击和挤压；铁路运输的动态挤压；海洋运输中的高湿、堆放高度及船的摇摆、颠簸造成的碰撞和挤压；航空运输高频的振动以及温度变化等作用）、贮存、处理条件下，仍保持包装的完好性。常进行振动试验、冲击试验、自由跌落试验、堆码试验和稳定性试验等。

总之，严格选择包装材料，并结合包装材料性能特点，选择必要的检测无菌包装的完好性和密封性的测试项目，对在有效期贮存条件下，保证产品的无菌、安全、有效十分重要。

第三节　无菌检查局限性与无菌保证水平

一、无菌检查局限性

无菌检查试验是消费者和监督机构对无菌产品进行微生物学检查的唯一方法，也是各国药典规定了的。《中华人民共和国药典》（2020 年版）附录 89 中有无菌检查法的详细内容，对于无菌医疗器械的检查可参照执行，也可参照 ISO 11737-2—2019《 医疗器械的灭菌　微生物方法　第 2 部分：灭菌过程的定义 验证和维护中进行的无菌检测》方法进行。由于无菌检查存在多种影响因素，其中辐照灭菌对无菌医疗器械的放行不采用无菌检查法，在 ISO 11137 标准中提及。

所谓无菌，理论上讲是一种绝对的情况，然而这种理论上的绝对概念与统计学和非统计学检验是有矛盾的。自 1925 年英国“治疗物质条例”首次提出无菌检查以来，有关评论的文章很多，指出下述因素可给无菌试验带来局限性。

1. 抽样数量的影响

虽规定有关抽样公式，但由于产品批量大，加上工作量及经济等原因，其局限性显而易见。

2. 培养基的影响

迄今，尚没有哪一种培养基可以培养出所有的微生物。另外，抨击培养时间长致使培养基性状改变以及损伤微生物复活等的相关报道也很多。

3. 技术条件影响

国外较多的文献报道，即使具有较好的实验技术条件，仍有 0.1% 的实验污染率，甚至有高达 20% 的报告。

笔者在辐射灭菌过程中，曾多次遇到无菌试验结果判别困难，甚至引起质量纠纷问题，最终发展成向社会抽样。例如，某次笔者曾和监督机构共同抽取 9 个企业，11 个灭菌批号样品（包括辐射灭菌和环氧乙烷灭菌），将同等样品随机分发给 3 个实验室，统一方法进行双盲考核，共同进行无菌试验，以便判别比较。测试结果，3 个实验室阳性率分别为 36.4%、36.4% 和 27.3%，总阳性率高达 63.6%。提示由于技术条件、方法、取样数量等无菌试验的局限性，常可带来假阳性的结果。因此，无菌试验作为判别某批产品无菌或灭菌产品的放行值得探讨研究。

4. 产品设计的影响

对于较复杂的器械，尤其是较大的器材，仅能取表面或小部分进行检查。

鉴于无菌试验的局限性，近几年各国对医疗用品的制造提出了生产质量管理规范（GMP）的要求，严格控制生产过程的各环节，以提供高质量的安全产品。监督机构要确信产品的无菌性，首先应从制造厂获得生产条件、卫生学控制和监测方面的信息资料。如果无菌检查作为唯一判别产品是否无菌的途径，则对其结果必须谨慎加以解释，避免因操作等技术原因造成假阳性的发生。

二、无菌保证水平

无菌保证水平（SAL）是指灭菌后单元产品上存在活微生物的概率。无菌医疗器械是指医疗产品上没有活的微生物。然而，常用的医疗器械灭菌方法如物理法或化学法等对微生物灭活，常近似于一个指数效应关系，这就意味着无论灭菌的程度如何，微生物总是不可避免的以有限概率存活下来。因此，在欧洲一律选 10^{-6} 作为无菌保证水平，这个数据来自 1970 年北欧药典，该药典规定：无菌产品是在这样的条件下生产和消毒的，使得每百万件产品中，存活的细菌不多于一件。美国、日本、加拿大则根据医疗产品用途采用 10^{-6} 作为无菌保存水平。

第八章　无菌医疗器械消毒、灭菌与包装

第一节　无菌医疗器械消毒、灭菌的基本概念

在无菌医疗器械的生产工艺流程中，洁净厂房的净化，生产人员、操作场所的清洁卫生以及无菌医疗器械的最终处理等，均涉及消毒与灭菌。现将有关内容介绍如下。

1. 消毒

采用物理或化学的方法，清除或杀灭外环境（传播媒介）中的病原微生物或其他有害微生物。外环境系指无生命的物体及其表面，为叙述的方便，人体体表皮肤的消毒除菌也放入此列。对消毒意义的理解，有两点需要注意：其一是不必清除杀灭所有微生物，主要是针对病原微生物；其二消毒是相对的，只要将微生物减少到无害化的程度。

2. 消毒剂

用于杀灭微生物的化学药物，如碘类（碘伏、碘酊）、醇类（乙醇、异丙醇）、季铵盐类（新洁尔灭）等。

3. 灭菌

用物理和化学的方法杀灭一切活的微生物（包括病原微生物和非病原微生物，繁殖型或芽孢型微生物），其概念是绝对的。然而，由于种种原因及遵照概率函数，一些微生物总是以有限的机会得以生存，因此灭菌的要求只是把微生物的存活概率减少到最低限度。据此，工业化生产的灭菌，允许将灭菌概率标准规定为 10^{-6}，即在 100 万个试验对象中，可有 1 个以下的有菌生长，就可认为该批产品是无菌的。

4. 灭菌剂

能杀灭一切微生物的药物，如过氧化物类（过氧化物、过氧乙酸、臭氧、二氧化氯）、醛类（甲醛、戊二醛、乙二醛）、烷基化类（环氧乙烷、乙型丙内酯）、含氯类（漂白粉、次氯酸钠、次氯酸钙、二氯异氰尿酸钠）等。

5. 无菌

无菌是指物体或任一介质中没有活的微生物的存在，即无论用何种方法，检不出活的微生物。

6. 无菌操作

无菌操作是指在操作中，采用或控制一定条件，尽量避免产品污染微生物的一种操作方法。为此目的所用的一切物品、环境，均应事先灭菌，操作也应在无菌操作室中进行。

根据上述定义，消毒与灭菌是两个不同的概念，消毒处理不能达到灭菌的程度，而灭菌则一定能达到消毒之目的。

无菌医疗器械生产过程中的消毒与灭菌，与一般微生物学上有所不同。微生物学上的消毒与灭菌，只要求杀灭和清除一切病原性微生物，使其不成为传染源也即无害化处理。而无菌医疗器械生产过程中的消毒与灭菌，因灭菌后直接用于人体，故除要灭菌外，尚需要考虑：一是微生物的污染数量，如大量污染，即使灭菌，其尸体、毒素仍然可对人体造成危害；二是所选方法对其内在质量有无影响（如热力灭菌处理一次性塑料输液器，会使器材变形，故不宜采用）；三是所用方法灭菌后有无残留毒性，对于关键性的无菌医疗器械，要求更应严格，如环氧乙烷用于灭菌后，必须按标准检测环氧乙烷及水解产物（ECH）残留量。

第二节　物理与化学消毒灭菌

消毒与灭菌的方法，按其性质可分为物理法和化学法两类。

一、物理消毒灭菌法

利用物理因素作用于微生物，将之杀灭或清除，称为物理法。常用的物理法有机械法、热力法、光法、电法、声法及辐射灭菌法。

（一）机械法

此方法不是真正的杀灭微生物，而只是达到机械排除，如刷、冲洗、擦拭、吸附、过滤等。上班前进入洁净室的洗手，也属机械消毒法。由于反复冲洗、擦刷，使细菌机械地被排除。实验证明用 8 min 流水冲洗可除菌 80%，15 min 可除菌 99%。

过滤除菌是用物理阻留的方法除去微生物，如用砂滤法制备生活饮用水，厂房空气净化设施以及戴口罩等，都是利用过滤除菌的有效方法。目前，滤膜器孔径最小可达 0.01 μm，能制取优质的注射用水。可将空气处理到 100 mL 中只有 1 颗 0.3 μm 尘粒的超净水平。

（二）热力法

在所有消毒与灭菌的方法中，热力是一种应用最早，效果最可靠，使用最广泛的方法。热杀灭微生物的机制是损伤微生物的细胞壁、细胞膜，破坏微生物的蛋白质（凝固或变性），从而导致其死亡。热力灭菌的方法分为干热和湿热两类。

1. 干热灭菌

（1）灼烧：灼烧是直接用火焰灭菌。如微生物实验室接种针、接种环、涂菌棒等不怕热的金属器材的灭菌。在没有其他办法灭菌的情况下，对于器械亦可用灼烧法灭菌。灼烧法灭菌温度很高，效果可靠，但对器械有破坏性。

（2）干烤：干烤灭菌是在烤箱中进行。适用于高温下不损坏，不变质物品的灭菌。例如玻璃制品（平板、试管、吸管、玻璃注射器等）均可用此法灭菌，一般在 180 ℃，干烤 1~2 h。

（3）注意事项：玻璃器皿应完全洗净，以免吸附物高温时炭化，洗净后完全干燥，再放入烤箱内；物品包装不宜过大，放置物品不宜超过烤箱高度的 2/3。物品间应留有空隙，以利于热空气对流；灭菌过程中不得中途打开烤箱放入新物品，以免突然冷却致使物品爆裂；在高温下易损坏的物品，如纸、棉织品、塑料制品、橡胶制品不可放入干烤箱内灭菌；灭菌时间应从烤箱内温度达到所需温度时算起。

2. 湿热灭菌

（1）煮沸法

煮沸法是使用最早的灭菌方法之一。由于其方法简单、方便、经济、实用、效果好，故今仍是一种常用的方法。

煮沸杀菌的能力较强，一般在水沸腾后再煮 5~15 min，即可达到杀菌目的。

100 ℃几乎能立即杀灭细菌繁殖体、真菌、立克次体、螺旋体和病毒等。芽孢型菌则抗煮沸能力较强，一般要 1 h 以上，甚至高达 8h 之多。如能在煮沸时加入增效剂，可以增强煮沸杀菌效果。如在煮沸针尖时，加入 1%~2% 碳酸钠，煮沸 5 min 即可达到灭菌要求；同时还要防止其生锈，保持它的锋利。

（2）高压蒸汽灭菌

目前常用下排气式高压灭菌器，使用方法等介绍如下：

手提式高压灭菌器是实验室、卫生医疗单位常用的小型灭菌器。由铝合金材料制造，为单层圆筒，内有一铝质的盛物桶，直径 28 cm，深 28 cm，容积约 18 L，全重 18 kg，使用压力 <1.4 kg/ cm²。主要部件有：压力表 1 个，指示高压锅内压力；排气阀 1 个，下接排气软管，伸至盛物桶下部，用以排除冷空气；安全阀 1 个，当高压锅内压力超过 1.4 kg/ cm² 时，可自动开启排气。使用方法：在高压锅内放入约 4 cm 深的清水，将消毒物品放入盛物桶内，装物不宜太多，且应使物品间留有空隙，盖上锅盖，注意将排气软管插入盛物桶壁上的方管内，拧紧螺丝。当加热到表压为 5~10 psi（1psi=0.068 MPa）时，打开排气阀。放冷空气，至有蒸汽排出，即关闭排气阀，待上升至所需压力，调节热源，维持到预定时间。结束后排气至表压为 0，打开盖子，取出物品。消毒液体时，最好慢慢冷却，以免减压过快液体外溢或瓶破裂。

（3）注意事项

高压灭菌应注意以下几点：必须将灭菌器内冷空气抽尽或排尽，空气的排尽程度与温度的关系极为密切；合理计算时间，时间的计算应从灭菌器内达到温度要求时算起，至完成灭菌为止。一般下排气式高压灭菌器为 121 ℃ 15 min 或 115 ℃ 30 min ；包装与容器不宜过大、过紧，也不宜将物品放于铝饭盒内；合理布放物品，不宜过多，一般为 85%，且物品间留有空隙；注意安全操作，每次灭菌前应检查灭菌器是否处于良好的工作状态，尤其是安全阀是否良好，盖是否关紧。加热宜均匀，灭菌后减压不可过猛，压力表退回“0”处才可打开盖；为监测灭菌效果，可采用留点温度计或嗜热脂肪芽孢杆菌生物指示菌片。

（三）紫外线法

1. 杀菌原理与作用

紫外线可分为长波段、中波段和短波段 3 组。以短波段 250~265 nm 的杀菌力最强。一般多以 253.7 nm 作为紫外线杀菌波长的代表。

紫外线照射能量较低，不足以引起原子的电离，仅产生激发作用，使电子处于高能状态而不脱开。当微生物被照射，此作用可引起细胞内成分，特别是核酸、原浆蛋白与酶的化学变化，从而使之死亡。

各种微生物对紫外线的耐受力不同，真菌孢子对紫外线的耐受力最强，芽孢菌次之，细菌繁殖体最差。但也有例外，如橙黄八叠球菌的耐受力反而比枯草芽孢杆菌高。因紫外线是一种低能量的电磁辐射，穿透力极差，空气湿度、尘粒对其均有影响；在液体中，亦随深度增加而降低。各种杂质（盐、有机物等）均可影响紫外线作用，它不能透过固体物质。普通玻璃中有氧化铁，可阻挡紫外线。因此，它无法透过 2 mm 厚的窗玻璃，但能透过石英，糊窗纸可透过 20%~40%；聚氯乙烯薄膜，开始时可透过 30%，但 6 h 后，由于薄膜变质，透过率可以降至 3% 以下。

2. 消毒应用

（1）空气消毒

紫外线的空气消毒，主要是利用局部空气先行照射消毒，然后随着空气的对流而使全室空气得到消毒。为获得最大的反射率，充分发挥紫外线的作用，紫外线灯上需装反光性强的铝制（优于涂漆的）反光罩。

① 固定式照射：将紫外灯固定于天花板上，略高于人的头顶，向下照射；或固定于墙壁上，侧向照射。每分钟照射产生的效果相当于换气 1~3 次。每换气 1 次约可清除原菌数的 63.2%。因紫外线对人体有害，此类适于无人在的情况。若消毒必须在室内有人情况下进行，则可用向上照射法，即将灯固定于天花板或墙壁上，离地 2.5 m 左右，灯管下安装金属反光罩，使光线反射到天花板上。一般为防止损害人的健康，每立方米的功率不超过 1 W。在 10~15 m^2 的房间安装 30 W 紫外线灯管 1 支。照射时，每次 40~120 min，间隔 1 h。用这样的方法，可使空气中微生物减少 50%~70%，甚至达 90%。

② 移动式照射：用 4 支 30 W 紫外线灯管装于 0.3 m 的铝制圆筒内，在一端装以 28 m^3/min 流量的风扇即制成了移动式紫外线空气消毒设备。这种装置依靠风扇，使空气流经紫外线通道而将之消毒。可用于生活用房及缓冲间等消毒灭菌。在体积较小的房间，1 h 照射可相当于换气 27 次。

（2）对水的消毒：紫外线消毒清水，照射强度为 90 000 μW/ cm^2 时，对大肠杆菌、伤寒杆菌的灭活指数可达 10^{10}。装置的设计应使灯管不浸于水中。常用的直流式消毒装置呈管道状，紫外线灯管固定于液面上 1 cm 左右处。水由一端进入，一端流出，流过的水层不宜太厚，一般不超过 2 cm。

（3）对污染表面的消毒：一般采用吊装灯管，应在上部安装反光罩，将紫外线反射到污染的表面。照射时，灯管与污染表面不宜超过 1 m，所需时间 30 min，消毒有效区为灯管的 1.5~2 m 处。

3. 使用注意要点

① 灯管表面应经常（一般 2 周左右 1 次）用酒精棉球轻轻擦拭，除去表面的灰尘与污垢，以减少对紫外线穿透的影响。

② 紫外线肉眼看不见，灯管放射出的蓝紫色光线并不代表紫外线强度。有条件的可用紫外线强度仪测定其强度，无条件者可逐月记录使用时间。紫外线灯的平均寿命（每 3 h 开启 1 次）可达 2500 h。

③ 消毒时，室内应保持清洁、干燥。空气中不应有灰尘或水雾，如果空气中含尘粒 800~900 粒 /m^3，则降低灭菌效率 20%~30%；湿度 45%~65%，紫外线照射 3 h，空气中细菌减少 80%~90%，若相对湿度增到 80%~90% 时，则降低灭菌效率 30%~40%，一般相对湿度不宜超过 40%~60%。

④ 不透紫外线的表面，只有直接照射才能达到消毒目的，因此要按时翻动，以及室内不能放置过多不必要的物品。

⑤ 紫外线对人体有一定的危害，直接照射（1 m 距离）1~2 min，可使皮肤产生红斑，对眼睛直射 30 s 可产生刺激症状，剂量再增大引起紫外线眼炎。因此，应避免直接照射或眼睛直视。

⑥ 温度对紫外线有一定影响，一般 15~35℃；若室温 –4~0℃，紫外线即失去作用。

⑦ 紫外线的灭菌效能与投射角度也有关系，在等距离内，每相差 30°，则照射强度下降很多。如 90° 直射强度为 4.8 mW/ cm^2；倾斜 30° 时强度减至 2.7 mW/ cm^2；若再倾斜 30°，则强度减少到 0.56 mW/ cm^2。

（四）电消毒法

臭氧是以无声放电法产生的。在一对交流电极之间隔以介电体，当空气或氧气通过高压电极（6 000~8 000 V）时，在具有足够动能的放电电子中，使氧分子电离，一部分氧分子被聚合为臭氧。臭氧有很强的杀菌力，高效、广谱。臭氧消毒是通过各种臭氧发生器现场产生臭氧，立即应用灭菌的。

1. 理化性质

臭氧又名三氧，分子式 O_3，常温下为淡蓝色气体，味臭，相对密度为 1.658，有爆炸性，为已知最强的氧化剂。臭氧极不稳定，可自行分解为氧，无法贮存。

臭氧的半衰期随温度变化，4 ℃时半衰期为 132 min，10 ℃时为 128 min，20 ℃时为 27 min，30℃时为 6 min。

2. 实际应用

① 饮用水消毒：臭氧用于消毒饮用水，作用速度快，效果可靠，能脱色除臭，降低水的浑浊度。水中余臭氧质量浓度保持在 0.1~0.5 mg/L，维持 5~10 min 可达到消毒目的。

② 物体表面、空气消毒：采用 30 mg/m³ 质量浓度的臭氧作用 15 min，对自然菌杀灭率可达 90%。要求空气中细菌总数≤ 500 CFU/m³，可采用臭氧消毒，要求臭氧质量浓度 20 mg/m³，相对湿度 70%，消毒时间≥ 30 min。

3. 使用注意要点

① 臭氧具有毒性，吸入臭氧后，可引起呼吸加速、变浅，胸闷等症状，进而脉搏加速，头痛；严重时可发生肺气肿，甚至死亡。为此，作业场所臭氧质量浓度不能超过国家允许标准（0.2 mg/m³），用臭氧进行空气消毒必须在密闭空间，人不在现场的条件下进行。消毒后至少过 30 min 人才能进入。

② 臭氧为强氧化剂，对多种物品有损坏作用，如臭氧可使橡胶制品变脆、变硬，加速老化；使铜片出现绿色锈斑；使织物漂白、褪色等。

③ 臭氧杀灭微生物的程度与臭氧浓度有关，与时间关系不大；臭氧杀灭微生物需较高的相对湿度，若小于 35% 即使臭氧浓度较高，对空气中细菌的杀灭率也很低。

④ 有机物可减弱臭氧对微生物的杀灭作用。

（五）辐射灭菌法

1. 概况

1957 年，美国强生（Johnson）公司的一个分公司（Ethicon）首先应用辐照技术进行了手术缝合线的灭菌。1958 年丹麦建立了第一个钴 –60 辐射灭菌装置。由于采用该方法灭菌比热力灭菌、环氧乙烷法具更优越的地方，即灭菌彻底、不污染环境、无残留毒性、能耗低，更适用于热敏怕湿材料的灭菌等优点，因此，发展非常迅速。据 1980 年欧美的资料显示，辐照灭菌的无菌医疗器械已占 50%，到 1990 年已达 80%。有专家估计，在发达国家中，辐照灭菌将成为无菌医疗器械主要的灭菌方法。

2. 电离辐射的类型

通常用于灭菌的射线是 γ 射线和电子射线。γ 射线是钴 –60 和铯 –137 发出的电磁波，不带电荷，穿透力强，适用于较厚或包装后产品的灭菌。电子射线是由电子加速器产生的高能电子束，穿透力较弱，这两种射线都不会产生感生放射性。目前，用于工业规模的辐射装置绝大多数是钴–60辐射源。

无菌医疗器械辐射灭菌的装置，常用的有钴–60γ射线辐射装置和电子加速器产生电子束射线辐射装置。γ射线辐射装置又可分为静态堆码翻转方式和传输带悬挂链连续运行方式。我国多数辐照中心传输带悬挂链连续运行方式。

3. 机制

电离辐射对微生物的致死效应，可归纳为两种不同类型的反应。第一机制是射线直接冲击细胞内部的靶分子，微生物遭受这种方式的打击，失活的主要原因很可能是DNA（脱氧核糖核酸）内部分子键的断裂；第二机制是细胞遭到辐射所产生的自由基或其他化合物，如过氧化物的破坏。大约一半的放射生物效应是由水产生的自由基引起的，这些致死性化合物可在细胞内部及其附近形成。

4. 灭菌剂量的选择

作为一种可靠的无菌医疗器械的灭菌方法，辐射灭菌经历了多年的国际协作，灭菌剂量设定方法也随着研究和实践的深入发展，辐射灭菌方法已日趋成熟、规范、统一。

辐照灭菌的剂量设定方法是严格依据产品携带生物负载的数量和抗性进行剂量确定的方法。在ISO 1137–2标准收集的9种辐照灭菌剂量设定方法中，有7种方法均给出了生物负载数量的限度要求。即剂量设定中依据生物负载测定的数量，然后查表选定验证剂量（SAL10–2或SAL10–1），根据验证剂量辐照产品的无菌试验结果，再在同一行中进行最低灭菌剂量（SAL10–6）的外推选定。

5. 使用评价

优点：灭菌效果可靠；不引起温度升高，是一种“冷处理”灭菌；节约能源；不破坏包装，可长期保存；穿透力强，适用于封装灭菌；无残留毒；处理过程干燥，无灭菌剂的污染；可连续灭菌；无环境污染。

缺点：一次性投资大；必须有经过专门训练的技术人员管理。

二、化学消毒灭菌法

（一）气体消毒灭菌法

气体消毒灭菌法是指用化学制剂的气体或蒸汽对物品进行的消毒、灭菌。常用的化学制剂为环氧乙烷、甲醛、过氧乙酸、丙二醇、乳酸、戊二醛等。

1. 环氧乙烷

环氧乙烷又名氧化乙烯，分子式 C_2H_4O，相对分子质量 44.05。在室温、常压下为无色气体，具醚样臭，可闻出的气味阈值为 700 mg/mL，沸点为 10.8 ℃。当温度低于 10.8 ℃时，气体液化呈无色透明液体，能溶于水、乙醇和乙醚。液态和气体环氧乙烷都能溶解天然和合成的聚合物，如橡胶、皮革、塑料。

环氧乙烷具较强的扩散和穿透能力，作用快，对细菌芽孢、真菌和病毒等各种微生物均有杀灭作用，属于广谱灭菌剂。

（1）灭菌机制

环氧乙烷属烧化剂，它能与微生物的蛋白质、DNA 等发生非特异性的烷基化作用，对菌体细菌的代谢产生不可逆性破坏。

（2）应用范围

可用于对热敏感的塑料制品、橡胶制品、皮革制品、聚乙烯等包装的某些药品、工作衣、敷料等灭菌。

（3）注意要点

环氧乙烷具可燃性和可爆性，当与空气混合，空气含量达 3% 体积分数时即可爆炸。故应用时可用惰性气体如二氧化碳稀释，配成环氧乙烷加二氧化碳的混合气；环氧乙烷对塑料、橡胶、纸板等穿透力强，亲和力也强。故灭菌完毕后需通空气或采用排除毒性气体装置，将被某些材料吸收的环氧乙烷降到最低浓度。

（4）毒性

现已证实，环氧乙烷具致突变和致癌作用。动物长期处于环氧乙烷较多的空气中（30 μL/L），可引起组织癌变。人吸入过量环氧乙烷，可引起急性中毒，表现为头晕、头痛、恶心、呕吐，严重者引起肺水肿以至死亡。皮肤、黏膜接触环氧乙烷液体，可引起烧伤、红肿、发泡，进入血液引起溶血。环氧乙烷可形成氯乙醇，这种物质对人的毒性比环氧乙烷还要大，在安全使用环氧乙烷上是一个应予重视的问题。人嗅出环氧乙烷的阈值为 700 μL/L，这样就有一种危险性，即环氧乙烷灭菌的操作者、运送者和保存环氧乙烷灭菌物品的人，可能并不知道自己正暴露在环氧乙烷的有害浓度下。因此，灭菌场所空气中的环氧乙烷浓度以及灭菌后物品的残留量应经常检测，严加控制以策安全。

（5）使用评价

优点：对各种微生物有较好的杀灭率，可作为灭菌剂；气体的穿透力强，随着多孔透气包装材料开发，灭菌明显加强。

缺点：因该化合物易燃、易爆，对人有一定的毒性，污染环境等，故使用受到了影响。

2. 甲醛

甲醛又名蚁醛，是一种有强烈刺激臭味的无色气体。易溶于水，常温下在水中的溶解度为 37% 左右，36%~40%（质量分数）的甲醛水溶液又叫福尔马林。

（1）灭菌作用

对各类微生物都有高效的杀灭作用，包括繁殖体、芽孢、真菌和病毒，可作为灭菌剂。

（2）杀菌机制

凝固蛋白质；还原氨基酸；使蛋白质分子烷基化。

（3）影响灭菌作用的因素

温度：有明显影响，随着温度的升高，杀菌作用加强（一般室温 15~35 ℃）；浓度与作用时间：溶液中含量愈高，时间愈久，其杀菌作用愈好；相对湿度：过高过低均有影响，小于 60% 时甲醛气体失去杀菌作用，一般杀菌浓度宜维持在 70%~90%；其他：有机物的存在可使药液不易渗透，影响效果，如遇多孔性物品，可吸收气体，减少空气中浓度，此时可酌情增加用药量。

（4）应用

广泛应用于无菌操作室的灭菌。有关使用方法介绍于下。

① 甲醛气体产生法

a. 福尔马林加热法：将福尔马林置于玻璃、陶瓷或金属容器中，直接在火上加热蒸发。用量可视房间表面及空气污染程度，取 2~30 mL/m^2（36%~40% 甲醛液）不等。必要时为增加湿度，可加 2~6 倍水，使相对湿度保持在 70%~90%。使用完毕，及时撤离火源，以防烧坏容器或引起火灾，保持 2~12 h 后送入净化空气。

b. 氧化法：福尔马林为还原剂，当与氧化剂如高锰酸钾、漂白粉等接触，即可发生化学反应产生大量热和甲醛气体。操作时，先将氧化剂放于容器中，然后注入福尔马林。当反应开始时，药液沸腾，短时间内即可将甲醛蒸发完毕。由于产热较高，容器不要直接放于地板上，以免烧坏。容器宜深，药液应徐徐加入，防止反应过猛。为减慢反应速度和调节空气中的湿度，可加一定量水于福尔马林中，一般为福尔马林的 50%。

加热法与氧化法相比，具简单方便清洁，确能保持理想的湿度；氧化法在反应中，可产生二氧化锰小黑点。

② 消除气味的方法：甲醛气体灭菌后，常有遗留的刺激性的甲醛气味。消除方法一是自然通风（需洁净空气），方法二是中和。前者需时间久，若急于除掉气味，可用 25% 氨水加热蒸发，用量为福尔马林的一半。中和时间需 10~30 min。使用中应注意：甲醛有一定毒性，如对皮肤、黏膜有刺激作用，可引起过敏性皮炎等。

此法用于空气的灭菌比较彻底，可以根据洁净室菌落计数和芽孢菌情况决定频数，一般每月进行 1 次。

（二）表面消毒

大多数的化学消毒剂，仅能杀灭微生物的繁殖体，而不能杀灭芽孢，故一般用于表面消毒，即在控制的环境中减少细菌，维持正常的洁净状态。选择的消毒剂必须是抗菌谱广的或有针对性的。

1. 理想的化学消毒剂应具备的性质

使用情况下的高效、有效浓度低、作用速度快、性质稳定、无腐蚀性、低毒、易溶于水、可在低温下使用、不易受外界理化因素影响、无色、无味、无臭、无残留毒性、使用无危险性、价廉。

2. 常用的消毒剂

（1）醇类

醇类消毒作用较快，性质稳定，无腐蚀性，无毒性，能去污，起清洁作用，价廉易得。

目前使用最为普遍的是乙醇，国外是异丙醇。它属中效消毒剂，可杀死各种微生物，但不能杀灭细菌芽孢、乙肝病毒。杀菌机制是使菌体蛋白质变性。使用体积分数为 70%~90%。常用于皮肤及手的消毒。取常用体积分数，仅 10 s 就能杀灭绿脓杆菌、大肠杆菌、葡萄球菌、伤寒杆菌等。

（2）表面活性剂：带阳电荷的季铵盐类化合物能被牢固地吸附于带有负电荷的细菌表面，破坏细菌质膜，使菌体成分漏出。这类化合物对细菌繁殖体有广谱杀灭作用，作用快而强，毒性亦较小，属于低效消毒剂（可杀灭细菌繁殖体、真菌和亲脂病毒，但不能杀灭芽孢、结核杆菌和亲水病毒）。

目前，国内外普遍使用的溴化二甲苄基烷铵（新苯扎氯铵常用质量分数为 0.1%~0.2%）、氯苄烷铵（苯扎氯铵）、十二烷基二甲基乙苯乙基溴化铵（度米芬 0.01%~0.02%）、洗必泰（又名氯己定，0.1%~0.2%），属于此类的药物。使用时应注意，配制消毒液时不宜用硬水，最好用纯化水。高浓度在低温时易发生浑浊或析出，宜置于温水（约 40 ℃）中使其混匀溶解澄清，再配制所需浓度。

新洁尔灭等虽属低效消毒剂，但在无菌医疗器械生产环境中，鉴于此类药物杀菌浓度低，价廉，作为综合消毒措施中的补充，减少生产环境细菌数量，有实用价值。

此类消毒剂常用于手、皮肤及操作台面等消毒。

（3）含氯类

消毒剂溶于水中能产生次氯酸者称含氯消毒剂。含氯消毒剂是广谱消毒剂，也是目前使用数量最大和品种最多的消毒剂。常用于水的消毒。

一般认为含氯类消毒剂杀菌机制是通过次氯酸的形成，由次氯酸分解形成新生态氧以及由消毒剂中含有氯的直接作用。次氯酸不仅与细胞壁作用，而且因其分子小，不带电荷，易于侵入细胞内与菌体蛋白质或酶发生氧化作用，而使微生物死亡。

含氯类分为无机物和有机化合物两类。

无机类有次氯酸钠、次氯酸钙、漂白粉、漂白精、氯化磷酸三钠等。此类杀菌作用快，但性质不稳定。为了提高无机含氯消毒剂的稳定性，可以添加稳定剂。有一种含次氯酸钠、表面活性剂（作增效剂）、磷酸钠、磷酸氢二钠（作稳定剂）的消毒剂，据称有效期可达 1~1.5 年。

有机类有二氯异氰尿酸钠、三氯异氰尿酸、氯胺 T、84 消毒液、金星消毒液、万福金安消毒液等。新的含氯消毒化合物有氯化甘脲、氯溴氰尿酸、二氯一碘异氰尿酸等。商品的含氯消毒剂的品种很多，常加入各种不同的添加剂。表面活性剂如甲醇、十二烷基磺酸钠通常具有增效的作用；稳定剂可以使用碳酸钠、磷酸钠、磷酸氢二钠等；利用缓冲溶剂可以使溶液保持稳定的弱碱性，使金属离子形成沉淀；也可使用络合剂使重金属离子形成稳定的络合物以减少对消毒剂的催化分解作用。

影响含氯类消毒剂的因素：药液浓度愈高，杀菌效果愈好；pH 愈高，杀菌效果愈差；温度增高，可加强杀菌作用；有机物存在可消耗氯，影响其杀菌作用；水质硬度由 1 mg/mL 增至 400 mg/mL，对杀菌作用影响不大。

毒性：次氯酸盐释放出的氯，可引起流泪、咳嗽，并刺激皮肤和黏膜；严重者可使人产生氯气急性中毒，表现为躁动、恶心、呕吐、呼吸困难，甚至窒息死亡。干粉和溶液溅入眼内可导致灼伤，使用时务必注意。

（4）过氧化物消毒剂

过氧化物消毒剂是强氧化剂，具有较好的广谱消毒作用。主要有过氧化氢和过氧乙酸。过氧化氢即过氧化氢，具有高效、广谱、无色、无臭、无公害的特点。主要用于体内埋植物、不耐热的塑料制品、隐形眼镜的消毒。过氧乙酸的杀菌作用强，抗菌谱广。用 2% 的本品溶液喷雾等，防腐效果好，且处理后无残留毒物，应用经济。0.1%~0.5% 的溶液可用于环境、耐酸设备及用具的消毒。

第三节　环氧乙烷灭菌过程控制

无菌医疗器械生产即使在 ISO 13485 质量体系标准规定的控制条件下，灭菌前仍会有一定数量的微生物存在，这类产品称为非无菌产品。当医疗器械以无菌形式提供时，应采取一切措施将微生物的污染降至最低，并杀灭产品上存在的活性微生物。灭菌过程的目的就是使非无菌产品转变为无菌产品。

一、为什么要进行灭菌过程控制

用于对医疗器械灭菌的物理的和 / 或化学的作用对微生物灭活，常近似于一个指数关系；这就意味着无论灭菌的程度如何，微生物总是难免以一个有限概率存活下来。无菌是指微生物存活概率低于 10^{-6}。这种存活概率由微生物的数量、抗性以及在灭菌处理过程中微生物所处的环境来确定。将“无菌”表示为医疗器械中有残存微生物的概率小于 10^{-6}，是医疗器械公认的无菌保证水平。对一个灭菌批产品而言，要证明达到这样的无菌保证水平，势必要对每件产品进行检验，这在实际工作中是不可能的。因为从概率来分析，试图“证明某事件不存在是不可能的”。

ISO 913485/YY/T 0287 标准将那些其结果不能用随后的产品试验来充分证实的生产过程称为“特殊过程”。灭菌就是这样一个特殊过程，因无菌产品受到各方面因素的影响，要对产品的安全性、有效性作出判断，其过程的功效是不能通过对产品的后续检验加以证实。所以对灭菌过程需要进行确认，并对该过程的性能进行常规监测。我国于 2000 年将 ISO 11134《医疗保健产品灭菌工业湿热灭菌》、ISO 11135《医疗器械环氧乙烷灭菌确认和常规控制》和 ISO 11137《医疗保健产品灭菌辐射灭菌》三项国际标准等同转化为GB/T 18278、GB/T 18279，GB/T 18280国家标准（简称“三项标准”）以来，国内无菌医疗器械制造商普遍接受了国际上灭菌控制技术中对微生物控制的新理念和新技术，对医疗器械灭菌技术的发展起到了较大的促进作用，落后的产品放行的传统检验方式的理念正得到逐步的扭转。因此，医疗器械制造商应严格按照“三项标准”的要求在使用前进行过程确认和常规监测。

二、环氧乙烷灭菌过程的控制

环氧乙烷是一种广谱、高效的气体灭菌剂，对灭菌物品的穿透性很强，可以达到物品的深部，杀灭大多数病原微生物，包括细菌繁殖体、芽孢、病毒和真菌等。环氧乙烷气体和液体均有较强杀灭微生物作用，但以气体作用更强，故通常采用气体。

（一）灭菌过程控制的质量体系要求

无菌医疗器械制造商应按照ISO 13485/YY/T 0287标准适用的条款建立灭菌开发、确认、常规控制和产品放行等过程控制形成文件的程序，包括环氧乙烷采购控制程序、灭菌过程控制程序、产品标识和可追溯性控制程序、不合格品控制程序、纠正和预防措施控制程序等。用于满足ISO 11135/GB/T 18279《医疗保健产品灭菌 环氧乙烷 医疗器械灭菌过程的开发、确认和常规控制的要求》标准要求的所有设备、监视和测量装置、仪器仪表的校准过程控制应符合ISO 13485/YY/T 0287或ISO 10012《测量管理体系》标准适用条款的要求，规定实施和满足ISO11135/GB/T18279标准要求的相关人员职责和权限，所有标准要求的文件和记录应由指定人员进行审核和批准。

因环氧乙烷灭菌是一个特殊过程，要规定对相关人员培训的要求，由有资格的人员负责设备维护、灭菌过程的确认和常规控制及产品放行工作。

负责下列工作的人员应接受培训并且具有必要的资历：微生物学实验；设备安装；设备维护；物理性能鉴定；灭菌器日常操作；校准；灭菌过程设定；设备技术支持。

（二）灭菌设施和监视测量设备要求

应制定环氧乙烷灭菌设备（包括预处理区）的操作规范和维护保养计划。对所用的灭菌设备要按照形成文件的要求进行全面的维护。每次维护过程、维护范围、维护频次等内容要加以记录，否则不能用于医疗器械产品的灭菌。

环氧乙烷灭菌设备（包括预处理区）的操作规范的内容应包括：

① 设备和附件的描述，包括组成材料。

② 灭菌剂成分及注入灭菌室的方式。

③ 过程中使用的任何其他气体的描述，及其进入灭菌室的方式。

④ 蒸汽的纯度和质量，确保其适用于设备和产品的预期用途。

⑤ 监视控制和记录灭菌过程的仪器描述，包括探头的特征和位置。

⑥ 灭菌设备的故障。

⑦ 安全特性，包括人员和环境保护。

⑧ 安装要求，包括排放控制要求，如适用。

对于设备中使用的过程控制和 / 或监视的软件系统，应按质量管理体系的要求进行确认，证实软件系统符合其设计规范，确保某控制功能的失效不会导致过程参数记录失效。

无菌医疗器械制造商选用的灭菌设备应符合 EN1422 标准，至少有两个温度传感器测量柜室温度。其中一个温度传感器应位于柜室内试运行过程中确定的最冷点的位置或相关位置；另一个温度传感器放在与第一个温度传感器相同的区域，验证记录系统的功能。向灭菌器内注入灭菌剂的系统应配有蒸发器，并测量从蒸发器流向灭菌器柜室内的环氧乙烷气体的温度，确保环氧乙烷充分汽化，防止液体进入灭菌器柜室内。

环氧乙烷灭菌剂的质量应符合 GB/T 13098《工业用环氧乙烷》标准的要求。环氧乙烷可以与其他化合物按比例混合形成的气态物质，如二氧化碳、氮气等。环氧乙烷灭菌剂分为安全型和非安全型，安全型环氧乙烷混合气体中环氧乙烷的比例应 $<30\%$。非安全型环氧乙烷混合气体中环氧乙烷的比例 $\geq 30\%$。用于混合的环氧乙烷气体应符合 GB/T 13098—2006《工业用环氧乙烷》标准的要求，二氧化碳气体应符合 GB/T 6052—2011《工业液体二氧化碳》标准的要求。

环氧乙烷按包装分为钢瓶，一次性使用气雾罐两种形式。要规定灭菌剂使用前和使用中的贮存条件，贮存温度不宜高于 10 ℃，以保证灭菌剂的质量和成分持续符合标准的要求。环氧乙烷储罐罐体材料应采用不锈钢制作，用于存放环氧乙烷灭菌剂气体混合物的钢瓶、气雾罐等区域，应通风良好、安全可靠。当环境条件的温度变化大于供应商推荐的范围时，环氧乙烷容器的贮存应有温度调节措施。如果环氧乙烷是从大容量的贮存罐中向灭菌器内输送加入，应对储罐备有取样分析工具、环氧乙烷排空工具以及因污染或聚合物沉积过多而需进行清洗的工具。

应制定环氧乙烷灭菌设备和监测装置校准系统控制的程序文件，对灭菌过程确认和日常控制所用的所有控制、指示和记录仪器要建立一个有效的校准系统。如果灭菌设备和监测装置操作过程中有自动控制系统，要在规定的时间间隔内验证该自动控制系统的准确性。

（三）灭菌过程设定和产品的适宜性

在无菌医疗器械产品的设计阶段应调研产品和包装与灭菌过程的适宜性。产品的设计应使湿气和环氧乙烷能够穿透最难灭菌的位置，包装的设计应允许排除空气并使湿气和环氧乙烷具有穿透性。灭菌过程设定时应识别出产品中最难灭菌的部位，通过试验确定最佳灭菌过程。在环氧乙烷灭菌过程中，产品必须承受各种环境条件改变因素的影响，如抽真空和压力变化、温度升高和湿度变化，包括产品还可能与环氧乙烷和（或）稀释气体所发生的化学反应。因此，产品设计应保证规定的灭菌过程对产品其有效性和安全性不受预期灭菌条件的影响，要关注高湿度状况和压力的变化可能影响包装密封的强度，使其密封性能降低的问题。如果允许再次灭菌，应评价二次灭菌过程的功效。ISO 10993-7《医疗器械生物学评价 第7部分：环氧乙烷灭菌残留量》/GB/T 16886-7《医疗器械生物学评价 第7部分：环氧乙烷灭菌残留量》标准给出了灭菌产品中环氧乙烷残留量的最大允许范围，应建立控制和降低环氧乙烷残留量水平的措施方法，以确保灭菌后产品的符合 ISO 10993-7/GB/T 16886-7 标准的要求。

1. 影响环氧乙烷灭菌过程有效性的因素

① 灭菌设备适用性。

② 适用灭菌设备可实现的条件范围。

③ 已在其他产品上使用的灭菌过程。

④ 对环氧乙烷和（或）其反应产物的残留水平的要求。

⑤ 设定灭菌过程的试验结果。

2. 设定灭菌过程可包括的因素

① 确定预处理过程中（若采用预处理）取得规定温度和湿度所需的时间。

② 确定灭菌过程中各变量的范围。

③ 确立对产品上生物负载的测定，并以此生物负载为灭菌周期的检测指标，进一步确定性能鉴定和常规监测所用生物指示物的适宜性。

④ 确定在规定条件下能进行充分排气的最短通风时间，以保证环氧乙烷和其反应产物处于或低于 ISO 10993-7《医疗器械生物学评价 第7部分：环氧乙烷

灭菌残留量》/GB/T16886-7《医疗器械生物学评价 第7部分：环氧乙烷灭菌残留量》标准规定的水平。

（四）灭菌过程的常规控制

对环氧乙烷灭菌过程应进行常规监测和控制，包括预处理和（或）处理、灭菌周期和通风三个阶段。应记录并保存每一灭菌周期的数据，以证实已达到灭菌过程规范的要求。这些数据应包括下列内容：

进入预处理区（若采用）的产品已达到所需的灭菌前最低温度的证实（产品放置于环境中规定的时间所达到的温度）；对预处理区（若采用）的温度和湿度，在规定的位置进行监视和记录；每一被灭菌物品预处理开始和移出预处理区的时间（若采用）；在气体作用阶段，柜内气体循环系统（若采用）运作正常的指示；被灭菌物品移出预处理区（若采用）至灭菌周期开始经过的时间；在灭菌周期阶段，柜内的温度和压力；通过压力测定和/或直接测定的处理阶段的湿度；环氧乙烷气体已注入灭菌器柜室内的证实；灭菌器柜室内压力升高和所用环氧乙烷的数量或浓度；处理时间；作用时间；通风阶段的时间、温度、压力变化（若有变化）和/或换气操作。

对灭菌过程中常规监测使用的生物指示物，应符合ISO 11138-1标准的要求。若使用化学指示物，则应符合ISO 1140-1标准的要求。化学指示物不可作为建立灭菌过程的唯一方式，也不可代替生物指示物用于产品放行。灭菌过程中常规监测所需的生物指示物的数量按灭菌器体积确定，通常应在预处理前把生物指示物均匀分布于整个被灭菌物品中，但在性能鉴定时所确定的被灭菌物品中最难灭菌的部位必须要放置。灭菌周期完成后立即把生物指示物从被灭菌物品中取出并进行培养。

一般情况下灭菌器内生物指示物的数量为：体积小于5 m^3时，至少10个；体积5~10 m^3时，每增加1 m^3，增加1个；体积大于10 m^3时，每增加2m^3，增加1个。

1. 预处理和（或）处理

因微生物对环氧乙烷灭活抗性受温度和湿度（水分含量）的影响，故需在规定的温度和湿度条件下对产品进行预处理，通过预处理可以减少灭菌周期的持续时间。预处理区应独立设置，并与灭菌器、组装区和包装区分开，其中预处理区门的开启时间长短要有限制，要确定从预处理区中移出被灭菌物品到灭菌周期开始时所需的最短时间，通常移出时间应不超过60 min。预处理区应保持适宜的温度和湿度，应使被灭菌物品放入灭菌器时的温度和湿度既不因过低而产生冷凝和使加热时间过长，亦不因过高而影响灭菌周期温度的控制。

预处理结束时，测得的被灭菌物品的温度应不超过 ±5 ℃，湿度应不超过 ±15%。用于灭菌过程加湿的蒸汽质量应适宜于预处理和处理，通常灭菌器柜室内相对湿度在 30%~80%，应考虑到相对湿度过高可能引起产品和包装破损。

2. 灭菌周期

灭菌周期通常包括排除空气、处理（若采用）、加入灭菌剂、在作用时间内保持规定的条件、去除灭菌剂、换气和向灭菌器柜室内注入空气至大气压力。灭菌过程中须考虑的物理性能因素有：

① 达到的真空程度和速度。

② 灭菌器柜室在正负压条件下的泄漏率。

③ 蒸汽注入时压力升高的程度。

④ 注入灭菌剂时压力升高程度和达到规定压力的速度，以及与用于监测环氧乙烷浓度的参数的相互关系。

⑤ 排除灭菌剂所要达到的真空程度和速度。

⑥ 注入空气（或灭菌周期该阶段采用的其他任何气体）时，压力升高程度和压力达到的速度。

⑦ 以上后两个阶段重复的次数以及连续重复中的各种变化。

注入灭菌剂之前必须控制柜室内残留空气的含量，因为在常规条件下环氧乙烷不能很好地与空气混合，在使用纯环氧乙烷或与非易燃气体混合时，要排出灭菌器柜室内空气，保持高度真空。排出空气的一般方法是抽真空将灭菌器柜室内空气排出，或用气体置换的方法将空气排出。空气排出过程中要有安全预防措施，同时需要对所需气体浓度的排气条件进行确认。灭菌过程气体作用期间空载时柜室内温度的应在 ±3℃范围内，全部灭菌过程时间内，被灭菌物品应达到规定的最低温度。在灭菌过程气体作用期间的任何时间内，被灭菌物品上的温度波动范围应小于或等于 10 ℃。

3. 通风

灭菌后的产品应放置在规定条件下，持续通风一段时间。通风可在灭菌器内和 / 或单个柜室或房间内进行。通风区域的温度、通风时间、气体循环、装载特性、产品与包装材料等因素对通风的效果具有一定的影响。

由于环氧乙烷浓度是影响灭菌过程有效性的关键参数，所以在灭菌剂加入过程中，需要有一个独立的控制系统，能直接或间接地测量灭菌器柜室内的环氧乙烷浓度，以证实柜室内压力升高是因环氧乙烷注入所引起的。控制系统应证实：灭菌剂注入的质量损失；所用灭菌剂的体积；或直接测量灭菌器柜室内的环氧乙烷浓度。

三、环氧乙烷灭菌过程的确认

（一）灭菌过程确认的范围

环氧乙烷灭菌是一个特殊过程，无菌医疗器械制造商必须对灭菌过程进行确认，通过对灭菌过程确认收集获取所需的结果，以评价证实该过程能持续生产出满足预先确定的要求。环氧乙烷灭菌过程确认包括安装鉴定（IQ）、运行鉴定（OQ）和性能鉴定（PQ）。ISO 11135-1：2007《医疗保健产品灭菌环氧乙烷 第一部分：医疗器械灭菌过程开发、确认和常规控制要求》标准给出了灭菌过程确认的要求，制造商可参照该标准的要求开展环氧乙烷灭菌过程确认活动。

（二）灭菌过程确认的要求

1. 安装鉴定

医疗器械制造商应对购置的环氧乙烷灭菌设备进行安装验证，以证实灭菌设备和附件已按照规范的要求提供和安装。通常情况下安装验证活动可由灭菌设备生产供应商和使用者共同实施。灭菌设备生产供应商应提供全部设备和附件的图纸，确定任何有关设备的特殊警告和规定，以及相关的设备操作程序文件，这些文件应包括以下范围：

① 设备的操作程序。

② 故障条件下的故障显示方式和处理措施。

③ 维护和校准说明。

④ 技术支持性的文件资料。（环氧乙烷贮存条件应符合国家法规要求）

环氧乙烷灭菌设备安装鉴定范围包括：设备的安装位置、设备的整机布局、设备的电器线路、水路气路、环氧乙烷的输送管路、设备的安全设施和设备的控制系统。在设备安装验证过程中应同时确认所有的监视测量仪器、仪表是否具有第三方授权检定机构检定合格的证实。包括灭菌器温度控制系统仪表的校准，灭菌器压力表的校准，灭菌器湿度仪表的校准，环氧乙烷作用时间控制仪的校准，温度、湿度传感器的校正。

2. 运行鉴定

运行鉴定是证实已安装的设备在供应商所标称的范围内稳定运行的过程。一般情况下对空载设备或采用适宜的测试方法对安装完成后的设备进行试运行，以验证灭菌器的基本功能和性能，内容包括：

① 辅助设备的运行验证：辅助设备包括真空泵、气泵、汽化装置、加热系统等。

② 电器控制系统的运行验证：电器控制系统包括加热系统、压力系统、气化系统。验证加热灭菌温度、灭菌压力、汽化器温度的上下限控制条件。

③ 报警系统的运行验证：分别设定温度、压力，验证灭菌器超高温报警，灭菌室超高压报警，汽化器超高温报警，计时器超时报警及开关门报警。

④ 计算机系统的运行验证：开机运行验证计算机系统各部分运行的正确性。

若企业建立了预处理区，应确定预处理区内多个位置的温度和湿度，并要进行监控，以证实温度、湿度值在规定的范围内。预处理操作验证中还应确定待装载被灭菌物品空间的空气循环方式，通常可通过烟雾试验结合换气速度计算和风速测定方法进行。

在安装鉴定、运行鉴定的预处理和通风区域按每 2.5 m^3 可设置 1 个温度传感器的原则建立监控系统，以测定预处理房间或灭菌器柜室内的热量分布状态，确定潜在的热点位置和冷点位置。对于安装鉴定、运行鉴定、性能鉴定过程的灭菌处理，应依据每立方米产品体积使用一个温度传感器来计算温度传感器的数量，但至少为 3 个温度传感器。

为了确定灭菌产品的湿度分布状态，以发现潜在的湿度水平变化，因此，对于湿度的监视应当在托盘中央、边缘和表面进行。湿度传感器数量推荐每 2.5 m^3 使用 1 个，最少数量为 2 个。

为了确定灭菌过程 IQ/OQ 中气体的作用阶段，灭菌柜体内可用区域的平均温度范围应记录保存。温度传感器应放置在灭菌柜体内能代表最大温度变化差异的位置，如柜体内未加热部分或柜门处及蒸汽或气体加入口附近。其余应平均分布在灭菌柜体中可用区域范围。如果采用惰性气体替代环氧乙烷，则在评估结果时应当考虑两者相对热容性的差异。

运行鉴定试运行时应确定空载时灭菌柜的灭菌周期物理性能因素的影响。这些因素包括：

① 真空的程度和达到真空的速度。

② 灭菌柜泄漏率（在低于大气压或高于大气压的状态下进行）。

③ 处理阶段，注入蒸汽时的压力升高。

④ 注入的气体温度应当高于设定的最低值，确保所注入的是气体而不是液体。

⑤ 注入空气（或其他气体）时的压力升高和达到规定压力的速度，以及与环氧乙烷浓度监控因素之间的关系。

⑥ 最后两阶段的重复次数及连续重复之间的任何变化。

运行鉴定试运行的同时要确认通过相关附件系统所提供的蒸汽质量、环氧乙烷蒸发器达到最低气体注入温度的能力、过滤空气与水供应系统的可靠性、在最大被灭菌物品条件下蒸汽发生器维持供应的能力。

针对以上运行鉴定试运行结果一般要进行两个重复运行周期，以证实其可重复性和稳定性。当进行通风时，要确定并证明通风区域的温度分布状况，确定方法可采取和预处理区所用的方法相同，以证实区域内空气流动速度和空气流动形式。通风的运行鉴定试运行过程中一般不需要测量通风期间的相对湿度。

3. 性能鉴定（PQ）

性能鉴定验证的实施对象为产品灭菌设备。性能鉴定的目标是证实灭菌设备能够持续按照预定准则运行，且灭菌过程能够生产符合规范要求的无菌产品。性能鉴定中所选用的产品应能代表常规灭菌的产品，并根据最具挑战性的常规产品进行设定。如果使用产品外的其他材料，则该材料应与该产品至少具有相同的灭菌过程挑战性。另外，要确定鉴定产品适用于灭菌的方式和产品的装载方式，要特别关注产品包装、产品设计、灭菌设备、灭菌过程、包括预处理和通风，以及被灭菌物品装载或密度等方面的因素以及可能发生的重大变化情况，确定这些变化因素对灭菌过程各阶段的影响。性能鉴定包括微生物性能和物理性能两个方面。

（1）微生物性能鉴定

微生物性能鉴定应证实灭菌过程后，规定的无菌要求已得到满足。ISO11135标准提供了如何进行过程定义或微生物性能鉴定所需的微生物灭活研究指导。应使用过程定义和安装验证，操作验证的结果设定微生物学性能鉴定的参数。灭菌过程的选择：不同医疗器械产品灭菌过程的开发要求建立一个有效地与医疗器械具有相容性的灭菌过程。因此，在设计阶段需要进行产品相容性初始调查和试验，以判定和/或优化灭菌过程。

选择医疗器械的灭菌过程应当考虑可能影响过程有效性的全部因素，包括以下几个方面：灭菌设备的可获得性；在可获得灭菌设备内能够达到的条件范围；已在使用的其他产品的灭菌过程；环氧乙烷残留量和/或其反应产物水平的要求；

过程开发试验的结果。

在引入新的或更改的产品、包装或装载方式之前，应规定待确认的灭菌过程，应对经安装鉴定和运行鉴定的灭菌柜进行过程定义，以建立适用于规定产品的灭菌过程。过程定义包括以下几个方面：确定预处理阶段（若采用）达到规定温度和湿度条件所需的时间；确定灭菌过程变量的范围；估计产品的生物负载，以确定生物负载对灭菌周期的挑战性，并确认用于 PQ 和日常监控的生物指示物的适宜性，应通过亚致死（部分）周期作用确定生物指示物的适宜性；确定在规定条件下达到充分排除气体所需的最小通风时间，使环氧乙烷和 / 或其反应产物达到或低于 ISO 10993-7 标准规定的水平。可通过在生产条件下进行满负载运行实施此项活动。

灭菌：由于微生物对环氧乙烷灭活的抗力受其水分含量的影响，因此，通常期望微生物的水分含量与当地条件相平衡。灭菌周期开始前，通常在设定的温度和湿度条件下对产品进行预处理，以减少灭菌周期的时间。应当考虑的灭菌过程性能因素包括：真空的程度和达到真空的速度；灭菌柜泄漏率（在低于大气压的真空下或高于大气压的压力下进行）；处理阶段，注入蒸汽时的压力升高；注入环氧乙烷时的压力升高和达到规定压力的速度，以及环氧乙烷浓度监控方法之间的关系；去除环氧乙烷时的真空程度和速度；注入空气（或该灭菌周期阶段所用的其他气体）时压力升高和达到规定压力的速度；最后两阶段的重复次数及连续重复之间的任何变化。

用于建立灭菌过程的生物指示物应放置于产品中最难灭菌的部位。如果产品的设计使生物指示物不易放置于最难灭菌的部位，则产品应当接种活性芽孢数量已知的灭菌悬浮液，或将生物指示物放置于可以确定与最难灭菌位置之间相互关系的位置。

生物指示物或经接种产品应当平均分布在被灭菌物品中，但分布位置应包括最难达到灭菌条件的位置。微生物性能鉴定应证实被灭菌物品中的微生物灭活性，可在各温度监视点附近放置两个生物指示物进行过程功效的进一步研究。

灭菌过程的生物指示物应满足以下要求：符合 ISO 11138-2 标准的要求；具有至少与被灭菌产品的生物负载相等的环氧乙烷抗力；放置于产品中最难达到灭菌条件的位置或放置于 PCD 内。

如果过程定义、确认或常规监视和控制中使用 PCD，应确定 PCD 的适当性。PCD 对过程的挑战性应大于等于产品中最难灭菌的部分。灭菌周期完成后，应从被灭菌物品中取出生物指示物尽快进行培养，并评估任何延迟性复活的影响，尤其是暴露于残留环氧乙烷的影响。

在微生物性能鉴定中，应确认产品装载组合在灭菌器中设定过程的有效性，与常规灭菌所使用的设定值相比，通常需降低一个或多个过程变量的设定值，如环氧乙烷密度、温度、湿度。设定的参数应等于或低于常规控制中规定的最低水平。应有文件和记录支持过程规范中规定的过程参数和其公差的有效性。

（2）物理性能鉴定

物理性能鉴定应能证实过程的重现性，并包括三次连续的鉴定运行，应满足常规过程规范规定的全部接收准则。物理性能鉴定可在与微生物性能鉴定过程中进行。如果与微生物性能鉴定同时进行，则应另外进行至少一次鉴定运行以证明符合规范要求。

物理性能鉴定应确认过程包括：在设定的预处理（若采用）时间结束时，灭菌物品应在设定的温度和湿度范围内；所规定的预处理（若采用）结束至灭菌周期开始之间的最大时限是适当的；环氧乙烷气体已注入灭菌柜体内；灭菌柜内压力上升和所用环氧乙烷数量或环氧乙烷密度在规定范围内；在灭菌周期中，灭菌柜体内的温度、湿度和其他过程参数在灭菌过程规范的范围内；在灭菌作用期间，产品的温度在规定范围内；在通风阶段，产品的温度在规定范围内。

物理性能鉴定过程中应规定产品的装载模式，验证最差情况装载条件下对灭菌过程的影响。鉴定过程所用的温度和湿度传感器应放置于预期进行灭菌的包装内，以评价被灭菌物品在达到最低预定温度和湿度所需时间内被灭菌物品中的温度和湿度分布，用于性能鉴定研究的产品温度为规定的装载于灭菌器内的产品的温度。在性能鉴定的气体作用时间内，被灭菌物品达到和/或超过灭菌过程所需的最低温度不得超过可能对产品和包装功能造成不利影响的最大温度。在灭菌过程中为证实过程的适宜性，必须对每台灭菌器进行一种或多种装载方模式及允许在同一装载范围内多种产品的组合验证，要确定各种装载模式或基准装载模式中被灭菌物品的温度分布状态，可设定最差状况基准装载模式，如对带有不同尺寸与长度的内腔医疗器械、不同材料和包装的医疗器械及具有不同的物理、质量性能的其他医疗器械，进行灭菌过程的“最差情况”的挑战性试验。

四、产品放行方法

在产品放行时，需要审核物理灭菌过程变量和生物指示物培养结果，评估灭菌过程的符合性。对于参数放行，需要记录并审核所记录的全部数据，以评估灭菌过程的符合性。若无法满足物理性能要求或生物指示物培养后呈阳性，则应立即隔离被灭菌物品，并调查灭菌失效的原因。灭菌过程致死率的确定方法分别为生物指示物方法和过度杀灭方法。

（一）生物指示物方法

生物指示物方法是证实产品的生物负载水平在一定期限内保持相对稳定以及生物负载的抗力小于等于生物指示物的抗力。可以通过逐步增加灭菌作用时间和确定周期的灭活率证实生物指示物的抗力，从而预测无菌保证水平。

（二）过度杀灭方法

过度杀灭方法的基础是基准微生物的灭活，采用本方法鉴定灭菌过程通常具有保守性，所用的处理水平可能超过了达到无菌要求所需的处理水平。ISO 14161 给出了以上两种方法的使用指南。

选择生物指示物方法评价灭菌过程的致死率通常是在环氧乙烷作用时间递增，而其他参数保持不变，以确定灭菌过程的致死性。ISO14161 标准给出了本方法的指南，包括直接列举法、部分阴性法，或直接列举与部分阴性法的组合方法。

1. 直接列举法

采用直接列举存活微生物创建存活曲线的方法确定灭菌周期的致死性。ISO14161 和 ISO 11138

-1 标准给出了本方法的细节。要求至少有 5 次作用覆盖以下方面：

① 一次作用，样品没有暴露于灭菌剂（如作用时间为 0），同时没有灭菌剂或由惰性气体或媒体代替。

② 至少一次作用，存活菌数降低至初始菌数的 0.01%。

③ 至少三次作用，覆盖作用 ① 和作用 ② 之间的时间段。

2. 部分阴性法

用于环氧乙烷灭菌的生物指示物应暴露于环氧乙烷，作用时间递增，而其他参数保持不变。灭菌后通过直接浸于适用的培养基的培养后对测试样品进行化验。计算培养后无菌生长的样品占样品总数的比率。ISO 14161 和 ISO 1138–1 标准给出了本方法的指南。要求至少有 5 种作用条件覆盖以下方面：

① 至少一组样品，全部测试样品显示有菌生长。

② 至少两组样品，部分样品显示有菌生长。

③ 至少两组样品，显示无菌生长。

采用生物指示物方法应首先确定产品中最难达到无菌的部位，将生物指示物放置于该位置，对灭菌过程进行监测，包括已知的微生物数量和已知的对环氧乙烷的抗力。如果监测的位置不是最难灭菌的位置，应确定其与最难灭菌位置之间的关系。如果选用经证实对灭菌过程的抗力比产品对灭菌过程的抗力大的 PCD 可满足此要求，则应注意从包装和 PCD 中移除灭菌剂的影响。PCD 的包装形式应与常规产品的包装形式相同。

3. 半周期法

进行 3 次连续的试验，除作用时间外其他所有的过程参数保持不变，确定无存活微生物的环氧乙烷最短作用时间，再进行重复两次试验以证实该最短灭菌时间，确定两次重复试验的结果均证实生物指示物上无菌生长后，再把规定的作用时间乘以最短灭菌时间的 2 倍，即为环氧乙烷灭菌生作用时间。在此过程的同时应运行有存活微生物的短时间周期，即进行一次周期试验，以证实存活技术的适宜性。

采用半周期法应首先确定产品中最难达到灭菌条件的位置，判定最差产品或 PCD 其最难灭菌程度至少应与用于灭菌过程的最难物品相等，并通过以下方法之一进行灭菌过程监测，包括已知的微生物数量和其他已知的因素条件对环氧乙烷的抗力：

① 使用与常规产品等效的包装形式，将生物指示物放置于产品中最难达到灭菌条件的位置，或放置于 PCD 中。

② 将适用的基准微生物接种于产品中最难达到灭菌条件的位置。如果监测位置不是最难灭菌的位置，应确定其与最难灭菌位置的关系。

4. 周期计算法

使用 ISO1135 标准中给定的过程致死性生描述方法，确定生物指示物孢子对数降低值至少为 12SLR 的常规处理参数。根据所用的方法确定周期的次数。

在以上灭菌循环过程中，若发生物理循环变量不符合物理规范并超出文件中规定的公差；或经灭菌处理后的生物指示物经培养后其任何试样中都显示有试验菌生长时，应对该灭菌物品按不合格进行处理，并把该被灭菌物品隔离后调查失败原因，调查结果应形成文件。如果灭菌过程物理参数低于规范的最低限或发现试验菌有生长，则产品不得让步放行；应重新进行灭菌或报废。如果被灭菌物品要重新进行灭菌，所用灭菌程序应确认产品及其包装重新灭菌的适宜性，重新灭菌对产品功能及环氧乙烷和（或）其反应产物残留量的影响均需加以考虑。重新灭菌的记录应可溯源到原始的灭菌记录。

第四节　湿热蒸汽灭菌过程控制

无菌医疗器械是一种无存活微生物的医疗器械，为了保证医疗器械无菌，湿热蒸汽灭菌法是无菌医疗器械主要灭菌方法之一。其原理采用蒸汽或蒸汽混合物为灭菌因子，利用微生物在湿热的环境中，使蛋白发生变性或凝固，致使微生物死亡，从而达到灭菌的目的。湿热蒸汽灭菌在医院供应室、手术室、制药厂及科研单位实验室等广泛应用。湿热蒸汽灭菌主要应用于耐高压、高温、高湿物品的灭菌处理，如医用卫生材料、手术器械、消毒器械和药品等。

一、为什么要进行灭菌过程控制

湿热蒸汽灭菌的彻底程度受灭菌时间与灭菌因子强度的制约，在灭菌过程中微生物对灭菌蒸汽的抵抗力取决于原始存在的群体密度、菌种或环境赋予菌种的抵抗力。根据灭菌运行的周期分为重力排气法和机械排气法。为了对较难灭菌的负载进行彻底灭菌，通常采用机械排气法进行灭菌，其工作原理是采用设备自身的真空系统强制抽出灭菌室内的空气，再导入饱和纯蒸汽并维持一定的时间、一定的温度（压力），当饱和纯蒸汽与被灭菌物接触时利用散热原理导致细菌微生物的蛋白质变性死亡，从而达到灭菌消毒的作用。当灭菌过程结束后，再排出灭菌室内的蒸汽，启动真空系统对内室抽真空，抽出内室的蒸汽及灭菌物品内水分，从而达到对灭菌物品干燥的作用。湿热蒸汽的温度、压力和灭菌时间的控制是灭菌过程主要控制参数，灭菌过程的控制是保证灭菌物品灭菌关键。

为了保证灭菌过程的控制，国内外制造商已制造出多种多样的灭菌器。针对不同种灭菌器的灭菌方法、特点和结构，我国制定相应的国家标准和行业标准，如 (GB 8599—2008)《大型蒸汽灭菌器——自动控制型》、YY0731—2009《大型蒸汽灭菌器手动控制型》、YY/T 0646—2022《小型压力蒸汽灭菌器》和 YY/T 1007—2018《立式蒸汽灭菌器》等标准。下面就国际和国内灭菌器分类方法进行说明，以便我们更清楚地掌握蒸汽灭菌器的工作原理和使用方法。

① 灭菌器按排气方法分为重力排气式（又称下排气式）灭菌器、机械排气式灭菌器。机械排气式灭菌器又分为预真空式灭菌器、脉动真空式灭菌器。

② 灭菌器按门的结构形式分为自动门灭菌器、手动门灭菌器。

③ 灭菌器按门的多少分为单开门灭菌器、双开门灭菌器。

④ 灭菌器按门的开启方向分为立式灭菌器、常规灭菌器。

⑤ 灭菌器按缸体形状分为方形灭菌器、圆形灭菌器。

⑥ 灭菌器按灭菌内容积大小分为小型灭菌器和大型灭菌器，其划分界线为容积大于或等于 60 L 为大型灭菌器、容积小于 60 L 为小型灭菌器。

⑦ 灭菌器按控制原理分为自动控制型灭菌器、手动控制型灭菌器。

二、蒸汽灭菌器的主要结构

湿热蒸汽灭菌器主要由容器、管路系统、控制系统等组成。

灭菌器分为外接蒸汽式和自带蒸汽发生器两种，外接蒸汽灭菌通常不带蒸发器系统。蒸汽灭菌器的主要结构如下。

（一）容器

容器是灭菌器的主体组件，容器内室主要存放灭菌物，是灭菌物进行灭菌的场所，容器通常应按 GB 150—2011《压力容器》国家标准进行设计、制造、检验、验收，并接受压力容器法规的监督和管理，容器包括缸体、门体和其他所有与灭菌室永久连接的相关部件的组合。

1. 缸体

缸体主要由内室和夹套组成，结构分为方形和圆形，内外壁通过全溶焊接而成。内室材质通常为不锈钢板压制而成，以确保缸体无锈蚀、无污染。夹套与加强筋材质通常选用不锈钢板或碳素钢材料。

2. 门体

门体主要由门体板、门臂板和移动机构等组成，门体板材质通常为不锈钢板，加强筋、门臂板材质通常为碳素结构钢。门体设有安全联锁装置，确保设备开门的安全性。除非维护的需要，对于双门灭菌器应不能同时打开两扇门。

（二）管路系统

灭菌器的管路材质主要为不锈钢材料（根据用户要求也可选用碳钢材料），主要连接件为对丝、弯头、活接头等。管路按使用功能划分为：进蒸汽管路、排蒸汽管路、抽真空管路、泵进水管路、回空气管路等。管路的主要部件有气动阀、单向阀、手动阀、过滤器、压力传感器、压力表、先导阀、电磁阀等。

1. 进蒸汽管路

灭菌器进蒸汽管路主要方式为：外部蒸汽通过控制阀进入灭菌室，也可采用外部蒸汽通过控制阀进入夹套，再由夹套通过控制阀进内室。为了防止温度控制器或压力控制器在运行中失控，造成操作人员伤害、设备安全事故和灭菌物的损坏，进蒸汽管路通常实现温度和压力双重控制。当内室的蒸汽压力或蒸汽温度达到预定值时，灭菌器控制系统自动关闭进气阀，切断蒸汽进入内室或夹套，以防止内室或夹套产生过压和过温。进蒸汽管路的主体部件由进气阀、进汽调节阀、安全阀等组成。

2. 排蒸汽管路

排蒸汽管路由控制阀通过程序控制，实现对内室蒸汽的自由排放。需要特别注意的是，对液体进行灭菌时，排气速度要慢，否则会引起液体包装物的损坏。

3. 抽真空管路

抽真空管路主要由真空泵、电机、控制阀等元件组成，抽真空管路中真空泵是关键元件。抽真空管路是通过控制程序对真空泵及元件进行控制，以实现对内室抽真空。在抽真空过程中，真空泵需要提供水冷却，另外水还起到真空泵密封作用。灭菌过程中抽真空的主要作用如下。

（1）灭菌的彻底性

如果内室存在空气，导致进蒸汽过程中灭菌物（如布类包裹）的几何中心区域形成空气团，使被灭菌物包裹的几何中心区域的温度达不到要求，所以不利于蒸汽的穿透，导致灭菌不合格。通过抽出内室残余的空气，确保灭菌过程中无空气存在。对于真空度的检测可以通过 B–D 试验来测试。

（2）提高灭菌物品的干燥度

干燥抽真空程序在灭菌结束前完成，通过抽真空，抽出内室的蒸汽和水分，对灭菌物如布类包裹、器械等进行干燥，达到干燥的目的。

4. 回空气管路

回空气管路通过程序控制外部空气进入内室，主要由回空气控制阀、空气过滤器等组成。空气的预热主要是通过紧贴在夹套上的空气管来实现，空气的洁净主要通过空气过滤器来实现，空气过滤器宜由抗腐蚀和抗降解的材料制成，通常应选择过滤大于 0.3 μm 微粒不少于 99.5% 空气过滤器。

三、蒸汽灭菌过程控制

湿热蒸汽灭菌是利用饱和蒸汽对卫生材料、手术器械、药品等进行灭菌。为保证设备正常运行、操作者的人身安全，操作人员应按设备使用说明书进行设备操作、维护，定期对设备使用的测量和监视装置进行检定。为确保被灭产品经灭菌后符合质量要求，做好灭菌过程的验证工作，要编制灭菌过程的技术文件，指导生产人员执行工艺规程，还要对每批产品进行灭菌效果检验。为保证灭菌过程的控制，要开展对灭菌过程中的人、机、料、法、环等定期检查，检查前应编制灭菌检查计划，并按计划定期开展工作。如下详细介绍灭菌过程的控制。

1. 灭菌的技术文件

灭菌过程的技术文件包括灭菌器的设计文件，灭菌器的验证文件、灭菌过程作业文件等。灭菌器的设计文件包括灭菌器设计资料（如设计任务书、设计计算书、产品设计图、电气控制图等）、随机文件（如使用说明书、装箱单、合格证、备件明细表、检验报告等）、安装文件（如设备安装图、电气原理及接线图、管路图等）。设计文件是灭菌器从产品设计到产品安装和产品验收等全套文件。灭菌验证文件包括验证计划、验证方案、验证报告和验证记录。灭菌的工艺方法和技术参数经过验证、评估后，输入工艺文件中。灭菌的工艺文件应详细描述灭菌的工艺过程、主要参数、操作步骤、注意事项等。当灭菌工艺、设备、灭菌物等灭菌条件发生变化时，为保证设备安全运行，保证灭菌物灭菌后指标达到要求，对灭菌过程进行再确认，并及时修改工艺文件。对未违反工艺技术规范而造成的灭菌过程的故障，要组织相关人员进行分析，以确定是否需再确认或工艺文件的修改。

2. 蒸汽灭菌器使用前的注意事项

蒸汽灭菌器应按设备使用说明书进行操作，同时应注意如下的要求：

① 被灭菌物品应为耐高温、耐高压、耐高湿物品。

② 灭菌器不能对油脂类进行灭菌。

③ 能进行不含大量氯（Cl^-）离子的液体灭菌，但应采用重力排气程序。

④ 灭菌物应事先洗净，附着在灭菌物上的污物会影响灭菌的效果。

⑤ 根据灭菌物品不同和干燥度要求选择对应的灭菌工作程序。

⑥ 设备运行前，应目测门胶条、门体和内室是否清洁，控制阀、真空泵等元件是否正常运行。

⑦ 观察内室压力表、蒸汽源压力表的压力指示是否正常。

⑧ 应定期检查内室及排气口上有无杂物，如过滤网上堆有杂物，会使灭菌不完全或干燥不良。

⑨ 应定期检查设备门的密封有无开裂损伤，如果密封材料损坏无法维护，应按照设备使用说明书进行更换。

3. 灭菌物的存放

灭菌物要按设备使用说明书规定的方式放入灭菌器，下列给出了正确放入的方法：

① 注意灭菌物摆放的均匀性，每层每包之间应留有足够的缝隙，有利于蒸汽对被灭菌物的穿透。

② 灭菌物品的包装要尽量小，且要宽松放入。

③ 被灭菌包装物应为耐高湿、耐高温、耐高压和透气性好的材料，应验证包装物灭菌过程的可靠性，防止包装物（如塑料袋等）的损坏。

④ 不要将太潮湿灭菌物放入，不利于物品的干燥。

⑤ 对于液体或无法抽真空的物品应使用重力排气程序或液体运行程序。

4. 灭菌参数设定

在设定灭菌参数前，用户要认真阅读设备使用说明书，根据灭菌物品过程的参数要求，正确设定灭菌程序，通常设定灭菌器参数包括：

① 脉动真空次数：指设备在抽真空过程中，运行抽真空的次数。

② 干燥时间：指灭菌器运行干燥程序的总时间。

③ 灭菌温度：指灭菌时的最小有效控制温度，如设定为 132 ℃时，则在灭菌过程中不允许内室温度低于此温度。

④ 灭菌时间：指灭菌过程中累积控制的有效总时间，灭菌过程不得低于灭菌时间。

⑤ 进气脉动次数：指在重力排气程序中，内室进蒸汽置换内室空气的次数。

5. 设备运行的注意事项

① 打开电源后，观察各个控制阀运行是否正常，观察面板的指示灯是否正常。

② 定期检查门紧固件有无松动，如果松动应请专业人员进行维修。

③ 操作人员在放入或取出灭菌物时，应有必要的防护措施，注意不要被烫伤。

④ 设备在使用过程中，要观察压力表的指示情况，当压力达到出现异常情况时要关闭进蒸汽阀，切断电源，对供蒸汽的管路进行检查。

⑤ 灭菌结束后，应关掉设备的进水、进压缩空气管路上的阀门，打开夹层的排气阀，排掉夹层的蒸汽。

6. 灭菌过程失效判断

设备在正常情况下运行，因受灭菌物品、设备性能、工艺参数和操作人员等因素影响，灭菌过程可能导致失败，主要常见灭菌过程失效表现为 B–D 试验不合格、升温时间过长或温度达不到灭菌温度、灭菌不彻底等。

（1）B–D 试验不合格

B–D 试验不合格的主要原因有下列三种：

① 冷空气的存在：冷空气的存在导致灭菌失效的三个不利因素如下。

形成空气蒸汽混合团，产生负压，降低灭菌室内的灭菌压力，不利于温度的提升，使腔室内在一定的压力下达不到应有灭菌温度；冷空气团阻隔蒸汽接触灭菌物品，不利于灭菌物品的热穿透；减少内室的水分，不利于微生物的杀灭。

造成冷空气团存在的主要原因有：

真空泵的性能下降，使真空度达不到 B–D 试验的要求；门体的密封性能不好，导致门体泄漏或轻微泄漏；管路漏气，导致腔室内有空气渗入，排除不彻底；进气口与排气口的位置不合理，使内室的温度分布不均匀，导致温度虚假；内室的压力测量系统失灵；蒸汽质量差、含水量过多；空气起始温度低、重力作用明显、B–D 试验前不进行预热，致使送入锅内的蒸汽压力过高或速度过快，将过多的空气挤入实验包；测试包与柜室容量相比过小，产生“小装量”效应；自制 B–D 试验包不标准，布巾过紧或过松、过重或过轻，新制的 B–D 试验包布巾脱浆不彻底，B–D 试验包使用频率过高，织物纤维老化收缩，透气性能降低，影响蒸汽穿透 B–D 试验包，用后不按时清洗或洗后热熨、烘干，布巾含水过少，布巾折叠不平整，皱褶部位所接触区域测试纸的颜色变浅；温度升的过快导致三次真空时进蒸汽未来得及对试验包渗透，原因为疏水器性能下降，导致内室的水分过大。

② 过度暴露：过度暴露指内室的温度或压力超过所需要的实际测试温度。温度超高或灭菌时间过长，导致过度灭菌。其主要原因有：蒸汽过饱和；控制系统的温度和压力失真；测试过程出现温度下降导致灭菌时间过长。

③ 其他不确定原因：其他不确定原因如下。

测试包过大；B–D 测试纸不符合要求；包装物过分潮湿，棉布与 B–D 测试纸接触的水分吸热，导致实际温度达不到要求或 B–D 测试纸出现斑点。

（2）报警失控

产生报警的原因有：真空泵的热继电器过热动作，导致报警输出；超温超压报警；程序运行结束报警。

（3）升温时间过长或温度达不到灭菌温度

主要原因有：蒸汽源压力是否在设备要求范围内；管路是否存在泄漏；疏水状态是否良好；温度传感器是否在水中。

（4）按启动不进入真空行程

启动条件是否满足；前后门的关门行程是否到位；触摸屏是否损坏。

（5）灭菌产品不合格

灭菌工艺是否符合要求；温度是否失真；包装是否合格。

7. 已灭菌产品的放行

应建立和保持灭菌后产品放行的体系，该体系应保证灭菌过程控制和产品放行的管理，以确保持灭菌产品与已灭菌产品的标识和严格划分，每个灭菌批次的产品均应做无菌试验，试验合格的产品才能放行，放行产品应办理签字手续，不合格产品应按 GB/T 19001 的要求进行隔离、标识、处理。灭菌后的每批产品应提供如下文件和记录：灭菌产品名称、型号、规格、数量；灭菌过程记录；灭菌产品检验记录。

8. 灭菌的记录

灭菌过程记录是追溯产品灭菌质量事故的主要证据，也是产品工艺验证和工艺改进的主要参考资料，通过灭菌过程记录的收集、分析、处理、贮存，保证灭菌过程在受控状态下进行，记录至少提供如下内容：灭菌日期；灭菌器名称或编号；灭菌周期；操作人员；装载物说明和批号；开始灭菌时间（确切时间）；整个周期的时间 - 压力关系函数；整个周期的时间 - 温度关系函数。

四、蒸汽灭菌过程的确认

湿热蒸汽灭菌验证程序应采用与 GB/T 19001—2016《质量管理体系 要求》标准提出的原则相符的认可规程进行，验证的目的是通过一系列验证试验和提供足够的证明文件，证明灭菌器及灭菌过程是否符合验证方案的规定，是否满足法规和标准的要求，是否满足用户的要求。灭菌验证包括安装鉴定（IQ）、运行鉴定（OQ）、性能鉴定（PQ）等，下面就这三个验证确认实施方案、步骤、方法、形成的文件及记录作描述。

（一）灭菌安装鉴定

安装鉴定是指灭菌器安装后，根据灭菌设计方案、法规和验收标准，以及灭菌器管路图、电器图和设备总装图等对已安装灭菌器进行各种较全面的检查，检查安装设备是否符合要求，检查还包括所有的设备，仪表和维修设备是否有标识和文件规定。安装鉴定阶段，要将安装设备的预防性维护要求整理成文件，编制灭菌器使用及维护保养操作规程。安装鉴定方案的内容如下。

1. 现场确认

① 确认安装设备规格型号。

② 主要机械零件和结构的完整性。

③ 安装位置和空间满足设备操作、清洗和维修的需要。

④ 安装管路（水路、气路等）是否符合工艺要求。

⑤ 若适用，排气效果是否符合。

2. 文件确认

① 基本资料是否齐全，包括使用说明书、装箱单、主要零部件清单等。

② 设备是否进行检测，主要检查压力容器设计证书、压力容器制造证书、检验报告、合格证、压力容器质量保证书等。

③ 设备安装、维护所需技术资料是否正确，检查设备安装图、电气原理图、电气接线图、备件明细表、易损件目录等。

④ 操作和测试设备是否校验，根据提供的操作和测试设备清单，检查仪表的检定证书和检定合格证。

⑤ 是否建立了操作规程，包括设备操作规程、维护检修规程等。

安装鉴定实施后，应形成确认记录，并做出安装鉴定（IQ）结论。

（二）灭菌运行鉴定

运行鉴定为验证灭菌器达到设定要求而进行的各种运行试验，以确认灭菌器运行符合规定要求。运行鉴定阶段应当合理确认灭菌过程的初步参数，参数包括灭菌温度、灭菌压力、灭菌时间等变量，确定灭菌过程实施步骤和操作方法，以及如何对灭菌过程的测量和监视。要合理选择测量设备，以保证设定灭菌参数可靠性和准确性。

运行鉴定还包括通过设定灭菌参数的上下限和最差环境，在这些条件下，通过对产品模拟灭菌，观察和测试导致产品不合格或工艺失败的条件。运行鉴定内容至少包括以下两点内容。

1. 运行前，对灭菌器各项性能进行鉴定

① 设备安装是否稳固性。

② 电气连接是否正确。

③ 蒸汽连接是否符合。

④ 是否提供冷却水连接。

⑤ 检查安全阀是否动作。

⑥ 检查门体密封性。

2. 灭菌器运行质量鉴定

① 灭菌器运行时，检查容器及管路部分，并鉴定有无泄漏。

② 空负荷运转，检查灭菌器及元器件（如灭菌门、真空泵）运行是否正常。

③ 设定灭菌过程的所有程序，检查灭菌器的各步程序运行是否正常，与标准操作说明是否相符。

④ 检查各电器部件工作是否正常，测试灭菌器的安全性能是否符合。

⑤ 通过温度控制系统、压力表等观察灭菌温度、压力、时间和真空度等是否达到要求，确认灭菌的各项技术指标是否符合。

新购置灭菌器使用或灭菌器的改造、工艺条件变化或新研发的产品进行灭菌，必须进行运行鉴定。成功完成灭菌运行鉴定后，应提供设备的操作规程和工艺文件，这些文件是对操作者进行培训的基础，可以帮助操作者成功地操作设备。最后将验证过的灭菌工艺和灭菌参数应用到被灭物品的灭菌过程中。运行鉴定的实施后，要做出运行鉴定结论。

（三）灭菌性能鉴定

性能鉴定是在安装鉴定和运行鉴定完成结果合格后进行，性能鉴定通过观察、记录、取样检测等手段，收集及分析数据，检查并确认灭菌参数的稳定性、灭菌结果的重现性，证明灭菌器在正常操作方法和工艺条件下能持续有效地符合标准要求。完成性能鉴定时，应指定专人对所有数据进行评审、批准。在对灭菌器进行可能影响工艺过程维修时，或改变灭菌工艺、灭菌系统（软件和硬件）、产品或包装等必须进行再确认。再确认必须有文件化规定，性能鉴定内容如下。

1. 验证使用的仪表校准

在每次试验前，确定验证使用的设备仪表，用于验证使用的设备仪表进行校准，以保证其准确性，校准应可溯源到国家标准。通常灭菌器热分布测试选择温度验证仪，在验证时应确定传感器的数量。

2. 空载热分布和满负载热分布确认

空载热分布测试指灭菌器内不装灭菌物情况下，运行灭菌程序对灭菌内室温度均匀性的确认。满载热分布测试是指灭菌器内装入灭菌物，模拟灭菌过程测量灭菌内室温度均匀性的确认。热分布确认包括每种装载容器的每种装载方式、每种方式的运行次数、每种方式的冷点位置等。在负载运行条件下，通过对灭菌物灭菌，证明在整个灭菌室和装载的温度均匀度均在规定极限内，证明满载情况下测得设定的控制参数和实际参数之间的关系。装载和装载模式的一致性，在很大程度上决定了所需温度传感器的数量。实践证明，灭菌室容量每 100 L 应配一个温度传感器，要想充分评估一个灭菌周期，最少要有 5 个传感器。灭菌室空挡区应放置一个传感器。同时，至少应有一个传感器放置在灭菌室内侧的非加热部分。还有一个传感器用于测定对夹套装载上的影响。整个鉴定过程的质量取决于所测得温度与压力的精确性和可靠性。

3. 负载热穿透试验

负载热穿透试验是在热分布试验的基础上，确定装载中的“最冷点”并肯定该点在灭菌过程中获得充分的无菌保证值，连续运行数次，以检查其重现性。

4. 生产能力确认

通过灭菌过程中灭菌物装载之内或之间产品混合物的可接受极限的鉴定，证明灭菌器可接受的最大装载量和最小装载量。性能鉴定是为了证明灭菌器确实能对装载进行灭菌。由于装载对灭菌工艺有极大的影响，故对不同的装载和装载改变应做评价，以确定灭菌器装载量和载量范围。在这方面，应强调某些装载和装载模式在湿热灭菌工艺中不能被灭菌。通常来说，单一装载会较易确定，并可减少鉴定工作。而混合装载（例如，纺织品和金属器械混合）则要求有一个测量范围，以保证任何混合情况确实都可接受，性能鉴定应基于装载的预定方案。

5. 运行结果的重复性

运行结果的重复性是指灭菌器依据验证方案经多次验证运行后，在相同的测量条件下对灭菌结果进行测量，经连续测量的灭菌的结果在规定范围内。通常测量的重复性是指相同的测量程序、相同观察者、相同的条件下使用相同仪器设备，在短期内进行测量结果。

6. 其他性能鉴定

用替代物的或实际生产原材料按设定的程序进行系统性运行；必要时应进行挑战性试验。负载运行的可靠性试验、安全性能。性能鉴定应做出性能鉴定结论，并形成过程记录。

综上所述，蒸汽灭菌过程是一个特殊过程。灭菌器的鉴定、灭菌运行的鉴定、灭菌的性能鉴定是灭菌控制的关键，在验证前要编制可行的验证计划和验证方案，按验证计划和方案对灭菌过程进行验证，将验证获得的可靠结果，输入到作业文件中，作为灭菌过程操作和控制的依据。通过设定不同的灭菌程序，不同的灭菌参数，对不同灭菌物品进行多次灭菌验证，确认灭菌运行的可靠性和重现性，找到最有效、最合理的灭菌工艺和工艺参数，作为饱和蒸汽灭菌验证的证据。定期进行灭菌过程的再鉴定（通常每 12 个月进行一次），可保证灭菌过程持续可靠。

五、蒸汽灭菌效果试验

1. 测定蒸汽灭菌器对细菌芽孢的杀灭效果

测定对细菌芽孢的杀灭效果可以作为评价其灭菌性能是否符合设计规定的参考。使用的实验器材包括：

① 指示菌株：耐热的嗜热脂肪杆菌芽孢，菌片含菌量为（1.0×10^6）~（5.0×10^6）CFU/ 片，或嗜热脂肪杆菌芽孢灭菌指示物，（121 ± 0.5）℃条件下，存活时间≥ 3.9 min，杀灭时间≤ 19 min，值为 1.3~1.9 min。

② 使用说明书中规定灭菌器可以处理的物品（装填灭菌器，使达满载要求）。

③ 培养基：试验用培养基为溴甲酚紫葡萄糖蛋白胨水培养基。

④（56 ± 1）℃恒温培养箱。

2. 实验步骤

① 将两个嗜热脂肪杆菌芽孢菌片分别装入灭菌小纸袋内或两个嗜热脂肪杆菌（ATCC795372）芽孢灭菌指示物置于标准试验包中心部位。

② 对预真空和脉动真空式蒸汽灭菌器，应在灭菌器内每层各放置标准测试包。对下排气式蒸汽灭菌器，还应在灭菌器室内，排气口上方放置一个标准试验包。测试包放置数量可根据灭菌器的容积大小确定，(GB 8599—2008)《大型蒸汽灭菌器——自动控制型》、YY0731—2009《大型蒸汽灭菌器手动控制型》、YY/T 0646—2022《小型压力蒸汽灭菌器》和 YY/T 1007—2018《立式蒸汽灭菌器》等标准给出放置数量和操作方案。

③ 灭菌结束后，在无菌条件下，取出标准试验包或通气贮物盒中的指示菌片，投入溴甲酚紫葡萄糖蛋白胨水培养基中，经（56 ± 1）℃培养 7 d（自含式生物指示物的培养按说明书执行），观察培养基颜色变化。检测时设阴性对照和阳性对照。

3. 评价规定

在试验中，每次试验中阳性对照管，溴甲酚紫葡萄糖蛋白胨水培养基变黄色，对照菌片的回收菌量均应达（1×10^{6}）~（5×10^{6}）CFU/片；阴性对照应无菌生长（溴甲酚紫葡萄糖蛋白胨水培养基颜色不变），每个指示菌片接种的溴甲酚紫蛋白胨水培养基或生物指示物颜色不变（紫色），判定为灭菌器灭菌效果合格。

4. 注意事项

① 所用生物指示物和菌片须经卫生健康委认可，并在有效期内使用。

② 灭菌效果观察，样本检测稍有污染即可将灭菌成功的结果全部否定，故试验时必须注意防止环境的污染和严格遵守无菌操作技术规定。

③ 灭菌器内满载与非满载，结果差别较大，故正式试验时必须在满载条件下进行。

第五节　辐射灭菌确认和过程控制

一、辐射灭菌的确认

医疗产品辐射灭菌遵循的国际标准为 ISO 1137：2006《医疗用品灭菌 辐射》，国标 GB 18280 等同采用此标准。ISO 11137 标准结合了 ISO 13485 医疗器械质量体系的要素。

辐射灭菌的确认应包含产品鉴定、安装鉴定（IQ）、运行鉴定（OQ）和性能鉴定（PQ）等。

（一）产品鉴定

产品鉴定的目的是进行产品材料和包装对辐射灭菌工艺适宜性研究、建立灭菌剂量和最大可接受剂量，并以文件形式保存。只有在最大允许剂量与灭菌剂量的比值（DLR）大于 1（通常应大于 1.2，因为辐照工艺的剂量分布的均匀性 DUR 通常大于 1.2）、辐照后材料的生物学指标符合要求、包装材料合格时，才可以采用辐射灭菌工艺。产品鉴定由医疗器械生产厂家负责实施。

1. 最大允许剂量的建立

因为电离辐射会导致材料的降解或交联反应，从而改变材料原有的物理、化学和生物学性能，影响产品的预期使用功能，所以必须进行产品耐辐照试验；此外，包装是维持内容物完好的屏障，也应进行相应的性能测试。

产品耐辐照试验的过程为：

根据文献知识和经验、判断可能最大辐照剂量的范围；在此范围内，以一定的剂量间隔，确定辐照剂量组别；样品分组辐照；测试：测试的项目包括外观和颜色、强度、韧度等，应根据各产品的国标、国际标准或企业标准确定测试项目；评估：根据测试结果，设定最大允许剂量。实践中为防止辐射工艺中可能出现的过度照射而导致产品报废，可下降一定的剂量值来设定最大允许剂量。

由于知识所限或新材料的出现，耐辐照试验可能会进行多次，以筛选出合适的剂量范围。

包装性能测试：

① 用选定的最大允许剂量，对包装进行照射。有时产品本身为耐辐照材料，最大允许剂量较高，此时以此高剂量照射包装显然是不适宜的，建议生产厂家与辐照工厂合作，确定实际辐照工艺中达到的最大剂量，以此剂量来对包装进行照射。

② 测试。包装的测试主要包括封口性能测试、阻菌性能测试等，若必要也可对包装的材料本身的物理性能进行测试。根据包装的材料和包装形式，选择相应的国标或国际标准。

2. 生物学性能测试

由于辐射会引起被照射产品的辐解反应，产生新的物质，因而应对辐照产品进行生物学评估。常用的评估方法为生物相容性的检测，特殊要求可根据国家标准、药典或国际标准确定。

3. 灭菌剂量的设定

灭菌剂量是到达规定的 SAL 所需的最低剂量。在 ISO11137-2：2006 灭菌剂量设定的方法有 3 种，分别为方法 1、方法 2、VDmax，具体过程详见 ISO 11137-2：2006。

方法 1 是基于产品上的带菌数来确定灭菌剂量，应用较广。方法 2 是基于产品上微生物的抗性，通过递增剂量组照射，推算出 $SAL=10^{-2}$ 时的 D10 剂量，再根据灭菌要求的 SAL 值，推算出要达到此 SAL 时的剂量。此方法所需样品量大，计算烦琐，较少采用。VDmax 法是选定 25 kGy 或 15 kGy 作为 $SAL=10^{-6}$ 的灭菌剂量，通过试验来验证此剂量的有效性，也有较广的应用。

对于 VDmax 方法，除了标准中推荐的以外，目前已建立其他剂量的验证方法，预计在下次标准修改时增补。

为了降低生产厂家检测费用，对于可设置相同剂量辐照的产品系列，可归类为产品族，设定灭菌剂量时应选取微生物污染最严重的代表性产品。

应引起注意的是，在某个辐照装置设定最大剂量、灭菌剂量和验证剂量，要到其他辐照装置实施时，必须评估其有效性。通常钴–60装置之间、相同运行参数的加速器之间或相同运行参数的X射线装置之间是相互有效的，而在三者之间的转移必须要评估剂量率和温度等对灭菌效果的影响。

（二）安装鉴定

安装鉴定是文件化验证灭菌设备和辅助设施已按规定提供并安装。

1. 安装鉴定的实施过程

① 用户提出设备要求和技术规范书，包括对辐照场、产品传输、生产能力和控制系统的要求。

② 供应商根据用户要求，提供详细的设计规范和使用、操作规程等。

③ 安装和验收。

安装期间发生的改动均应做书面记录；验收可分为到供应商厂家验收和现场验收。

2. 安装鉴定文件的内容

① 厂房建筑平面图。

② 辐射安全设备的描述和符合性。

③ 控制系统的符合性及软件验证。

④ 辐照场的描述，包括贮源井尺寸、源架结构、放射源种类、排布、源架提升时间、源架到位率、加源方式等。

⑤ 产品通道。

⑥ 传输装置传输速度或主控时间的符合性。

⑦ 辐照箱笼尺寸和材质。

⑧ 所有设备的操作规程、注意事项和维护程序。

⑨ 安装期间做出的改动。

⑩ 其他，如设备的校验记录等。

（三）运行鉴定

运行鉴定旨在证明辐照装置能在可接受标准内运行，并授予产品适宜的剂量。运行鉴定可通过剂量分布测定来实施，其实施过程为：

① 至少选用两种密度的模拟材料分别做剂量分布试验。密度的选择通常为接近实际产品密度范围的低限和高限。

② 对于每种密度，至少选择三个箱笼充满模拟材料，在箱笼内密集布放剂量计，同时在辐照场内布满相同密度的箱笼，以确定最低和最高吸收剂量区域，作为性能鉴定布放剂量计和设定灭菌参数的参考依据，也可测定不同箱笼之间的剂量差异。

③ 应测定运行中断（升降源），不同密度和未充满箱笼（可选项）对剂量的影响。

在实施 OQ 之前，所有的设备均应通过校验。

（四）性能鉴定

性能鉴定针对特定产品或加工族，按加工要求确定装载模式，进行剂量分布测定，确定最大、最小剂量点以及它们与监控剂量的关系，确定加工参数，以持续授予产品合格的剂量。

性能鉴定应由生产厂家和灭菌工厂共同制订方案，确认并记录以下内容：

产品箱的尺寸、密度和装载模式；产品的辐照模式，包括产品通道、传输速度或主控时间；最大、最小剂量点以及它们的比值（称为剂量分布的均匀度，DUR）；常规监控点的剂量值以及与最大最小的比值；未充满箱笼的剂量分布以及对相邻箱笼剂量分布的影响；平行箱笼之间的剂量差异。

（五）确认的评估和辐照工艺文件的建立

对 IQ，OQ 和 PQ 的结果进行评估，并建立灭菌工艺文件，包括：

产品的描述，包括尺寸、密度和产品在包装内的排列；产品箱在辐照箱笼中的装载模式；辐照模式；客户要求的最大允许剂量和灭菌剂量；如果产品支持微生物的生长，产品制造和灭菌之间的最大时间间隔；常规监控剂量计的位置；常规监控点的剂量与最大最小剂量的相关性；对加工族的规定（加工族定义为可归类一起辐照的产品系列，应具有类似的密度、类似的剂量或剂量倍数）。

这些工艺文件，加上合同等其他信息，形成主文档。

二、辐射灭菌过程控制

1. 灭菌订单

客户提前以传真或电子邮件的形式，提交灭菌订单，订单上应注明产品名称、规格、批号、数量、产品箱尺寸和重量、灭菌剂量要求、送货时间和交货时间，以及其他要求。

辐照工厂接到订单后，对订单的实施能力进行评估，并及时反馈客户；同时，安排灭菌计划。

2. 产品入库

客户送货时，应附有送货单，送货单上应注明与订单类似的内容。

辐照工厂进行收货检验。核对批号、数量、尺寸、重量、箱子的破损情况，不符之处及时反馈客户，并贴辐照指示片，填写加工流转单。

3. 确定工艺参数

辐照工厂根据实际到货信息，建立工艺参数，包括灭菌时间表、主控时间或传输速度、装载模式、剂量计布放要求、灭菌批号等，并填写加工流转单。

4. 装箱和布放剂量计

按第 3 条的要求装箱和放置剂量计，并填写加工流转单。

5. 辐照

辐照期间若发生辐照中断，应及时记录。

6. 卸箱、剂量计回收和检验

质控人员及时做好剂量计的检测，并对辐照中断的影响做评估。

仓管人员做好数量的清点，检查辐照指示片是否变色以及箱子破损情况，并填写加工流转单。

7. 状态标识

仓管人员根据剂量检测的进度和结果，在产品堆放区及时放置“待检”“合格”“不合格”等标识牌。

8. 产品放行

在完成对工艺控制关键点（进货检验、工艺参数、剂量检测等）的审核并合格后，产品才能放行。放行时应开具辐照证明书和发货单。

9. 不合格品控制

① 收货检验或搬运过程中发现和发生的破损箱子，应及时与客户联系，以便及时更换包装或替代产品，避免影响客户的交货期。

② 发现剂量不足或过度照射的产品时，应及时与客户联系，共同商量处置措施。

10. 偏差控制

灭菌公司因对辐照过程所有偏差进行分析（包括剂量计的偏差）。

11. 文件记录

产品放行后，或以不合格处置后，加工过程所产生的文件，包括灭菌订单、送货单存单、工艺参数单、加工流转单、辐照证明书存单、发货单存单或不合格品处置表单等形成此批产品的批记录，并保存。

三、灭菌过程有效性的保持

鉴于辐射灭菌是一个特殊的加工过程，后续检查和产品测试不能充分验证过程的有效性，因而必须对灭菌过程实施验证、常规监控和对设备进行维护，以保持灭菌过程持续有效。

1. 灭菌剂量有效性的保持

① 生产厂家应建立产品微生物检测程序，检测周期应不大于 3 个月；如果发现带菌数有异常波动，应调查原因，及时采取纠正和预防措施。

② 生产厂家应实施严格的环境控制程序，原材料、人员、设备和环境均应列入控制对象。

③ 剂量审核：剂量审核是检测产品上微生物辐射抗性是否改变的有效方法。剂量审核的周期为 3 个月，以验证所设定灭菌剂量的有效性。只有在连续 4 次的剂量审核均通过、检测结果表明产品上微生物水平持续稳定、生产处于受控状态时，才可以延长剂量审核的周期，但最长不得超过一年。

如果剂量审核失败，需要按 ISO1137–2 的要求增加灭菌剂量，或重新实施灭菌剂量的设定，但是，必须要调查原因，并采取纠正预防措施。此时，审核周期必须不得大于 3 个月。

2. 产品族有效性的保持

产品上带菌数的数量和类型是选择代表性产品的依据。通常选取最“脏”的产品作为代表性产品，用于剂量设定和剂量审核，因而必须对其有效性进行评审，评审的周期至少一年一次。评审的内容包括：产品带菌数产品大小、产品组件的数量、产品的复杂程度、生产环境、原料来源和产品的变动情况。如果有较大改变时，应考虑重新选择代表性产品。

3. 设备的维持

① 应定期对设备进行校验，并实施预防性维护。

② 剂量检测设备应能溯源，定期与国家实验室比对，并建立剂量不确定度评估方法。

第六节　包装过程控制

无菌医疗器械产品的包装是一个非常重要的特殊过程，为确保无菌医疗器械产品的安全性和有效性，必须对包装过程加以严格的控制。因此，制造商应按照GB/T 196331—2015《最终灭菌医疗器械包装 第1部分：材料、无菌屏障系统和包装系统的要求》标准对包装过程进行确认。

ISO11607国际标准考虑了材料范围、医疗器械、包装系统设计和灭菌方法等规定了预期用于最终灭菌医疗器械包装系统的材料、预成形系统的基本要求。ISO 11607国际标准分为两个部分。第一部分：材料、无菌屏障系统和包装系统要求；第2部分：成形、密封和装配过程的确认要求。ISO 11607国际标准与欧盟EN 868–1标准协调后规定了所有包装材料的通用要求，而EN 868–2至EN 868–10则规定了常用包装材料的专用要求。这两类标准基本满足了欧洲医疗器械指令的基本要求。目前，EN 868系列标准已经转换成我国医药行业标准，ISO11607的两个部分标准正在进行国家标准的转换过程中。

一、为什么要进行包装过程控制

最终灭菌医疗器械包装的目标是能对产品进行灭菌、使用前提供无菌保护，以保持无菌水平。不同无菌医疗器械产品因具体的特性、灭菌方法、预期用途、失效日期、运输和贮存等相关因素都会对包装系统的设计和材料的选择带来一定的影响。包装为产品提供了一个无菌屏障系统，是最终灭菌医疗器械产品安全的基本保证，世界上许多国家或地区把销往医疗机构用于内部灭菌预成形的无菌屏障系统也视为医疗器械。政府行政管理机构和医疗器械制造商之所以将无菌屏障系统视为医疗器械的一个附件或一个组件，正是因为充分地认识到了无菌屏障系统的重要性。

一次性使用无菌医疗器械产品，其质量受许多因素影响，如果内外包装材料不符合质量标准要求，以及受到生产环境因素的影响，或在运输、保管、发放过程中污染、混杂、错发、变质、损坏等都会直接影响产品质量。因此，与产品直接接触的初包装材料、容器等必须无毒，不得与产品发生化学作用，不得发生碎屑脱落，制造过程中不得被污染，且适合于产品的包装、密封和适宜的灭菌过程。与产品非直接接触的外包装材料，如大、中包装袋、包装盒及外包装箱等。这一类包装材料必须要有一定的强度，不但要满足宜的灭菌过程，且还要适合于产品的运输、贮存和保管。

为了确保最终医疗器械产品的安全性，无菌医疗器械制造商必须对与产品直接接触的包装材料的生物相容性、预成型无菌屏障系统的完整性、初包装封口的密封性、包装形式、包装标识以及运输方法等进行确认，以保证产品在规定的有效期内和使用前保持其完整性和有效性。

无菌医疗器械产品的包装应具有两个基本功能：保护产品；保持产品的无菌状态。

无菌医疗器械包装材料选择、包装设计、过程验证、包装试验等活动都是围绕着这两个基本功能而展开的。进行包装验证确认是证实无菌医疗器械产品在有效期内保持其安全性和有效性的一个重要方法。

二、无菌医疗器械包装的基本要求

（一）无菌医疗器械的包装分类

1. 无菌医疗器械的包装

一般可分为三种类型：

① 一级包装（初包装）：直接与无菌医疗器械产品接触的包装，保护产品在使用之前是安全的（例如：医疗器械无菌包装）。

② 二级包装（中包装）：销售单元或使用单元，保护一级包装在使用之前的完整性（例如：纸盒、塑料袋）。

③ 三级包装（大包装）：保护一、二级包装在物流过程中的完好无损（例如：瓦楞纸箱）。

2. 无菌医疗器械常用的包装形式

因无菌医疗器械包装的独特功能是必须可以随产品进行灭菌消毒，必须能够阻隔细菌、微生物以保持产品的无菌状态。所以，这种包装的独特功能被称之为“无菌屏障系统”。而且医疗器械包装也是公认的“医疗器械组成的一部分”。目前常用的包装形式大概有以下几种。

（1）第一种形式是预成形的底盘和带有一个固定切制盖结构

底盘通常用热成形或压成形工艺使其预成形，固定切制盖可以是透气的也可以是不透气的，典型的是用热封剂将盖热封于底盘上，带固定切盖的刚性底盘一般用于外形较大和较重的器械，如整形外科植入物和手术盒等；底层材料：PA/PE、PP/PE、PP/PA/PE、PA/PP、EVA/Surlyn/EVA；顶层材料：涂层 / 非涂层纸，涂层 / 非涂层 Tyvek®、易剥离薄膜（共挤 / 复合）；典型应用：适用于各种类型的医疗器械，如外科植入物、注射器、医用敷料、手术器械盒、各类医用导管等。

（2）第二种形式是软性剥开袋

这种袋子的典型结构为一面是薄膜，另一面是薄膜、纸或非织造布，袋子常以预成形的形式供应，除了一个封口（一般是底封）外，其他所有的密封都已形成，保留的开口便于放入器械后在灭菌前进行最终封口，因为这种袋子可以有不同的设计特征，其宽度、长度尺寸可以加工成各种规格，所以，大量的各种不同类型的器械都采用这种袋子作为其无菌屏障系统；底层材料：PETG，APET，HIPS，PP；顶层盖材：涂层 Tyvek®、涂层加强纸；典型应用：适用于一般体积小和重量轻的小型医疗器械，如输液类器械、普通导管类器械、内外科用普通包类器械等。

（3）第三种形式是灭菌袋

灭菌袋通常采用一种医用级多孔纸组成，经折叠形成一个长的卷筒状（平面的或立体的）。卷筒沿其长度方向上用双线涂胶密封，然后切成所需规格，一端用一层或多层黏合剂密封，多次折叠也可用于提高闭合强度，开口端通常有一个错边或一个拇指切口以便于打开，袋子的最终闭合在灭菌前形成；典型应用：适用于包装一类或二类薄片式的医疗器械产品，或在医院进行灭菌的医用敷料类产品。

（4）第四种形式是搭接袋

① 搭接袋主要由两个不透气但相容的膜面组成，一个膜面通常有一个几英寸的缺口，将途胶透气材料热封于缺口。透气材料可以在最后被剥可以进入袋体内部。

② 典型应用；搭接袋主要用来装大体积物品，适合于大型以及重型物品，如普通外科手术包、器械包等容积大的物品。

（5）第五种形式是成形 / 充装 / 密封（FFS）的结构

① 这种无菌屏障系统结构是在 FFS 过程中生产出来的，有袋子形式、也有带盖硬盘的形式、也可以有一个软的底膜面被拉平或形成一定形状。在 FFS 中，上、下包装型材放入 FFS 机器中，该机器对下包装型材进行成形，装入器械，盖上，上包装面并密封该无菌屏障系统。

② 典型应用：适合于大型以及重型物品，如植入类器械、起搏器、外科手术包等。

（6）第六种形式是四边密封过程（4SS）

① 这种 4SS 是流水包装的、不间断的包装过程。包装材料为网格涂层纸、纸 /PE、PET/PE、PET/ 易撕薄膜。最为常见的是使用一种旋转密封设备来形成密封。在 4SS 过程中，先把下包装材料放在 4SS 机器上，把产品放在下包装材料上，上包装材料放在产品上，四边被密封。

② 典型应用：这种包装过程为装入 / 封合 / 自动包装，比较适用于一类或二类器械，如创面敷料、医用手套等。

3. 医疗包装材料要求

无菌医疗器械的初包装材料按其用途一般分为以下三类。

（1）顶层材料：易剥离 / 不可剥离材料

顶层材料一般采用可透气的非涂层纸 / 非涂层 Tyvek®、可透气的涂层纸 / 涂层、Tyvek®、非透气性涂层纸（纸 / 易撕膜以及纸 /PE）、非透气性复合薄膜（PE/ 易剥离膜以及 PET/PE）、非透气性共挤薄膜（易剥离膜以及非易剥离膜）等。最常用的是可剥离的顶层材料，这种材料应具有以下性能：可以灭菌并且能保持产品的无菌状态；具有较为宽广的操作区间；密封均匀以及清洁的表层；能够保持封口的完整性、无空白处、无缝隙以及良好的可印刷性。适应于高速包装生产线连续作业的能力。

（2）底层材料：立体成型材料 / 平面非成型材料、易剥离 / 不可剥离材料

底层材料一般采用三种材料：第一种是为热吸塑型成型膜。这种材料应具有透明性较好、可成形性极佳、形状保持力极优（半硬性）、物理特性极佳、转角成型良好的性能。适合于硬质产品以及深度收缩加工。与其适应的灭菌方法为辐照和环氧乙烷灭菌。第二种是尼龙组成的薄膜。这种材料具有可成形性良好、物理特性极佳、转角成型良好、形状保持力不足的性能。与其适应的灭菌方法为辐照、环氧乙烷和蒸汽灭菌。第三种是由聚烯烃做成的膜。这种材料为供软质产品使用的一般性薄膜，如市场上销售的各种 PE 薄膜，可用于特殊应用的各种定制产品。与其适应的灭菌方法为辐照和环氧乙烷灭菌。

（3）袋或小袋材料：一般有通气型的以及不通气型的薄膜袋，如透气袋 / 易撕袋；平面小袋

袋或小袋一般采用 PET/PE 或者 PET/ 易剥离膜、铝箔复合结构、挤出涂层

纸及复合纸等材料制作，包括通气型或不通气型的薄膜袋，薄膜以及撕裂口特征有多种多样。

为了生产出合格的产品，确保产品的无菌保证水平，无菌医疗器械生产企业必须对医用包装材料进行选择，初包装材料生产制造商应严格控制包装生产过程，按照 YY/T0287/ISO 13485 标准建立质量管理体系，并通过质量体系认证。由于不同产品都有许多相同的包装要求，如材质、内装物质、灭菌方法等，在包装材料的选择上还应考虑一些工厂的实际限制条件，包括现有的包装机器设备性能、经过验证、确认的辅助材料、包装成本费用等因素。

（二）无菌医疗器械的包装要求

1. 无菌医疗器械产品的包装要求

一般应满足以下三个基本要求：与灭菌过程的适应性；与产品运输的适应性；在产品的货架寿命周期内能够阻隔微生物的进入。

2. 无菌医疗器械产品常用的包装与灭菌过程的适应性选择

① 无菌医疗器械常用的灭菌方法:氧乙烷（EO），辐照（γ 射线），蒸汽（高温灭菌）。

② 采用环氧乙烷灭菌时，因初包装中有气体残留，包装材料必须要有良好的透气性能，一般采用多孔性材料。材料的耐热性应承受的介质温度为 30~70 ℃，并与其他多种材料具有良好的相容性。同时要关注到过度灭菌会造成包装损坏。

环氧乙烷灭菌时通常采用的初包装材料为：透气性包装袋；强力薄膜结构封口涂层和不涂层 Tyvek®、涂层和不涂层纸；剥离式包装；面为 Tyvek® 或纸的易剥离膜包装。

③ 辐照通常采用钴 –60 为辐照源，灭菌机理主要是通过 γ 射线穿透毁灭微生物的 DNA，以达到灭菌的效果。因 γ 射线可以穿透多种材料，所以包装材料可不要求透气。

另外，辐照过程中可能会破坏包装材料，尤其是聚丙烯材料，还有可能改变 PVC 类材料的外观形状，制造商在选择这种灭菌方法时应关注这些相关因素。

辐照灭菌时通常采用的包装材料有：透气和不透气的包装袋；强力薄膜结构封口涂层和不涂层 Tyvek®、涂层和不涂层纸；剥离式包装；多层箔膜包装。

④ 采用蒸汽灭菌时包装和产品等有关材料必须为多孔透析状且具备耐热、耐潮湿和耐高温特性。灭菌温度一般介于 121~134 ℃。视灭菌周期长短，最高温

度可达 140 ℃，蒸汽灭菌大多数为医院或医疗诊所采用。

蒸汽灭菌时通常采用的包装材料有：PET、PP、PA 等普通网膜；多孔纸（带湿纸强度增强因子）；可使用 PVA 黏合剂（用于纸张 / 纸袋的典型类别）；在一定温度条件下（<127 ℃），有时可使用 Tyvek®。

三、无菌医疗器械的包装相关性能测试

（一）无菌医疗器械包装特性要求

无菌医疗器械包装的多样性决定了包装材料检测方法的多样化。确定无菌医疗器械包装特性主要包括以下几个方面。

① 外观质量要求：应是完整的、美观的。

② 物理性能：材料的强度、克重、黏合后的剥离强度、透气性。

③ 化学性能：pH、重金属。

④ 生物性能：初始污染菌、毒性试验。

（二）无菌医疗器械包装性能测试

国际标准 ISO 11607–1《最终无菌医疗器材包装的要求 第一部分：材料无菌屏障系统和包装系统的要求》附录 B 和附录 C 中列出了相关的试验项目和试验方法，主要涉及包装材料和无菌阻隔系统（SBS）。这些试验项目和试验方法引用了 ISO、EN、ASTM 的相关标准的要求。目前，以上大部分试验标准正在转化成我国的国家标准或行业标准。

最终无菌医疗器械的包装性能测试大概包括以下几个项目。

1. 目视检测

目视检查检测医疗包装密封完整性的标准方法（ASTMF1886）：

① 原理：提供了一个定性的目视检查方法，用于评估一个未打开的或完整的密封包装的外观，检测那些可能影响包装完整性的缺陷。

② 适用范围：适用于至少有一面透明的软性或硬质的包装，因为一面是透明的，便于对密封区域进行检查。

③ 试验方法：距离样品 30~45 cm，目视观察整个密封区域。也可以借助放大镜进行观察，有利于分析缺陷的特点，且可以更容易的观察到密封与未密封区域的差别。

2. 包装完整性测试 / 染色渗透

利用染色穿透检测多孔性医疗包装的密封泄漏（ASTMF1929）：

① 原理：使用染色渗透剂，在一定的时间内观测染料在包装袋体内渗透的状况。

② 适用范围：适用于透明薄膜和多孔性的薄片形包装材料，材料通过封边预成形包装，或在 20 s 内保持染料渗透液并能阻止密封区域褪色的多孔性包装材料。

③ 试验方法：试验样品必须干燥，内外表面应清洁，在环境温度为 23 ℃和相对湿度为 RH50% 的条件下平衡 24 h。将染色渗透剂注入试验样品包装袋中，浸没包装袋的最长边，目视观察包装袋中的渗透剂溶液量高度约为 5 mm，使其充分接触密封边，保持时间为 5~20 s，观察染料渗透的情况。也可以借助放大镜进行观察，按照以上方法检查所有的密封四边。

3. 密封抗拉强度

软性阻隔材料的密封强度试验（ASTMF88）：

① 原理：利用一个有效的测量装置测定密封部位的密封强度。

② 适用范围：适用于两种柔性包装材料密封部位的密封测定，也可适用于柔性包装材料与硬性包装材料间密封部位的密封测定。

③ 试验方法：该试验通过拉伸测试一段密封部分来测量包装密封的强度。按照标准中给定的要求，设定材料试验设备的条件，包括位移速度、测力传感器量程，开启材料试验设备，保持材料试验设备的匀速运行，收集记录输出的结果数据，并观察密封区面的剥离状况，计算出平均值 / 最大值。在试验过程中要关注不同的夹持方式对试验结果的影响。

4. 透气性试验方法

透气性试验方法空气穿透的检测方法（ISO5636–3）：

① 原理：测定通过一定面积的规定压力的空气流量，从而评价多孔性纸张材料的空气的穿透性。

② 适用范围：多孔性材料（TYVEK，PAPER）。

③ 试验方法：该试验使用空气穿透性仪器或其他类似原理和特性的仪器，将样品放在仪器顶台中央的孔上，用向下的夹具和螺母固定样品，选择适宜的孔环安装在顶台的下面。不同孔径的孔环适合于不同的透气范围，测定一定面积的规定压力的空气流量，从而评价多孔性纸张材料的空气穿透性能。

5. 微生物屏障（阻菌性）试验

多孔性包装材料的微生物评级的标准试验方法（ASTMF1608）：

① 原理：用一定浓度的微生物悬液，通过被测定的多孔性材料，同时并用装有一定体积收集液的采样瓶收集穿透的微生物，并对其进行培养计数，以评价供试材料阻隔微生物的穿透性能。

② 适用范围：多孔性材料阻隔空气中微生物的能力。

③ 试验方法：国际上公认的方法是 ASTMF1608，该方法对透气性材料微生物屏障进行定量分级，可根据被灭菌物品的性质进行选择。

6. 包装老化性试验

无菌医疗器械包装的加速老化试验指南（ASTMF1980YY/T0681.1）：

① 原理：包装老化性试验包括实时老化和加速老化。加速老化试验反映了温度和时间的关系，促进加速老化材料或包装通过调整时间来影响那些涉及安全和功能的重要性能。其试验目的是缩短实时老化时间，有利于分析了解包装状况，确保产品满足安全性和功能性以及上市的要求。

② 适用范围：适用于评价最终灭菌的包装材料及其组成成分的物理性质受时间和环境的影响状况。

③ 试验方法：加速老化后取 10 件样品，观察距离 30~45 cm，在放大镜下目视检查整个封口区域的完好性、均匀性以及有无贯通整个封口的通道。另外，需特别指出加速老化试验不可替代和不完全等效实际寿命周期试验，在进行加速老化试验时应与实时老化试验同步进行。

综上所述，无菌屏障系统的完好性在灭菌后可采取物理试验、多孔包装材料的微生物屏障试验等方法来确定无菌屏障系统保持无菌水平的能力试验得到证实。性能试验应在规定的成形和密封的极限条件下，经过所有规定的灭菌过程后的最坏状况的无菌屏障系统上进行。在没有适用的无菌屏障系统完好性评价试验方法时，可通过对包装材料的微生物特性评价、密封和闭合的完好性来确定包装系统的微生物屏障特性。

第九章　无菌医疗器械化学性能检测

第一节　化学性能检测的意义和质量要求

无菌医疗器械由于其部件组成材料的复杂性，如高分子合成材料或天然的聚合物、器械所需的金属、合金等选择均源自工业，因此不可避免地要面临化学物质残留、降解产物等可能的问题。除此之外，无菌医疗器械无论是材料的选择，还是临床的应用，跨度都非常大，而对于应用于人体的医用材料还受着内、外环境复杂因素的影响。所以更多的化学材料，对其人体安全性的评价，显得尤为重要。

常用的输液、输血、注射器具通常被称为一次性使用无菌医疗器械，其医疗器械用于人体体表与输入液体的相互作用可直接产生影响，也可通过植入器械与机体血液、细胞、组织和器官长期发挥作用，产生药理学、免疫学或者代谢方面的问题，因此受到生产企业、卫生监督部门及临床使用单位的广泛重视。诸如此类产品的标准，严格规定了化学性能指标。

1. 检测的意义

医疗器械作为近代科学技术的产品已广泛应用于疾病的预防、诊断、治疗、保健和康复过程中，成为现代医学领域中重要的医用部分。但是，与药品一样，医疗器械也具有一定的风险性。为此，如何通过对医疗器械上市后不良事件的监督、监测和评价管理，最大限度地控制医疗器械潜在的风险，以保证医疗器械安全有效地使用，这是医疗器械生产、经营、使用单位和技术监测部门共同面临的问题。

在临床治疗疾病过程中，大多医疗器械与人体或血液直接接触，因此应保证使用中的安全。正如ISO10993.1中指出：在选择制造医疗器械所用材料时，应首先考虑材料的特点和性能，包括化学、毒理学、物理学、电学、形态学和力学等性能。器械总体化学性能的评价应考虑以下方面：

① 生产所用材料：如高分子合成材料的生产工艺，通常分为制造基本原料：单体、合成、聚合以及加工成型4个阶段。由于不同的工艺路线、化学原料和接触方式，在原料PVC的生产中聚合物中有游离的氯乙烯单体存在，会出现不同的卫生学问题。

② 助剂、工艺污染和残留：在PVC加工过程中加入的稳定剂铅盐对血液有毒性，会引起严重的贫血；重金属残留能抑制人体化学反应酶的活性，使细胞质中毒，从而损害神经组织，还可直接导致组织的中毒，损害人体解毒功能的关键器官—肝、肾等组织。

③ 不溶性物质：医疗器械中的微粒检测已非常广泛应用，特别从20世纪90年代应用于大输液中不溶性微粒的检测，之后在注射器、输液器、输血袋等一次性使用的医疗器械中使用；因为医疗器械中的微粒多为不溶性物质，不溶于水，不参与体内的代谢过程，一旦进入人体可终身残留。

2. 产品材料的质量要求

人们的健康长寿依赖于现代医学的发展。现代医学的进步越来越依赖于生物材料及医疗器械的开发和利用。常用的医用高分子材料除了符合生物相容性的要求外，还要符合化学的稳定性，如耐生物老化性和生物降解性。目前临床上使用的一次性高分子用品（注射器、输血输液袋）高分子绷带材料（弹性绷带、高分子代用石膏绷带等）以及存储器械，对材料的耐热性、通气性等要求高于药液输入与存储器械，目前使用的PVC塑料，应用广泛，具有诸多优点，但其缺点是加入了酯类增塑剂和热稳定剂材料，因此当前90%以上的PVC材料生产过程中加入了DEHP，下面是几种产品材料的介绍。

（1）PVC

PVC具有良好的耐化学药品性、力学性能和电性能，但其耐光和热稳定性差。通过加工改性的PVC塑料，可广泛用来制作贮血袋、输血袋，以及血液导管、人工腹膜、人工尿道、袋式人工肺、心导管及人工心脏等制品。

（2）高密度聚乙烯（High density Polyethylene，HDPE）

HDPE是一种结晶度高、非极性的热塑性树脂。原态HDPE的外表呈乳白色，在微薄截面呈一定程度的半透明状。HDPE 最高使用温度为 100℃，可以煮沸消毒，质坚韧，机械强度比低密度聚乙烯（LDPE）高。主要用于制作人工肺、人工气管、人工喉、人工肾、人工尿道、人工骨、矫形外科修补材料及一次性医疗用品。

为了提高韧性，选择韧性较好的单线低密度聚乙烯树脂（LLDPE）作为载体树脂，填料填充 HDPE 后，会使材料的流动性变差，填充料的黏度提高，增加产品的稳定性。

（3）低密度聚乙烯（LDPE）

LDPE 实际上是有乙烯与少量高级烯烃在催化下于高压或低压下聚合而成的聚合物，是聚乙烯的第三大类品种。其结晶度约为 65%，软化点为 115 ℃，主要适用于注塑、挤塑及吹塑；用于和其他塑料共混改性及医用包装袋、静脉输液容器等。

（4）医用聚丙烯（PP）

英文名 Polypropylene，分子式为 C_3h_6，简称 PP，由丙烯聚合而制得的一种热塑性树脂。聚丙烯应满足高纯度、无毒害、无刺激性、化学稳定性好、不降解、不引起炎症、无过敏反应、生物相容性好、不致癌、不引起溶血和凝血等要求，并能经受环氧乙烷的消毒处理。此外还应具有所需的物理性能、化学性能和加工性能。通过表面改性，提高材料与人体的组织相容性。

第二节　化学物质的来源和特性

一、化学物质的来源

高分子合成材料的生产工艺，通常分为制造基本原料的单体、合成、聚合以及加工成型 4 个阶段。由于不同的工艺路线、化学原料和接触方式，会出现不同的卫生学问题。一般说，高分子聚合物本身的化学性质在常态时比较稳定，对人体基本无明显毒害。但某些聚合物中的游离单体或合成材料在加热以及生产中使用的某些溶剂、催化剂、填充剂、添加剂和加工助剂等，将会接触到有害性的化学物质。例如，PVC 加热到 160~170 ℃，可分解出氯化氢气体；制造 PVC 使用的触煤氯化汞聚合引发剂偶氮二异丁腈（AIBN）以及加工成型过程中添加的含铅稳定剂和某些增塑剂等也具有相应的毒性。而且，添加剂如增塑剂、稳定剂等大多与聚合物的高分子仅仅是机械结合。因此，这类化合物和残留的游离单体就容易从高分子聚合物内部逐步移行至表面，从而与人体接触，产生危害。有些稳定剂（有机锡盐）在溶液中的溶解量多，其表现是溶液残留物多，因此导致还原物质的检测中高锰酸钾的消耗量大。

在世界范围内，从 20 世纪 50 年代至今，均采用了软体 PVC 制造输液（血）医疗产品。PVC 属多组合塑料，它由氯乙烯单体聚合而成。和其他塑料一样，在原料 PVC 的生产中，聚合物中尚有游离的氯乙烯单体存在。而氯乙烯单体，自 20 世纪 70 年代以来国际癌症研究中心已确认其为一类化学致癌物，长期吸入，则有明显致癌作用，主要表现为肝血管瘤等。作为医用级的 PVC，要求 PVC 树脂内氯乙烯单体的残留控制在 30 mg/mL 以内，这样的浓度含量，在塑化和成型加工中，可全部或大部分挥发掉。

再则，生产制造工艺过程，接触化工、机械设备及腐蚀引入重金属；含氮聚合物热解时可产生氨等；PVC 生产中降解生成的氯化物；用于零配件清洗水的污染，均可造成医疗产品化学性能质量的下降。我们注意到，不同化工厂聚合的 PVC 原料，在同样的条件下取样试验，测试结果表明，有些化学物质的含量是有差别的。例如，在不同厂家不同生产批号的 PVC 粒料中，发现铵的含量相差一个数量级以上。因此，对于所进原料，除供料单位提供的质保书外，需对每批进料按国家标准规定的项目测试，加工成型后，再继续进行监测。只有这样，才能保证产品质量，做到万无一失，措施如下：

① 通过选择合适的原材料、加工助剂、加工条件，使材料具有良好的加工性、稳定性、安全性，达到医用要求。

② 通过表面改性，提高材料与人体的组织相容性。

③ 通过改性，提高材料的消毒性能，使材料可进行辐射消毒。

④ 特殊用途的聚烯烃共聚物的研究应用。

⑤ 高精度、高自动化成型加工设备的研制开发。

二、化学检测的参考依据

依据 GB/T 14233.1—2022《医用输液、输血、注射器具检验方法 第 1 部分：化学分析方法》。

1. 一般要求

① 室温：实验室温度 10~30 ℃。

② 实验用水：二级水（GB/T 6682）。二级水的水质良好，二级水是通过反渗透技术和臭氧杀菌工艺生产出来的优质产品。它依靠渗透压的作用，将原水里的有机物、细菌、病毒和病原原生动物阻挡在反渗透膜的一侧，而通过反渗透膜流出则是净化好的水，可直接饮用。另外，为防止产品的二次污染，在灌装过程中还采用了臭氧杀菌工艺，臭氧不但可以杀死水中的微生物，还可以增加二级水的含氧量。

③ 精确称量：指称重精确到 0.1 mg。

④ 恒重：质量法恒重系指供试品连续 2 次灼烧或干燥后的质量之差不得超过 0.3 mg（<0.000 3 g）；即干燥至恒重的第 2 次及以后各次称重均应在规定条件下继续干燥 1h 后进行；灼烧至恒重的第 2 次称重应在继续灼烧 30 min 后进行。

2. 分析结果

均以 2 次的算术平均值表示。若其中一份不合格，需重新测定。

第三节　化学试剂的配制及标准溶液的标定

一、普通溶液的配制

（一）配制试剂的基本知识

配制试剂溶液应该按照实际需要选用合适规格的试剂。精确度要求很高的分析实验，应该选用高纯度的试剂；一般的分析工作，只要用一般纯度的试剂即可，但必须是标注分析用试剂。配制洗液、冷却浴或加热浴用药品，选用工业品即可。必须指出，不含杂质的试剂是没有的。即使是极纯的试剂，对某些特定的分析或痕量分析，并不一定能符合要求。例如，试剂中杂质含量尽管很少，但它所含杂质正是试样中预测成分，特别是当这种成分在试样中的含量很少时，它所引起的干扰就会相当可观（如重金属测定等）。另外，试剂中杂质的实际含量是不知道的，因为试剂规格中所示的是杂质的允许上限。至于重金属含量，是用盐酸浸取其蒸发残留物，用醋酸钠调节 pH 之后，加硫化氢水溶液，按其浑浊的程度来决定的，至于所含重金属种类则完全不知。在这种情况下，进行痕量分析时，必须先对试剂的杂质进行分析，在确知不影响测定结果时方可使用；若有影响，要先进行纯化，然后才能用于正式试验。

如果所用试剂虽然含有某种杂质，但对所进行的试验在事实上没有妨碍，那就可以放心使用。例如，各种钠盐中常含有微量钾盐，钾盐中常含有微量钠盐，除了专门分析微量碱金属的前处理和标准试样的制备外，这种杂质一般是没有妨碍的。

因此配制溶液的方法，也应该根据具体情况来选择。如定量分析用的标准滴定溶液，须精确配制；如果只作为控制反应条件和一般使用的近似浓度溶液，则只要粗略配制。必须指出，选择所用试剂的纯度等级，是根据实验工作的要求决定的，这与配制方法无关。例如，在某一分析工作中，作为控制反应条件用的溶液，它可以粗略配制，不必标定。但是，试剂纯度却必须符合要求，不得有干扰物质引入。基本要求如下：

① 一般溶液均指水溶液，即纯化水。特殊溶液或非水溶液应该注明。

② 试剂的配制应根据需要量，对于临用前配制的试剂不宜过多，以免影响结果的准确性或造成浪费。

③ 配制溶液的所用玻璃器皿必须清洁干燥。

④ 配制标准溶液时，百分浓度、摩尔浓度等，必须使用电子分析天平称取和容量瓶配制。

⑤ 试剂瓶上要表明名称、浓度、时间和用途。

⑥ 试剂一旦取出后，最好不要再放回原瓶，防止不洁吸管污染瓶内试剂，标注溶液要先倒出后吸取，不可直接插入标准瓶液体中。

⑦ 试剂取出后要及时加盖塞紧，瓶塞不得污染。

⑧ 对不同化学试剂了解其性质，分类别保管。

（二）百分浓度、摩尔浓度

1. 百分浓度

百分浓度，即 100 份溶液中所含溶质的份数。由于溶液和溶质的单位不同，一般有以下几种配制方法：

（1）质量与体积之比（质量浓度）表示：每 100 mL 溶液中所含溶质的质量。例如，0.85% 氯化钠溶液，是取氯化钠 0.85 g，先溶于水中，后加水至 100 mL，而不是氯化钠 0.85 g 加水 100 mL。

（2）容量与容量之比（体积分数）：在 100 mL 溶液中含溶质之体积。例如，配制 75% 酒精，取无水乙醇 75 mL，加水至 100 mL 即可。

（3）质量与质量之比（质量分数）：每 100 g 溶液中所含溶质的质量。如过氧化氢水溶液的质量分数，即用此法表示。

2. 摩尔浓度

摩尔浓度，指在 1 L 溶液内含有的物质的量。国际、国内及药典统一用 mol/L 来表示。例如，高锰酸钾 15.8 g 溶于 1 L 水中，约为 0.1 mol/L；40 g 氢氧化钠溶于 1 L 水中为 1 mol/L。

二、标准溶液的标定

(一)0.1 mol/L NaOH 标准溶液的配制与标定

1. 目的要求

（1）掌握配制标准溶液和用基准物质标定标准溶液浓度的方法。

（2）掌握滴定操作和滴定终点的判断。

2. 基本原理

本实验选用邻苯二甲酸氢钾作为标定 NaOH 标准溶液的基准物质。它易于提纯，在空气中稳定、不吸潮、易于保存、摩尔质量大。标定反应为：

计量点时由于弱酸盐的水解，溶液呈微碱性，应采用酚酞为指示剂。

为了消除测定误差，原则上，标定和测定时所采用的标准溶液和指示剂，应尽可能一致。

3. 试剂的配制

（1）试剂要求

氢氧化钠：A.R.；邻苯二甲酸氢钾：A.R.；0.2% 酚酞乙醇溶液：取 0.2g 酚酞，用乙醇溶解，并稀释至 100 mL，无须加水。

（2）试剂的配制

称取 110 g NaOH 溶于 100 mL 无 CO_2 的水中，摇匀，注入聚乙烯容器中，密闭放置至溶液清亮。按照表 9–1 配制：用塑料管量取上层清液，用无 CO_2 的水稀释至 1 000 mL，摇匀。

表 9-1　NaOH 标准溶液的配制

NaOH 标准溶液 /（$mol \cdot L^{-1}$）	NaOH 溶液 /mL
1.0	54
0.5	27
0.1	5.4

4. 实验方法

按表 9-2 的要求量取各物质。将基准试剂邻苯二甲酸氢钾置于 105~110 ℃电烘箱中干燥至恒重，加无 CO_2 的水溶解，再加 0.2% 酚酞指示剂 2 滴，用已配制的 NaOH 溶液滴定使溶液由无色呈粉红色（30 s 不褪色），即为终点。同时做空白对照。

表 9-2　空白对照

NaOH 标准溶液 /mol/L	邻苯二甲酸氢钾 / mg	无 CO_2 水 /mL
1.0	7.5	80
0.5	3.6	80
0.1	0.75	50

5. 数据记录和计算

按下式计算氢氧化钠标准溶液的浓度：

$$c(\text{NaOH})=\frac{m\times 1000}{(V_1-V_2)M}$$

式中：m——邻苯二甲酸氢钾的质量，g；

V_1——NaOH 溶液的体积，mL ；

V_2——空白实验 NaOH 溶液的体积，mL ；

M——邻苯二甲酸氢钾的摩尔质量，g/mol[M($KHC_8H_4O_4$)=204.22]。

6. 注意事项

（1）碱式滴定管的使用

检漏：将碱式滴定管洗净，装入蒸馏水，置滴定台架上直立 2 min，观察有无水滴下滴。如果有，则更换较大的玻璃珠；赶气泡：将标准溶液充满滴定管后，应检查管下部是否有气泡，如果有气泡，可将橡皮管向上弯曲，并在稍高于玻璃珠所在处用两个手指挤压，使溶液从尖嘴口喷出，即可除去气泡；滴定管的读数：将滴定管垂直夹在滴定管夹上，读数时，眼睛视线与溶液弯月面下缘最低点应在同一水平上，读取弯月面的下缘；碱管操作技能：左手无名指和小指夹住出口管，拇指和食指向侧面挤压玻璃珠所在部位稍上处的橡皮管，使溶液从空隙处流出。

（2）溶液长时间储存后可能会变质的原因

① 玻璃与水和试剂作用或多或少会被侵蚀（特别是碱性溶液），使溶液中会含有钠、钙、硅酸盐等杂质。某些离子被吸附于玻璃表面，这对于低浓度的离子标准液不可忽略。故低于 1 mg/mL 的离子溶液不能长期储存。

② 由于试剂瓶密封不好，空气中的 CO_2、O_2、NH_3 或酸雾侵入使溶液发生变化，如氨水吸收 CO_2 生成 NH_4HCO_3；KI 溶液见光易被空气中的氧化生成碘而变为黄色；$SnCl_2$，$FeSO_4$，Na_2SO_4 等还原剂溶液易被氧化。

③ 某些溶液见光分解，如硝酸银、汞盐等。有些溶液放置时间较长后逐渐水解，如铋盐、锑盐等。$Na_2S_2O_3$ 还能受微生物作用逐渐使浓度变低。

④ 某些配位滴定指示剂溶液放置时间较长后发生聚合和氧化反应等，不能敏锐指示终点，如铬黑 T、二甲酚橙等。

⑤ 由于易挥发组分的挥发，使溶液浓度降低，导致实验出现异常现象。

（二）草酸含量的标定

1. 目的要求

① 掌握用酸碱滴定法测定草酸含量的原理和操作。

② 掌握酚酞指示剂的滴定终点。

2. 基本原理

滴定是常用的测定溶液浓度的方法，利用酸碱滴定（中和法）可以测定酸或碱的浓度，将标准溶液加到待测溶液中（也可以反加），使其反应完全（即达终点），若待测溶液的体积是精确量取的，则其浓度即可通过滴定精确求得。

3. 试剂的配制

① 草酸（$H_2C_2O_4 \cdot 2H_2O$）样品。

②0.1 mol/L NaOH 标准溶液。

③0.2% 酚酞乙醇溶液：取 0.2 g 酚酞，用乙醇溶解，并稀释至 100 mL，无须加水。

4. 实验方法

取草酸约 0.12 g，精密称定，置 250 mL 锥形瓶中，加水 50 mL 使完全溶解，加酚酞指示剂 1~2 滴，用 0.1 mol/L NaOH 标准溶液滴定至溶液呈淡粉红色，经振荡红色不再消失即为终点。平行测定 3 次。

第四节　溶出物的制备

所谓溶出物系指用纯化水或萃取液按采集的不同样品标准制样的要求进行常规浸泡不同时间以及萃取后所得液体。例如，检测无菌输液器或注射器的化学性能，首先按容量或面积的比例制备溶出液体，然后进行化学性能检验。该溶出液体又称检验液，或者称为萃取液。

在 GB/T 14233.1—2022《医用输液、输血、注射器具检验方法　第 1 部分：化学分析方法》标准中化学部分检测方法所使用试剂若无特殊规定，均为分析纯。试验用水若无特殊规定，均应符合 GB/T 6682 中二级水的要求；所用玻璃器皿若无特殊规定均为硅硼酸盐玻璃器皿。

1. 检出液制备的影响因素

医用输液、输血、注射器具检验液应模拟体内使用过程中所处的环境（如器械存放体内所占的面积、停留时间及温度等）。当产品使用时间较长时（超过 24h），应考虑采用高温加速条件制备检验液，但需要对方法的可行性和合理性进行验证。

2. 制备方法

制备检验液所用的萃取方法要保证被检验样品所测表面都被萃取到。常用的方法需按照产品在体内的滞留时间确定萃取的时间：

表 9-3 制备方法均需要将样品与检验液分离，并冷至室温，作为检验液。

表 9–3　部分无菌医疗产品检验液的制备

序号	适用产品		检验液制备方法
	名称	使用时间 /h	
1	体外输注管路（如输液器、输血器）	<24	取 3 套输液器 + 烧瓶构成循环系统，加 250 mL 水，在（37 ± 1）℃，通过蠕动泵，使用短的医用硅胶管，以 1 L/h 的流量循环 2 h 所得液体。同体积水置于玻璃烧瓶，同法制作空白对照液。
2	体内导管	<24	将样品切成 1 cm 段，加入玻璃容器。按样品内外总表面积（cm^2）与水（mL）比为 2 ∶ 1 的比例加水，加盖。（37 ± 1）℃放置 24 h。 取同体积水置于玻璃容器，同法制备空白对照液。

续　表

序号	适用产品		检验液制备方法
	名称	使用时间 /h	
3	使用时间长的产品（如血袋）	>24	取厚度均匀部分切成 1 cm^2 碎片，清洗后晾干，加入玻璃容器中，按样品内外总表面积（cm^2）与水（mL）比为 5 ：1（或 6 ：1）的比例加水，加盖。置于压力蒸汽灭菌器中，在（121 ± 1）℃加热 30 min。取同体积水置于玻璃容器，同法制备空白对照液。
4	容器类（如注射器）	<1	加水至公称容量，在（37 ± 1）℃恒温 8 h（或 1 h）。取同体积水置于玻璃容器，同法制备空白对照液。
5	容器类（如营养输液袋）	<24	加水至公称容量，在（37 ± 1）℃恒温 24 h。取同体积水置于玻璃容器，同法制备空白对照液。
6	小型不规则产品（如药液过滤器）	<24	取样品，按每个样品 10 mL，或按样品容量 0.1~0.2 g/mL 的比例加水，在（37 ± 1）℃恒温 24 h（或 8 h 或 1 h）。取同体积水置于玻璃容器，同法制备空白对照液。
7	体积较大不规则产品	<24	按样品容量 0.1~0.2 g/mL 的比例加水，在(37 ± 1)℃恒温 24 h（或 8 h 或 1 h）。取同体积水置于玻璃容器，同法制备空白对照液。
8	不规则产品	>24	按样品容量 0.1~0.2 g/mL 的比例加水，在(37 ± 1)℃恒温 72 h[或（50 ± 1℃）恒温 72 h，或（70 ± 1）℃恒温 24 h]。取同体积水置于玻璃容器，同法制备空白对照液。
9	吸水性材料	—	按样品重量（g）或表面积（cm^2）加除去吸水量以外适当比例的水，（37 ± 1）℃恒温 24 h（或 72 h 或 8 h 或 1 h）。取同体积水置于玻璃容器，同法制备空白对照液。

注：若使用括号中的检验液制备条件，应在产品标准中注明；0.1 g/mL 的比例适用于不规则形状低密度孔状的固体，0.2 g/mL 的比例适用于不规则固体；尽量使样品所有被测表面都被萃取到。

第五节　化学性能检测

一、重金属检测

重金属是指在规定条件下被检测溶出物与显色剂作用显色形成有色金属杂物，其形成颜色与游离的指示剂的颜色不同，因而能指示滴定过程中金属离子浓度的变化情况。《中华人民共和国药典（2020 年版）》附录 VIIIH 采用硫代乙酰胺试液或硫化钠试液作显色剂，以铅的限量表示。如铬黑 T 在 pH 为 8~11 时呈蓝色，它与 Ca^{2+}、mg^{2+}、Zn^{2+} 等金属离子形成的络合物呈酒红色。如果用 EDTA 滴定这些金属离子，加入铬黑 T 指示剂，滴定前它与少量金属离子形成酒红色，绝大部分金属离子处于游离状态。随着 EDTA 的滴入，游离金属离子逐步被配位而形成络合物 M-EDTA。当游离金属离子配合物的条件稳定常数大于铬黑 T 与金属离子配合物的条件稳定常数时，EDTA 夺取指示剂配合物中的金属离子，将指示剂游离出来，溶液显示游离铬黑 T 的蓝色，指示出滴定重点将到来。

常用金属指示剂有铬黑 T、二甲酚橙、磺基水杨酸、钙指示剂等。还有一种如 Cu-PAN 指示剂，它是 CuY 与少量 PAN 的混合物。将此指示剂加到含有被测金属离子 M 的试液时，就会发生颜色变化。

不同样品采用的实验方法不同，分为三种检测方法：第一种适用于溶于水、稀酸或有机溶剂的产品，在酸性溶中进行显色，检测重金属；第二种适用于难溶或不溶于水或稀酸或乙醇的产品，需要破坏有机物，然后在酸性溶液中进行显色，检测重金属；第三种是用于溶于碱而不是溶于酸的样品中的重金属，根据药典规定的方法进行检测。

上述三种方法检测的结果均为微量重金属的硫化物微粒均匀混悬在溶液中所呈现的颜色；当重金属浓度高时，其显色时间长，可见硫化物沉淀下来。

重金属硫化物生成的最佳 pH 是 3.0~3.5，经实验表明，重金属检测常选用乙酸盐缓冲液（pH 3.5）2 mL 调节 pH 为宜；显色剂硫代乙酰胺试液用量同样以 2 mL 为佳，显色时间为 2 min。在常规实验条件下，与硫代乙酰胺试液在弱酸条件下产生的硫化氢显色的金属离子包括铅、汞、银砷、镉、铋等。

由于在医疗器械生产的过程中加入了一定量的稳定剂或增塑剂，遇到铅的机会较多，在临床研究中发现，铅蓄积后对机体易产生毒性，一般以铅作为重金属的代表进行检测。

二、还原物质（易氧化物）

1. 天然水中的易氧化物

易氧化物是指在普通环境下容易与氧气发生化学反应的物质。例如，铁、铝、铜等，常见的人们容易理解的就是易生锈的金属。

天然水中通常含有下列五种杂质，它们均属于易氧化物：

电解质，包括带电粒子。常见的阳离子有 H^{+}、Na^{+}、K^{+}、mg^{2+}、Ca^{2+}、Fe^{3+}、Cu^{2+}、Mn^{2+}、AP^{+} 等；阴离子有 F^{-}、Cl^{-}、NO_3^{-}、HCO_3^{-}、SO_4^{2-}、PO_4^{3-}、$H_2PO_4^{-}$、$HSiO_3^{-}$ 等；有机物质，如有机酸、农药、烃类、醇类和酯类等；颗粒物；微生物；溶解气体，包括 N_2、O_2、Cl_2、H_2S、CO、CO_2、CH_4 等。

其中 Fe^{3+} 在水中是非常常见的，也是易氧化物的主要成分，一般的纯化水制备都是经过机械过滤，活性炭过滤，反渗透膜过滤后才进入离子交换柱，其中反渗透能够滤除 95% 以上的电解质和大分子化合物，使离子交换柱的使用寿命大大延长，易氧化物不合格，假如反渗透都没问题，一般是在制备离子交换水过程中离子交换柱交换能力下降，此时需要再生处理。

2. 易氧化物的来源

天然水中易氧化物的来源主要有以下 3 个方面：

（1）一次性塑料血袋一般由增塑的 PVC 软塑料制成。血袋在贮存过程中，袋体中的小分子有机物（易氧化物）会析出到血液保存液中，当用这些血袋贮存血液时，析出的易氧化物会降低血液中溶解氧的含量，不利于血细胞的有氧代谢和维持正常的 pH，影响血液制品的质量；橡皮管输送热蒸馏水过程释出微量的易氧化物。

（2）一次性使用无菌注射器大部分生产企业采用环乙酮黏接部件，而环乙酮残留量超过一定限度，会对人体造成危害，依据 GB 15810—2019《一次性使用无菌注射器》标准，对注射器中易氧化物进行了测定，该方法不仅可以测定许多具有还原性质的金属离子、阴离子和有机化合物，而且可以通过与氧化剂或还原剂发生其他反应间接地进行测定。通常根据所应用的氧化剂和还原剂的不同，可将氧化还原滴定法分为：高锰酸钾法、重铬酸钾法等。

（3）EOG 法灭菌后，一次性使用无菌注射器橡胶活塞易氧化物值增加；随着灭菌后停放时间的延长易氧化物含量下降；不同灭菌条件对胶塞易氧化物有明显的影响；胶塞配方对灭菌前、后的易氧化物都有重要的影响，且灭菌前易氧化物高的灭菌后也高；灭菌后用 70 ℃加速 EOG 残留的解析，可使胶塞在灭菌后易氧化物降低。

依据以上易氧化物的来源，检测医疗器械中的含量是保障人体安全所必需的、非常必要的。

三、氯化物的检测

人体内的氯化物，在无机化学领域里是指带负电的氯离子和其他元素带正电的阳离子结合而形成的盐类化合物，如氯元素以氯化钠的形式广泛存在于人体，一般成年人体内含有 75~80 g 氯化钠，其对人体内的水分平衡机制起着重要调节作用。另外在人体的骨骼和胃酸里也含有氯化物，成年人比较合适的氯化钠日摄取量是 2~5 g。人体内缺少氯会导致腹泻、缺水等症状。有专家认为，体内过多的氯化钠摄取量会导致高血压。

氯化物大多是无色的晶体，溶于水（除氯化银、氯化亚汞、氯化铅在冷水中微溶外），并形成离子，这也是氯化物溶液导电的原因。氯化物一般具有较高的熔点和沸点。硝酸银遇到氯离子会产生不溶于硝酸的白色氯化银沉淀，此特性可用来检验氯离子的存在。

微量氯化物在酸性（硝酸）溶液中与硝酸银作用生成氯化银混浊液，与一定量的标准氯化钠溶液在同一条件下生成的氯化银混浊液比较，以检查供试品中氯化物的限量。

某些金属与盐酸溶液反应，也可形成该金属的氯化物，属于还原反应。需要注意的一点，不是所有的金属都可以与盐酸反应形成盐，只有在金属活动性顺序列表中排在氢之前的金属才可以与盐酸反应而形成氯化物，比如钠、镁、铝、钙、钾等，而铜、铁、银等金属则不能与盐酸反应形成氯化物。

第十章　无菌医疗器械生物相容性评价

第一节　概述

一、定义

依据 ISO 10993–1，医疗器械的定义为：制造商的预期用途是为下列一个或多个特定目的用于人类的，不论是单独使用还是组合使用的仪器、设备、器具、机器、用具、植入物、体外试剂或校准物、软件、材料或者其他相似或相关物品。设计这些医疗器械的目的主要有：疾病的诊断、预防、监护、治疗或缓解；损伤的诊断、监护、治疗、缓解或补偿；解剖或生理过程的研究、替代、调节或者支持；支持或维持生命；妊娠的控制；医疗器械的消毒；通过对取自人体的样本进行体外检查的方式提供医疗信息。

材料：任何用于器械及其部件的合成或天然的聚合物金属、合金、陶瓷或其他无生长物质，包括无生命活性的组织。

生物材料：通常指能直接与生理系统接触并发生相互作用，能对细胞组织和器官进行诊断治疗、替换修复或诱导再生的一类天然或人工合成的特殊功能材料，亦称生物医用材料。

生物相容性：国际标准化组织会议解释：生物相容性是指生命体组织对非活性材料产生反应的一种性能。一般是指材料与宿主之间的相容性，包括组织相容性和血液相容性。

二、生物相容性评价

随着材料科学、医学、生命科学和其他相关学科的迅速发展及相互渗透，用于诊断、治疗和康复的医疗器械新品种、新材料不断涌现。筛选和评价医用材料的生物相容性，保证临床的安全使用，这自然成为世界各国十分关注的问题。

生物材料的特征其一是生物功能性，即能够对生物体进行诊断、替代和修复；其二是生物相容性，即不引起生物体组织、血液等的不良反应。

生物相容性评价和最基本内容之一是生物安全性，在广义上应包括对材料的物理性能、化学性能、生物学性能以及临床应用性能等方面的评价，狭义上则仅指生物学评价。目前国际标准化组织、欧美、日本及我国安全性评价主要指狭义的生物学评价。

生物安全性是指生物医用材料与人体之间相互作用时，必须对人体无毒性、无致敏性、无刺激性、无遗传毒性、无致癌性，对人体组织、血液、免疫等系统无不良反应。生物医用材料对人体造成的生物学危害包括两个方面：一是材料本身性质造成的生物学危害；二是材料的机械故障引起的生物学危害。生物学评价只涉及前者，后者是通过物理性能指标来控制。

正如ISO10993–1 指出："生物学危害的范围既广又复杂，在考虑组织与组成材料的相互作用时，不能决然脱离器械的总体设计，因此，在一个器械的设计中，在组织作用方面最好的材料未必能使器械有好的性能。材料和组织间的作用仅是在选择材料时要考虑的特性之一。生物学评价需涉及的是，在执行器械功能材料预期与组织间的相互作用。"

"组织相互作用是指一种材料在某种应用中导致的不良反应，但在其他应用中未必会出现。生物学试验一般基于体外和半体外试验方法以及动物模型，不能完全断定在人体内也出现同样的反应。因此只能以警示的方式判断器械用于人体时的预期作用。另外，个体间对同种材料反应方式的差异性表明，即使是已证实是好的材料，也会有一些病人产生不良反应。"这在我们监测检验的实际工作中，常有类似情况发生。这就需要在临床研究中进一步评价，以确保在大范围临床使用中的安全性。

生物相容性包括血液相容性（材料直接用于心血管系统或与血液直接接触，主要考察与血液的相互作用）和组织相容性（与心血管系统外的组织和器官直接接触，主要考察与组织的相互作用），具体体现在生物体对材料产生反应的一种能力。当生物材料置于体内或与血液接触时，首先表现为生物体与生物材料表面的接触，具体反映生物材料的生物相容性。其生物相容性不仅取决于生物材料本身的性能，而且与材料表面的性能也有着密切的关系。

（一）组织相容性

组织相容性要求医用材料植入人体后与人体组织、细胞接触时，不能被组织液所侵蚀，材料与组织之间应有一种亲和能力，无任何不良反应。当医用材料植入人体某部位，局部的组织对异物的反应属于一种机体防御性对答反应，植入物体周围组织将出现白细胞、淋巴细胞和吞噬细胞聚集，发生不同程度的急性炎症。当生物材料有毒性物质渗出时，局部炎症不断加剧，严重时出现组织坏死。长期存在植入物时，材料被淋巴细胞、成纤维细胞和胶原纤维包裹，形成纤维性包膜囊，使正常组织和材料隔开。如果材料无毒性，性能稳定，组织相容性良好，则半年、一年或更长时间包膜囊变薄，囊壁中的淋巴细胞消失，在显微镜下只见到很薄的 1~2 层成纤维细胞形成的无炎症反应的正常包膜囊。如果植入材料组织相容性差，材料中残留毒性小分子物质不断渗出时，就会刺激局部组织细胞形成慢性炎症，材料周围的毛囊增厚，淋巴细胞浸润，逐步出现肉芽肿或发生癌变。

材料组织相容性的优劣，主要取决于材料结构的化学稳定性。材料稳定性与高聚物主链结构、侧链的基团关系密切。通常相对分子质量大、分布窄或有交联结构的材料，组织相容性好，其顺序是：硅橡胶 > 聚四氟乙烯 > 聚乙烯醇 > 聚丙烯腈 > 聚酰胺 > 酚醛树脂、脲醛树脂、环氧树脂等。

众所周知，生物材料在合成和制造工艺过程中，合成体系中往往需要添加一些添加剂（增强剂、交联剂、增塑剂），以满足材料性能的需求，但这些添加剂一般都属于小分子物质，如果它们在材料体系中存在，都将成为不同程度的潜在不利因素。可溶性成分可以从不溶性材料中萃取出来。Till 等发现化学物质由固体塑料材料到液体中转移取决于固体内的扩散阻力、化学浓度、时间、温度、液体的传质阻力、固体 – 溶剂界面的流动程度以及化学物质在溶剂中的分配平衡常数。如果高聚物结构的稳定性较差，存在于材料中的小分子物质（如残余单体、中间产物和添加剂等）易析出，它们都可作为抗原刺激机体产生反应。

如聚氯乙烯的单体——氯乙烯具麻醉作用，会引起四肢血管的收缩而产生疼痛感；聚四氟乙烯单体中的氟如果被人体吸入会发生类似流行性感冒的症状；脲醛树脂和酚醛树脂中甲醛的残留，易引起皮肤的炎症；甲基丙烯酸甲酯单体的吸入，会引起肺功能障碍；聚乙烯、聚苯乙烯单体对皮肤和黏膜均有刺激作用等。

研究还表明，生物材料的组织相容性与其形状和表面粗糙程度有关。动物实验证明，高聚物呈海绵状、纤维状等不易诱发恶性肿瘤，而片状材料易诱发恶性肿瘤等。有报道指出，如材料植入机体内一年后，材料的外包膜超过 0.25~0.3 mm 就有可能诱发恶性肿瘤的发生。

对生物材料的组织相容性评价方法有很多，如急性或慢性全身毒性试验、植入试验、刺激试验、细胞毒性试验、遗传毒性试验和致癌试验等。这些试验均需要生物材料直接或间接与生物体或组织细胞接触。通过观察生物体或细胞的反应，来判别生物材料的组织相容性。

（二）血液相容性

生物医用材料与血液直接接触时，血液与材料之间将产生一系列生物反应。反应表现为材料表面出现血浆蛋白被吸附，血小板黏附、聚集、变形，凝血系统、纤溶系统被激活，最终形成血栓。通常情况下，材料表面与血液接触的数秒钟内首先被吸附的是血浆蛋白（白蛋白、γ 球蛋白、纤维蛋白原等），接着发生血小板黏附、聚集并被激活，同时一系列凝血因子相继被激活，参与材料表面的血栓形成，以及免疫成分的改变、补体的激活等，血管内形成血栓将引起机体致命性后果。为此，对于与血液直接接触的生物医用材料，必须具有良好的血液相容性。

为提高生物医用材料的生物相容性以及其他性能，满足医学临床的需要，除注重本体材料外，还应关注材料表面的性能，通过对其表面进行改性来提高生物材料的性能。材料表面的改性是指在不改变材料及其制品本体性能前提下，赋予其表面新的性能。经对材料与生物体相互作用机制的大量研究表明：生物材料表面的成分、结构、表面形貌、表面的能量状态，亲（疏）水性、表面电荷、表面的导电特征等表面化学、物理及力学特性均会影响材料与生物体之间的相互作用。通过改性（采用物理、化学、生物等各种技术手段），可大幅度改善材料与生物体的相容性。如材料表面肝素化有明显的抗凝血和抗血栓性能，此主要是通过肝素与血小板第 m 因子（AT3）共同作用于凝血酶，抑制了纤维蛋白原向纤维蛋白的转化反应以及材料表面肝素化还能阻止血小板在材料表面的黏附、聚集，达到抗凝血的目的。

血液相容性评价经过数十年的不懈研究，有了很大的发展，国际标准化组织发布了（GB/T16886.4–2022）《医疗器械生物学评价 第 4 部分 与血液相互作用试验选择》，推荐了许多相应的实验方法，如血栓形成凝血、血小板和血小板功能、血液学、补体系统等来评价材料的血液相容性。

第二节 医疗器械生物学评价的基本原则与评价过程

为获得临床医疗安全、有效的医疗器械，建立一整套生物学评价程序、方法和原则来评判、选择医用材料、器械，这对企业准入、产品准入和产品上市至关重要。

一、材料和器械生物学评价的基本原则

1. 生物学评价的内容和要求

预期用于人体的任何材料或器械的选择与评价需遵循 YY/T 0316 开展的风险管理过程中生物学评价程序原则。生物学评价应有掌握理论知识和具有经验的专业人员来策划、实施并形成文件。

风险管理计划应对生物学评价所需的专业技术资质进行识别，并应对从事生物学安全评价的人员进行识别。

该评价程序应包括以文件形式发布的决定，评定下列的优缺点和适宜性：

① 各种选择材料的理化特性。

② 临床使用史或人体接触数据。

③ 产品和组成材料、裂解产物和代谢物的任何毒理学和其他生物学安全性数据。

④ 试验程序。

生物学评价可包括相关的临床前和临床经验研究以及实际试验。采用此评价，如果材料与设计中器械在规定的使用途径和物理形态具有可证实的安全使用史，就可给出不必进行试施的结论。

2. 材料的选择

在选择制造器械所用材料时，应首先考虑材料的特点和性能，包括化学、毒理学、物理学、电学、形态学和力学等性能。

3. 器械总体生物学评价

应考虑以下几个方面：

① 生产所用材料。

② 添加剂、加工过程污染物和残留物。（GB/T 16886.7—2016）《医疗器械生

物学评价 第 7 部分：环氧乙烷灭菌残留量》。

（3）可沥滤物质。（GB/T 16886.17—2005 ）《医疗器械生物学评价 第 17 部分：可沥滤物允许限量的建立》。

（4）降解产物。（GB/T 16886.13—2017）《医疗器械生物学评价 第 13 部分：聚合物医疗器械降解产物的定性与定量》、（GB T 16886.14—2016）《医疗器械生物学评价 第 14 部分 陶瓷降解产物的定性与定量 》、（GB/T 16886.15—2022）《医疗器械生物学评价 第 15 部分：金属与合金降解产物的定性与定量》。

（5）其他成分以及它们在最终产品上的相互作用。

（6）最终产品的性能与特点。

（7）最终产品的物理特性，包括但不限于多孔性、颗粒大小、形状和表面形态。

应在进行任何生物学试验之前鉴别材料化学成分并考虑其化学表征（GB/T 16886.18—2011）《医疗器械生物学评价 第 18 部分：材料化学表征》。如器械物理作用影响生物相容性，应考虑（GB/T 16886.19—2022）《医疗器械生物学评价 第 19 部分：材料物理化学、形态学和表面特性表征》。

对于植入物，风险评价应考虑全身作用外，还应考虑局部作用。

4. 试验数据

在选择生物学评价所需的试验数据以及对其进行解释时，应考虑材料的化学成分，包括接触状况和该医疗器械及其组件与人体接触的性质、程度、时间和频次和对材料所识别出的危害来确定。

5. 产品的潜在生物学危害

对每种材料和最终产品都应考虑所有潜在的生物学危害，但这并不意味着所有潜在危害的试验都必须进行。试验结果不能保证无生物学危害，因此，生物学研究之后还要在器械临床使用中对非预期的人体不良反应或不良事件进行认真的观察。

6. 体外、体内试验的选择

所有体外或体内试验都应根据最终使用来选择。所有试验都应在公认有效的实验室质量管理规范（如 GLP 或 ISO/IEC17025）下进行。试验数据应由有能力、有经验的专业人员进行评价。体外试验方法经过相应的确认，具有合理性、可操作性、可靠性和重复性，应考虑比体内试验优先选择使用。只要可能，应在体内试验之前先进行体外筛选试验，试验数据（其完整程度要能得出独特的分析）应予以保留。

7. 必要时重新评价

在下列任一情况下，应考虑对材料或最终产品重新进行生物学评价：

① 制造产品所用材料来源或技术条件改变时。

② 产品配方、工艺、初级包装或灭菌改变时。

③ 涉及贮存的制造商使用说明书或要求的任何改变，如贮存期和 / 或运输改变时。

④ 产品预期用途改变时。

⑤ 有证据表明产品用于人体时会产生不良作用时。

8. 其他

按本标准进行生物学评价应对生产器械所用材料成分的性质及其变动性、其他非临床试验、临床研究及有关信息和市场情况进行综合考虑。

二、生物学评价过程

（一）材料表征

生物学评价过程中的材料表征是至关重要的第一步。所需化学表征的程度取决于现有的临床前、临床安全和毒理学数据以及该医疗器械与人体接触的性质和时间；但表征至少应涉及组成器械的化学物和生产中可能残留的加工助剂或添加剂。

如果在其预期应用中所有材料、化学物和过程的结合已有确立了的安全使用史，则可不必进行表征和生物学评价。

宜对新材料和新化学物开展定性和定量分析。

对于已知具有与预期剂量相关毒理学数据，并且接触途径和接触频次显示有足够安全限度的器械溶出物和可沥滤物，不必再进行试验。

对于已知具有可沥滤化学混合物的器械，宜考虑这些可沥滤化学混合物潜在的协同作用。

如果一个特定化学物总量超出了安全限度，应采用相应的模拟临床接触的浸提液试验来确立临床接触该化合物的速率，并估计总接触剂量。

如果认为某种特定化学物的溶出物总量超出了安全限度，在这种情况下，可采用相应的模拟临床接触的浸提液试验来估计临床接触这种化学成分的程度。应按（GB/T 16886.17—2005）《医疗器械生物学评价 第 17 部分：可沥滤物允许限量的建立》建立可沥滤物的可接受水平。

在器械的生产、灭菌、运输、贮存和使用条件下有潜在降解时，应按（GB/

T 16886.13—2017)《医疗器械生物学评价　第 13 部分：聚合物医疗器械降解产物的定性与定量》、(GB T 16886.14—2016)《医疗器械生物学评价 第 14 部分：陶瓷降解产物的定性与定量 》、(GB/T 16886.15—2022)《医疗器械生物学评价 第 15 部分：金属与合金降解产物的定性与定量》对降解产物的存在与属性进行表征。

(二)生物学评价试验

对所有现有的合理并适用的信息进行分析，并与器械生物学安全性分析所需的数据进行比较。

除医疗器械生物学评价的基本原则外，作为风险管理过程的一部分，进行医疗器械生物学试验时还需注意下述问题：

① 试验应在灭菌后最终产品上，或取最终产品上有代表性样品上，或与最终产品同样方式加工(含灭菌)的材料上进行。

② 选择程序应考虑：该器械在预期使用中与人体接触的性质、程度、时间、频次和条件；最终产品的化学和物理性质；最终产品配方中化学物的毒理活性；如排除了可沥滤化学物的存在，或化学成分已按有关标准评价和风险评估，可能不需再进行某些试验；器械表面积与接受者机体大小的关系；已有的文献、先前的经验和非临床方面的信息；考虑试验的灵敏性及与有关生物学评价数据组的特异性。

③ 如采用浸提液，所有溶剂及浸提条件宜与最终产品的性质和使用以及试验方法的预测性相适应。适宜时使用阴性和阳性对照。

生物学评价所用试验方法应灵敏、精密并准确，所有试验都应在公认现行有效的良好实验室(如 GLP 或 ISO/IEC 17025)中进行。

(三)试验描述

1. 细胞毒性试验

体外细胞毒性试验，是一种简便快速、灵敏度高的检测方法，是国内外大多数学者推荐的敏感评价方法，也是各种器械和生物材料安全性评价中第一阶段首选的试验方法。已有的经验表明，一种在体外试验最终被判定无细胞毒性的材料，在体内试验中也将是无毒的。本法是将细胞和材料直接接触，或将材料浸出液加到单层培养的细胞上，观察器械、材料和 / 或其浸提液引起的细胞溶解、细胞生长抑制等其他毒性影响作用。

2. 刺激与迟发性超敏反应试验

本部分用于评价从医疗器械中释放出的化学物质可能引起的接触性危害，包括导致皮肤与黏膜刺激、眼刺激和迟发型接触超敏反应。

（1）刺激（包括皮内反应）试验

用材料或其浸提液做试验，评价材料的潜在刺激原。根据材料的具体使用部位，可选择进行皮肤刺激试验、皮内刺激试验或黏膜刺激试验等。常用兔、金地鼠为试验动物。

（2）致敏试验试验

用材料或其浸提液做试验，经诱导和激发来评价材料的潜在变应原。常用小鼠局部淋巴结试验（国际公认对化学品的首选方法）最大剂量法和斑贴法（适合外用产品）。多用豚鼠作为试验动物。

3. 全身毒性试验

用材料或其浸提液，通过单一途径或多种途径（静脉、腹腔）用动物模型做试验，评价其急性毒性作用（分别观察 24、48、72h 动物的整个状态及动物死亡数量）。常用小白鼠作为试验动物。

该类试验包括热源试验，用于检测医疗器械或材料浸提液的致热反应。单项试验不易区分材料本身还是细菌内毒素所致。

4. 亚慢性毒性（或亚急性毒性）试验

通过多种途径，在不到实验动物寿命 10% 的时间内（例如，大鼠最多到 90 d），测定材料的有害作用。该法时间长、成本高、评价困难等。持久接触器械才考虑该项试验。

如果可行，可将亚慢性毒性和亚急性全身毒性试验方案扩展为包括植入试验方案，来评价亚急性、亚慢性全身局部和局部作用。

5. 遗传毒性试验（包括细菌性基因突变试验、哺乳动物染色体畸变试验和哺乳动物基因突变试验）

用哺乳动物或非哺乳动物细胞、细菌、酵母菌或真菌测定材料、器械或浸提液是否引起基因突变、染色体结构畸变以及其他 DNA 或基因变化的试验。

遗传毒性试验的选择应按方案 1 或方案 2 进行。

方案 1：

① 细菌性基因突变试验（OECD 471）；

② 哺乳动物基因突变试验（OECD 476）；

③ 哺乳动物染色体畸变试验（OECD 473）。

方案 2：

（1）细菌性基因突变试验（OECD 471）；

（2）哺乳动物基因突变试验（OECD 476），特别是小鼠淋巴瘤测定集落数和形态鉴定包含着两个终点结果（畸变和基因突变）。

如果方案 1 体外试验均为阴性，可不必进行动物体内试验。

遗传毒性试验和致癌试验在某种程度上是相关联的，如果遗传毒性试验已证实有基因突变和染色体畸变，这说明已有 DNA 损伤，这种生物材料可能有潜在的致癌性，必须进一步做致癌试验。

6. 植入试验

将材料植入动物的合适部位（例如，肌肉或骨），观察一个周期后，评价对活组织的局部毒性作用。主要通过肉眼、病理切片观察组织的变化。

如果可行，可将植入试验方案扩展为评价局部和全身作用，以满足急性、亚急性、亚慢性和慢性毒性试验要求。

7. 血液相容性试验

血液相容性是通过材料与血液接触（体内或半体内），评价其对血栓形成、血浆蛋白、血液有形成分和补体系统的作用。其中溶血试验是最常用的试验。根据产品用途还可选择血栓形成试验、凝血试验，以及血小板、补体系统等试验。

8. 慢性毒性试验

通过多种途径，在不少于实验动物大部分寿命期内（例如，大鼠通常在 6 个月），一次或多次接触医疗器械、材料和/或其浸提液的作用。

如果可行，可将慢性全身毒性试验方案扩展为包括植入试验方案，以评价慢性全身和局部作用。

9. 致癌性试验

如果没有其他来源的信息，应考虑检验材料/器械的潜在致癌性。不过，只有极少数的医疗器械考虑做致癌性试验。致癌性试验应在试验动物的大部分寿命期内，测定一次或多次作用或接触医疗器械、材料或其浸提液潜在的致肿瘤性。致癌性试验宜与作用或接触的途径相适应；寿命期研究或转基因模型可能适用。

10. 生殖与发育毒性试验

评价医疗器械或其浸提液对生殖功能、胚胎发育（致畸性），以及对胎儿和婴儿早期发育的潜在作用。只有在器械有可能影响应用对象对生殖功能时才进行生殖、发育毒性试验或生物测定。另外，对于孕期使用的器械、材料宜考虑进行该类试验。当考虑进行试验时，器械的应用部位是主要考虑依据。

11. 生物降解试验

在下列情况下应考虑生物降解试验：器械设计成生物可降解的；器械预期植入 30 d 以上；材料系统被公认为在人体接触期间可能会释放毒性物质。

对于各种医用材料（聚合物、陶瓷、金属和合金）潜在降解产物的试验，也引起人们的重视。这是因为“用于制造医疗器械的材料处于生物环境中可能会产生降解产物，这些降解产物在体内与主体材料可能呈现不同的作用。降解产物可以不同方式产生，或者是机械作用（两个或多个不同组件之间的相对运动）疲劳负荷（导致断裂）因器械与环境之间相互作用而从器械中释放出来，或者是它们的综合作用。机械磨损主要产生颗粒碎片，而沥滤、结构的化学断裂或腐蚀所引起的物质从表面释出，则可产生自由离子或以有机或无机化合物形式出现的不同种类的反应产物”。

12. 毒代动力学研究

在下列情况下应考虑毒代动力学研究：器械设计成生物可吸收性的；器械是持久接触的植入物，并已知或可能是生物可降解的或会发生腐蚀、和/或可溶出物由器械向外迁移；在临床使用中可能或已知有实际数量的潜在毒性或反应性降解产物和可溶出物从器械上释放到体内。

如果根据有意义的临床经验，已判定某一特定器械或材料的降解产物和可溶出物提供了临床接触安全水平，或有该降解产物和可溶出物的充分的毒理学数据或毒代动力学数据，则不需要进行毒代动力学研究。

从金属、合金和陶瓷中释出的可溶出物和降解产物的量一般都太低，不能用于开展毒代动力学研究，除非将材料设计为生物可降解的。

采用生理药代动力学模型来评价某种已知具有毒性或其毒性是未知的化学物的吸收、分布、代谢和排泄的试验。参见 GB/T16886.16 标准方法。

第三节 我国生物学评价基本情况

一、概况

为保障医疗器械在临床使用的安全有效，许多国家对其都实行了强制性管理。美国是最早立法的国家，1976 年美国国会通过了《医疗器械修正案》，授权 FDA 管理医疗器械，建立并实行售前审批制度。随后西欧、日本、加拿大，澳大利亚等政府也相继进行了强制性管理。其间国际各学术团体也进行了医疗器械安全性评价研究。1979 年美国国家标准局和牙科协会（ANSI/ADA-1979）首先发布了《口腔材料生物学评价标准》。1982 年美国材料试验协会（ASTM）发布了《医疗器械的生物学评价项目选择标准》(ASTMF 748—1982)。1984 年国际标准化组织发布了《口腔材料生物学评价标准》。

我国医疗器械行业发展较晚，从 20 世纪 80 年代才开始，但行业整体发展速度较快，尤其是进入 21 世纪以来，产业步入高速增长阶段。产业的发展及应用市场的巨大潜力，必然导致产品质量问题的出现和器械应用的临床风险。

1987 年原卫生部颁布的《医用热硫化甲基乙烯基硅橡胶标准》(WS5-1-87)中对一些生物学评价方法专门做了规定。1987 年 12 月制定了《一次性注射器中华人民共和国专业标准》(ZBC 31009\31010—87）和《一次性输液（血）器中华人民共和国国家标准》(GB 8368.8369—87)，为医疗产品的推广提供了质量保证和安全使用的保证。在逐步完善的一系列标准中，产品质量也得到大幅度提升。

自 20 世纪 80 年代起，原苏州医学院（后与苏州大学合并）就利用医学学科优势和钴源装置，涉足医疗器械行业，进行了一次性使用医疗器械辐照灭菌和医疗器械生产过程的卫生学管理及监测的系列研究。开展了生产现场菌谱检查、微生物抗性、辐照灭菌剂量设定、辐照灭菌前后医疗器械理化性能检测、无菌产品包装验证，尤其是医疗器械生物安全性评价的研究。如细胞毒性试验、致敏试验、皮内刺激试验、急性毒性试验、溶血试验、植入试验、遗传毒性（Ames 试验、染色体畸变试验、微核试验）等。摸索研究了一整套一次性使用输液器辐照灭菌以及临床安全使用的技术条件。核对制定了江苏省地方标准《一次性使用医疗用品的辐照灭菌法技术条件案》，以 DB3205/C 1461—87 实施。

1985~1986 年，米志苏等进行了一次性使用的医用塑料输液管辐照灭菌后生物安全性评价，即对制备塑料输液管的聚氯乙烯经辐照灭菌后诱变性试验（Ames 试验）研究，论文发表后曾被收集世界范围内生命科学研究报告的“生物学文摘”收录（Biological Abstracts，Reporting Worldwide Research in Life Science）。

1998 年，苏州大学医学院首先与欧盟 CE 认证机构（TUV 南德意志集团）合作，承担 CE 认证前医疗器械的生物相容性评价检测任务。数十年来，德国莱茵公司、上海优森德公司（比利时），DNV 挪威船级社、英国 NQA 公司、捷克 1TC 公司、美国 IRC 公司等认证机构也相继委托评价检测任务。

针对出口产品的检测，2002 年 7 月至 2004 年 12 月苏州大学程海霞首次在国内按照 ISO10993.5 标准对 102 家企业送检的 388 份医疗器械进行了细胞毒性试验专项统计分析。结果粗合格率为 73.97%；同时，对影响因素如 pH、防腐剂、杀菌剂、增塑剂内毒素以及蛋白含量等进行了讨论。

与此同时，韩蓉等又对检测样品，依据 ISO10993—1 标准，将生物医用材料分为三大类，即表面接触器械、外部介入器械和植入器械，以生物相容性测试项目进行更全面的统计分析。按照 CE 认证企业所送样品材料不同，归纳检测样品为以下几大类：

① 生物医用金属材料（不锈钢、钴基合金、钛合金、形状记忆合金等）。

② 医用高分子材料。塑料类：PVC、PP、EPE、PE 等；橡胶类：硅橡胶、天然乳胶、丁腈橡胶等；纤维类：涤纶、尼龙、可吸收缝合线以及海藻酸衍生物、水凝胶敷料等。

③ 生物医用衍生物（骨片、胶原类、透明质酸，海绵体等）。

④ 生物陶瓷材料（磷酸钙骨水泥）。

⑤ 治疗用材料（敷料、绷带、药用类敷料）。

二、检测结果

1. 检测基本情况

受原江苏省医药管理局、TUV 南德意志集团等欧盟认证机构委托，苏州大学卫生与环境技术研究所检测中心，较早在国内开展了医疗器械生物相容性评价检测工作。自 20 世纪 80 年代末开始，对来自江苏及长三角地区、珠三角地区、京津地区等的不同企业，多品种出口医疗器械产品，进行了生物相容性评价检测。其中检测样品：细胞毒性试验 1 360 份、致敏试验 1 189 份、皮内刺激试验

1 160 份、急性毒性试验 160 份、溶血试验 175 份、植入试验 15 份、染色体畸变试验 15 份、微核试验 15 份、Ames 试验 16 份、热源试验 228 份。经检测其中细胞毒性试验、致敏试验、皮内刺激试验、溶血试验、热源试验的合格率分别为 80.88%、99.83%、99.74%、99.43% 和 97.37%，其余 5 种生物相容性试验的合格率均为 100%。生物相容性试验评价总的合格率为 93.68%。

2. 不同材料检测情况

对不同材料检测结果进行统计分析，其中，生物医用金属材料类不合格率为 4.88%，生物医用高分子材料类中的塑料、橡胶和纤维类的不合格率分别为 18.41%、67.67% 和 41.58%；医用敷料类的不合格率为 2.45%；其他为 18.02%。

3. 分析

（1）生物医用金属材料

生物医用金属材料性能优良，均通过了生物相容性评价的测试项目，只有一次性使用针灸针未通过，这可能是由于材料种类，或生产加工工艺如镀层，或不锈钢金属离子溶出或镍离子析出所致。

（2）医用高分子材料

苏州大学卫生与环境技术研究所检测中心检测的 629 份医用高分子材料样品中，不合格率达 34.98%，主要是不当的牌号、批号，或是增塑剂，或是色粉，最终导致产品不合格。

其中天然乳胶制品如避孕套、导尿管、乳胶手套等样品，组成材料均为天然乳胶类，在细胞毒性试验监测中多数为不合格品。国内外也有类似报道。早先的研究曾发现，用天然橡胶作输血管输血时，曾发生过血栓性静脉炎及发热等症状，怀疑此与橡胶硫化时所采用的硫化剂和硫化方法有关。曾采用不加硫化剂的乳胶和经 r 射线对乳胶进行特殊交联，与硫化的乳胶进行比较，得出了组织反应和血液反应小的结果。近期的研究发现乳胶制品在高温硫化最终成型的过程中发生硫化反应的主要是硫化剂和硫化促进剂。其中仲氨基硫化促进剂在分解后会产生仲胺，并与大气中或配合剂中的氮氧化物 NO_2 生成稳定的亚硝胺。研究发现乳胶手套的细胞毒性与亚硝胺迁移量有显著的相关性。由于乳胶制品成分和生产工艺的复杂性，如单体的残存、添加的颜料、溶剂和助剂等的存在，都有可能含细胞毒性物质。

（3）萃取液的澄清度、pH 与细胞毒性试验的关系

我们检查统计的细胞毒性试验数据中，其中萃取液混浊者 19 份，不合格数

14份，不合格率竟达73.68%。pH也极重要，pH5~6者基本不合格。提示开发新品时应予以关注和重视。

（4）其他类

如产品中加入的抑菌剂、胶黏剂及染色剂等也是导致细胞毒性试验不合格的主要原因。

在协助企业检测过程中，对不合格品，笔者曾采用解剖成品，对组合材料分别进行测试，以找出确认不合格的材料，然后调换或减少其在配方中的比例，使产品通过了检测。

总之，生物医用材料的生产，应遵循产品安全性评价原则，注意影响其安全性的因素，如所用的材料、助剂工艺过程的污染，可沥滤物质、降解产物、其他成分以及它们所在最终产品上的相互作用、最终产品的性能和特点，应进行严格的筛检。

第十一章　质量管理统计技术应用

第一节　质量管理数理统计基础知识

一、概述

为了了解生产过程或产品的质量状况，找出产品质量的波动规律，就要运用科学的方法对所搜集到的大量数据进行加工整理，去粗取精，去伪存真，找出其中的规律。统计方法就是其中的一种科学方法。

统计技术是以概率论为基础的应用数学的一个分支，是一种对随机现象的研究中确定统计规律的学科。统计技术包括统计推断和统计控制两大内容：统计推断指通过对样本数据的统计计算和分析，预测尚未发生的事件和对总体质量水平进行推断；统计控制指通过对样本数据的统计计算和分析，采取措施消除过程中的异常因素，以保证质量特性的分布基本保持不变，即达到稳定的受控状态。

统计技术不仅可应用于质量管理领域，而且也可应用于其他各种领域。在质量管理中，统计方法一般有以下几方面的用途。

① 提供表示事物特征的数据：例如，平均值、中位数、极差、标准差、百分率等。

② 比较两事物间的差异：例如，判断两批产品质量是否存在显著性差异。

③ 分析影响事物变化的因素：例如，分析引起产品差异的各个因素，及其影响的程度。

④ 分析事物的两种性质之间的相互关系：例如，研究两个变量之间是否相关，

进而找出变量之间的函数关系。

⑤ 研究取样和试验方法，确定合理的试验方案。

质量管理中应用数理统计方法，大致按照下述工作程序：针对要解决的问题先搜集质量数据；将搜集到的数据进行整理归纳，形成数、表、图形或计算出统计特征值，如平均值、标准差、百分率等。然后对这些数、表、图形或统计特征值进行观察分析，找出其中的统计规律。这些规律将告诉我们生产是否处于稳定状态、产品质量是否符合规定要求、是否需要采取技术措施等。最后，进一步找出主要问题及产生问题的原因和主要原因，对症下药，利用专业技术和管理措施，以达到提高产品质量的目的。

二、产品质量的波动

产品质量具有“两重性”，即波动性和规律性。在生产实践中，即使操作者、机器、原材料、加工方法、生产环境等条件相同，但生产出来一批产品的质量特性数据却并不完全相同，总是存在着差异，这就是产品质量的波动性。产品质量波动具有普遍性和永恒性。当生产过程处于稳定或控制状态时，生产出来的产品的质量特性数据，其波动又服从一定的分布规律，这就是产品质量的规律性。

根据影响产品质量波动的原因，可以把产品质量波动分为正常波动和异常波动两类。

1. 正常波动

正常波动是由偶然原因和难以避免的原因造成的产品质量波动。这些因素在生产过程中大量存在，对产品质量经常地起着影响，但它所造成的质量数值波动往往比较小。例如，原材料的成分和性能上的微小差异；机器设备的轻微振动；温度、湿度的微小变化；操作上的微小差异；等等。对这些波动因素的消除，在技术上难以达到，在经济上的代价又很大。因此，在一般情况下这些质量波动在生产过程中是允许存在的，所以称为正常波动。我们把正常波动控制在合理范围内的生产过程称为处于统计的控制状态，简称控制状态或稳定状态。

2. 异常波动

异常波动是由系统性原因造成的产品质量波动。这些原因在生产过程中并不大量存在，对产品质量也不经常地起着影响，但一旦存在，它对产品质量的影响程度就比较显著。由于这些原因所造成质量波动的大小和作用方向上具有一定周期性或倾向性，因此比较容易查明原因，容易预防和消除。例如，原材料材质不符合规定要求；机器设备有故障，带病运转，操作者违反操作规程；等等。一般情况下，异常波动在生产过程中是不允许存在的。我们把这样的生产过程称为不稳定状态或失控状态。质量控制的一项重要工作，就是要找出产品质量的波动规律，把正常波动控制在合理的范围，消除系统性原因造成的异常波动。造成产品质量波动的原因，主要来自人员（Man）、机器（Machine）、物料（Material）、方法（Method）、测量（Measurement），简称人、机、料、法、测，告诉我们工作中充分考虑人、机、料、法、测五个方面因素，通常还要包含 1E，即环境（Environments），故合称 5M1E 法。也就是人们常说的人、机、料、法、环、测现场管理六大要素。

三、样本与总体

通常我们并不可能为了掌握一批产品或半成品的质量情况而对整批产品全部进行检查。同样在大多数情况下，也不可能为了了解某一道工序的产品质量而把该工序所制造出来的全部产品一一加以测试。只能从中抽取一定数量的样品进行测试，从样品的测试结果推断整批产品的质量。

（一）概念

1. 总体

总体又叫母体，是研究对象的全体。总体可分为有限总体和无限总体。例如，生产输液器 100 000 件，尽管这一批的数量相当大，但它有一个限定数 100 000 件，因此它是有限总体。而对于这个厂（或对于某个生产过程、某道工序）来说，过去、现在都生产着这种输液器，而且以后还将继续生产这种输液器，它的数量将是无限的，因此是无限总体。

2. 样本

样本又叫子样，是从一批产品中随机抽取的一个或多个提供检查的单位产品。

3. 个体

个体又叫样品或样本单位，是构成总体或样本的基本单位，也就是样本中的每个单位产品。它可以是一个，也可以是由几个组成的。

（二）样本与总体的关系

如果我们搜集数据的目的是对生产过程中的某道工序进行预防性的控制和管理。就应该以该道工序作为对象，在生产加工过程中或从已加工出的一批产品中，定期地随机抽取样本进行测试；对得到的数据进行整理计算、分析判断，用来说明这道工序的状况和加工产品的质量趋势。

如果搜集数据的目的是对一批产品进行质量评价和验收，判定这批产品的质量是否合格；产品质量达到什么样的水平，应不应该接收。那么就应该以这批产品作为对象，从中随机抽取一部分产品为样本进行测试，把所得到的质量数据与规定的判定标准进行比较，从而判定该批产品的质量状况。

四、数据的搜集方法

（一）搜集目的

搜集数据应有明确的目的。质量管理中通常按搜集数据的目的把数据分为三种。

1. 分析用的数据

分析用的数据是为掌握和分析现场质量动态情况而搜集的数据，以便于我们分析存在的问题、确定所要控制的影响因素、找出各因素之间的相互关系，为最后进行判断提供依据。

2. 管理用的数据

管理用的数据是为了掌握生产状况，用以对生产状况做出推断和决定管理措施而搜集的数据。它包括为判断工序中产品质量是否稳定、有无异常以及是否需要采取适用的措施，以预防和减少不合格品等而搜集的数据。

3. 检验用的数据

检验用的数据是对产品进行全数检验或抽样检验，而搜集到的数据。

不论搜集哪种数据，都要尽量反映客观事实，必须做到完整、准确、可靠。

（二）随机抽样

为了使搜集到样本的质量特性数据能正确，有效地判断总体，使得到的质量特性数据具有总体的代表性，就必须采用随机抽样的方法。所谓随机抽样，就是每次抽取样本时，批中所有单位产品都有被抽取的同等机会。常用的随机抽样方法有简单随机抽样、分层随机抽样和整群随机抽样。这三种随机抽样方法，在抽样手续的繁易程度和样本代表性方面各有不同，应根据实际情况选用。

1. 简单随机抽样（单纯随机抽样）

最常用的是抽签法。如从 100 个产品中抽 5 个做样本。先把 100 个产品由 1 到 100 逐一编上顺序号，然后在 100 个签码中任意抽取 5 张签码。若抽到的号码是5，18，36，74，91，那么这5个号码的产品就是这次抽取的样本。或将100个产品如以搅和，使每个产品的所在位置等都处于同样不受人为因素的影响下，随后由抽样者任意抽取5个样品，简单随机抽样还有掷骰子和查随机数表法。

2. 分层随机抽样

将整批产品按某些特征、条件（工人、机器设备、原材料、作业班次等）归类分组（层）后，在各组（层）内分别用简单随机抽样法抽取产品，组成样本。若按各组（层）在整批中所占比例分配各层样本的数量，称为分层按比例随机抽样。

3. 整群随机抽样

在一次随机抽样中，不是只抽取一个产品，而是抽取若干个产品组成样本。如一次取几个、一箱，或在一段时间内生产的产品。

（三）搜集质量数据的注意点

搜集质量数据，还必须注意以下几点。

1. 搜集数据的目的要明确

目的不同，搜集数据的过程与方法也不同。例如，为了了解某产品的直径尺寸，如果从成品仓库中取测量数据，则反映了不同机床、不同操作者、不同时间的质量状况；如果从某个机床工作台上取测量数据，则反映的是一台机床、一个操作者、一段时间内的质量情况。

2. 正确的判断来源于反映客观事实的数据

如果假数真算，不但没有意义，而且还会带来因假信息而被贻误的危害性。

3. 搜集到的原始数据应按一定的标志进行分组归类

尽量把同一生产条件下的数据归并在一起。

4. 记下搜集到数据的条件

如抽样方式、抽样时间、测定仪器、工艺条件以及测定人员等。

第二节　质量管理常用统计技术工具

一、质量管理概述

人类社会的质量活动可以追溯到远古时代。但现代意义上的质量管理活动是从 20 世纪初开始的。根据解决质量问题的手段和方式的不同，一般可以将现代质量管理分为三个阶段。20 世纪 30 年代以前可以看作是第一阶段，这通常称为质量检验阶段；第二阶段是从 20 世纪 30 年代开始到 20 世纪 50 年代的统计质量控制阶段（Statistical Quality Control，SQC）；第三阶段是从 20 世纪 60 年代开始的全面质量管理阶段（Total Quality Control，TQC）。

1. 质量检验阶段

这一阶段主要是通过检验的方式来控制和保证产出或转入下道工序的产品的质量。这种做法只是从成品中挑出废、次品，实质是一种"事后的把关"。

2. 统计质量控制阶段（SQC）

这一阶段的主要特点是：由以前的事后把关，转变为事前的积极预防；数理统计方法被广泛深入地应用在生产和检验中。

3. 全面质量管理阶段（TQC）

1956 年，美国通用电气公司的 A.V. 费根堡姆，首先提出了"全面质量管理（Total Quality Control）"的概念。全面质量控制（TQC）的具体实施包括：

（1）四个阶段

计划（Plan）、实行（Do）、检查（Check）和处理（Action）。首先制订工作计划，然后实施，并进行检查，对检查出的质量问题提出改进措施。这四个阶段有先后、有联系、头尾相接，每执行一次为一个循环，称为 PDCA 循环，每个循环相对上一循环都有一个提高。

（2）八个步骤

找问题、找出影响因素、明确重要因素、提出改进措施、执行措施、检查执行情况、对执行好的措施使其标准化、对遗留的问题进行处理。

（3）十四种工具

在计划的执行和检查阶段，为了分析问题、解决问题，利用了十四种工具（方法）：直方图法、控制图法、排列图法、调查表法、因果图法、相关分析图法、分层法、关系图法、KJ 法、系统图法、矩阵图法、矩阵数据分析法、PDPC 法和矢线图法。其中，前七种为传统的方法；后七种为后期产生的，又叫新七种工具。现在还有专家提出水平对比法、头脑风暴法等。本节挑几样常用的进行介绍，也是比较传统和常用的工具。

二、直方图法

1. 直方图的基本概念

直方图是频数直方图的简称。所谓直方图就是将数据按其顺序分成若干间隔相等的组，以组距为底边，以落于各组的频数为高的若干长方形排列的图。

众所周知，在相同条件下制造出来的产品，其质量特性既不会完全相同，也不会相差太大，总是在一个范围内变动，这种变动有一定的规律性。直方图就是直观而形象地把质量分布规律用图形表示出来的一种统计工具。利用直方图可以分析和掌握过程质量状况、计算过程能力指数和估算产品的不合格品率。

2. 直方图的用途

直方图的用途主要有：

① 能比较直观地观察出产品质量特性值的分布状态，借此可判断出过程是否处于统计受控状态，并进行过程质量分析。

② 便于掌握过程能力及保证产品质量的程度，并通过过程能力来估算产品的不合格品率。

③ 用以简练及较精确地计算产品的质量特性值。

④ 判断生产过程是否发生异常或判断产品是否出自同一总体。

3. 直方图的判断

直方图的观察、判断主要从以下形状方面进行分析。

观察直方图的图形形状，看是否属于正常的分布，过程是否处于稳定状态，判断产生异常分布的原因。直方图通常有以下不同的形状，如图 11–1 所示。

① 标准型（图 11–1a）：又称正常型或对称型，指过程处于稳定状态的图形。它的形状是中间高，两边低，左右近似对称。一般直方图多少有点参差不齐，主要应看整体的形状。这种形状是最常见的，这时可判定过程处于稳定状态。

② 偏态型（图 11–1b）：直方图的顶峰偏向一侧，有的偏左，有的偏右。

偏左型：由于某种原因使下限受到限制时，多发生偏左型。例如，用标准值控制下限；由于加工习惯，孔加工往往偏小，也会形成偏左型。

偏右型：由于某种原因使上限受到限制时，多发生偏右型。例如，用标准值控制上限；由于加工习惯，如轴外圆加工往往偏大，也会形成偏右型。

③ 孤岛型（图 11–1c）：在直方图旁边有孤立的小岛出现。当过程中有异常原因，如原料发生变化，或由不熟练工人替班加工，或测试有误，或掺假作伪，

会造成孤岛型分布。

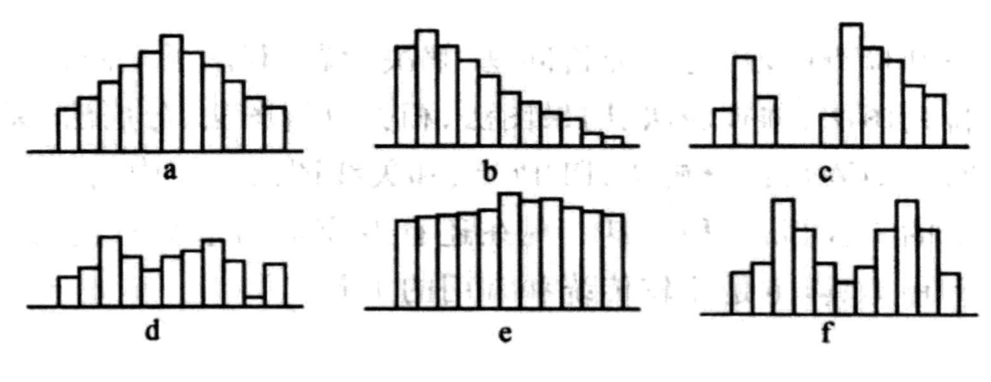

图 11–1　直方图的形状

（4）锯齿型（图 11–1d）：直方图如锯齿一样凹凸不平，大多是由于分组不当或检测数据不准而造成的。应查明原因，采取措施，加以纠正。

（5）平顶型（图 11–1e）：直方图没有突出的顶峰。这主要是在生产过程中由缓慢变化的影响因素造成的，如机床刀具的磨损、操作者的疲劳等。

（6）双峰型（图 11–1f）：直方图中出现两个峰。这是由于观测值来自两个总体，有两个分布，而后混合在一起造成的。

三、控制图法

1. 什么是控制图

控制图又叫管理图。它是用于分析和判断工序是否处于控制状态所使用的带有控制界限线的图。控制图是通过图形的方法，显示生产过程随着时间变化的质量波动，并分析和判断它是由于偶然原因还是由于系统性原因所造成的质量波动，从而提醒人们及时做出正确的对策，消除系统性原因的影响，保持工序处于稳定状态而进行动态控制的统计方法。

2. 控制图的原理

当生产条件正常，生产过程处于控制状态时（生产过程只有偶然原因起作用），产品总体的质量特性数据的分布一般服从正态分布规律。由正态分布的性质可以知道，质量指标值落在 $\pm 3\delta$ 范围内的概率约为 99.7%；落在 $\pm 3\delta$ 以外的概率只有 0.03%，这是一个小概率。按照小概率事件原理，在一次实践中超出 $\pm 3\delta$ 范围的小概率事件几乎是不会发生的；若发生了，则说明工序已不稳定。也就是说，生产过程中一定有系统性原因在起作用。这时提醒我们应追查原因、采取措施，使工序恢复到稳定（控制）状态。

利用控制图来判断工序是否稳定，实际是一种统计推断的方法。进行统计推断就会产生两类错误。第一类错误是将正常判为异常，即工序本来并没有发生异常，只是由于偶然性原因的影响，使质量波动过大而超过了界限线，而我们却把它判为存在系统性原因造成工序异常，从而因“虚报警”给生产造成损失；第二类错误是将异常判为正常，即工序虽然已经存在系统性因素的影响，但因某种原因，质量波动并没有超过界限线，因此认为生产仍旧处于控制状态而没有采取相应的措施加以改进。

这样由于“漏报警”而导致产生大量不合格品，因而给生产造成损失。数理统计学告诉我们，放宽控制界限线范围固然可以减少犯第一类错误的机会，但却会增加犯第二类错误的可能；反之，压缩控制界限线范围可以减少犯第二类错误的机会，但却会增加犯第一类错误的可能。显然，控制图的控制界限线的范围的确定应以两类错误的综合总损失最小为原则。3δ 方法确定的控制图控制界限线被认为是最经济合理的方法。因此，我国、美国、日本等世界大多数国家都采用这个方法。这就称为 3δ 原理。当然，一些行业，根据自己的生产性质和特点，也有采用 2δ 、4δ 来确定控制图控制界限线的。

四、排列图法

1. 排列图的基本概念

排列图又称为主次因素分析图或帕累托（Pareto 图），是一种为了对从发生频次最高到最低的项目进行排列而采用的简单图示技术。此图是建立在帕累托原理的基础上，即少数的项目往往产生主要的影响。通过区分最重要的与较次要的项目，可以用最少的努力获取最佳的改进效果。

排列图按下降的顺序显示出每个项目在整个结果中的相应作用。相应的作用可以包括发生次数、与每个项目有关的成本或影响结果的其他测量方法。矩形用于表示每个项目相应的作用，累计频数线用于表示各项目的累计作用。排列图是找出影响产品质量的主要问题，以便确定质量改进关键项目的图表。

排列图最早由意大利经济学家帕累托用于统计意大利的财富分布状况。他发现少数人占有社会上大部分财富，而绝大多数人处于贫困状态，即所谓“关键的少数与次要的多数”这一相当普遍的社会现象。美国质量管理学家朱兰博士把这个原理应用到质量管理中来，成为在质量管理改进活动中寻找关键问题的一种有力工具。

2. 排列图的用途

排列图主要用于：

① 指出重点，即按重要顺序显示每一个项目对整体的作用。

② 识别质量改进的机会。

③ 用于检查质量改进措施的效果。利用制作实施改进措施前后排列图，并进行对比，就能判定改进措施是否有效。

3. 排列图的应用程序

① 选择要进行质量分析的项目。

② 选择用于质量分析的度量单位，如出现的次数（频数）、成本、不合格品数等。

③ 选择用于质量分析的时间范围，所选定的时间段应足够长，以确保所获得的数据有代表性。

④ 收集资料，即依照事先选定的时间范围，收集各项目的数据资料。

五、调查表法

1. 调查表的概念

调查表又称检查表、统计表、检验结果统计表、质量分析表等。它是统计图表的一种，是用来记录、收集和整理数据所用的图表。调查表适用于数字数据分析和非数字数据分析的两种情况。

2. 调查表的应用

调查表用于系统地收集数据，以获得对事实的明确认识。调查表是收集和记录数据的一种形式，它便于按统一的方式收集数据并进行分析。

3. 程序

调查表的制作程序如下：

① 建立收集数据的具体目的（将要解决的问题）。

② 识别为达到目的所需要的数据（解决问题）。

③ 确定由谁以及如何分析数据（统计工具）。

④ 编制用于记录数据的表格，并提供记录以下信息的栏目：谁收集的数据，何时、何地、以何种方式收集数据。

⑤ 通过收集和记录某些数据来试用表格。

⑥ 必要时评审和修订表格。

4. 调查表的类型

根据调查的内容，调查表又可分为以下几种类型：

（1）不合格品项目调查表

不合格品项目调查表主要用来调查生产现场不合格品项目频数和不合格品率，以便继而用于排列图等分析研究。

（2）缺陷位置调查表

缺陷位置调查表用来记录、统计、分析不同类型的外观质量缺陷所发生的部位和密集程度，进而从中找出规律性，为进一步调查或找出解决问题的办法提供事实依据。

（3）质量分布调查表

质量分布调查表是计量值数据进行现场调查的有效工具，即根据以往的资料，将某一质量特性项目的数据分布范围分成若干区间而制成的表格，用以记录和统计每一质量特性数据落在某一区间的频数。

（4）矩阵调查表

矩阵调查表是一种多因素调查表，它要求把产生问题的对应因素分别排成行和列，在其交叉点上标出调查到的各种缺陷和问题以及数量。

结 语

随着科学技术的进步、医院现代化建设的飞速发展，尤其在我国“新医改”的形势下，各级医疗机构大量引进先进的医疗器械，包括 CT、MRI 等大型医用设备已经普及到基层医疗机构。同时，各种新的医疗技术应用普及，介入和植入性耗材使用越来越广泛。医疗器械作为医院开展医疗工作的物质基础和医疗新技术的支撑平台，已从过去作为疾病诊治的辅助工具逐渐转变为主要手段。临床医生对医疗器械的依赖性越来越强，其在疾病诊治上发挥着举足轻重的作用，正是由于各种先进的医疗器械在医疗临床、护理中使用，促进了医疗技术的发展和医疗质量的提高。但是，医院对医疗器械管理的观念和机制并没有随之予以更新和发展，特别是医疗器械的质量控制和风险评估规范没有建立，给临床医疗留下了极大的安全隐患，其使用安全和应用质量问题日显突出。医疗器械尚且如此，何况是要求更为严格的无菌器械呢，在质量管理和控制方面，需要更加完善的理论体系来支撑实践。

近几年来，在医院发生的与医疗器械应用相关的安全（不良）事件引发的医疗纠纷、安全事故也呈明显上升的趋势，对这些问题的处理也浪费了医院大量的精力、物力，造成医患关系紧张，给医院带来困扰。这也暴露了医院在医疗器械管理方面存在的问题，且已经引起社会的关注。出现问题的一个重要原因是“管理缺位”，体现在设备的使用、维护和技术管理等诸多环节。如何管理好这些先进的医疗器械，充分发挥医疗器械应有的效能，并确保其使用中的安全与质量，是目前普遍关注的问题。人们逐步认识到，在现代化医院中需要一个可靠的、规范化的医疗器械安全与质量管理体系，来保障医院的正常运行和发展。所以，医疗器械管理是目前医院管理的一个非常重要的内容。目前，我国在医疗器械临床应用安全与质量管理方面还缺少经验，仍然落后于医疗质量管理和现代临床医学技术的需求与发展。

参考文献

[1]刘本来．乌鲁木齐市医疗机构消毒质量监测与医院感染管理现状分析对策[D]．乌鲁木齐：新疆医科大学，2009.

[2]张志超．无菌医疗器械生产质量安全评价指标体系研究[D]．郑州：河南大学，2012.

[3]马俊．一次性无菌医疗器械质量若干问题调查与研究[D]．天津：天津医科大学，2010.

[4]朱国香．风险管理在无菌加工医疗器械生产中的研究与应用[D]．济南：山东大学，2018.

[5]阚琛．口腔门诊医疗器械消毒灭菌管理水平评价体系的探索研究[D]．遵义：遵义医学院，2016.

[6]岳芳名．医疗器械企业电子束灭菌项目的设计与实施[D]．济南：山东大学，2016.

[7]刘毅，王会如，王峥崎，等．最终灭菌医疗器械包装的发展现状及监督管理调研[J]．中国医疗设备，2014，29（11）：75-77，88.

[8]秦航，张华伟，蒋红兵．医院医学装备质量与安全管理指标的探讨[J]．中国医学装备，2014，11（12）：90-92.

[9]周晶，叶祥，蒋学华．四川省医疗器械生产企业无菌和植入性医疗器械生产现况：31家企业调查分析[J]．中国组织工程研究，2017，21（6）：928-933.

[10]俞桂珍，叶旭琴，汤秋芳，等．外来医疗器械管理现状及管理对策研究[J]．中华医院感染学杂志，2017，27（10）：2393-2396.

[11]李文婧．医院医疗质量评价指标体系研究[D]．武汉：华中科技大学，2008.

[12]王砾，崔京巧，冯卫华，等．度量关联规则在医院消毒供应质量追踪管理中的研究[J]．中国医学装备，2021，18（2）：123-126.